卓越农林人才培养实验实训实习教材

动物医院实习与实训

主　编
封海波　董海聚

副主编
杨凌宸　赵光伟

编写人员（以姓氏笔画为序）
丁孟建　　　（西南大学）
卢德章　　　（西北农林科技大学）
代宏宇　　　（河南农业大学）
白永平　　　（乌兰察布职业学院）
闫振贵　　　（山东农业大学）
江　莎　　　（西南大学）
杨凌宸　　　（湖南农业大学）
吴柏青　　　（西南大学）
邱世华　　　（江苏农牧科技职业学院）
陈暴蕾　　　（华南农业大学）
范阔海　　　（山西农业大学）
封海波　　　（西南民族大学）
赵光伟　　　（西南大学）
常广军　　　（南京农业大学）
董海聚　　　（河南农业大学）

主审
杨晓农　　　（西南民族大学）

西南大学出版社
国家一级出版社　全国百佳图书出版单位

图书在版编目（CIP）数据

动物医院实习与实训 / 封海波, 董海聚主编. -- 重庆：西南大学出版社, 2022.7
ISBN 978-7-5697-1513-2

Ⅰ.①动… Ⅱ.①封…②董… Ⅲ.①兽医院－管理－高等学校－教材 Ⅳ.①S851.7

中国版本图书馆CIP数据核字(2022)第112534号

动物医院实习与实训
主　编：封海波　董海聚

责任编辑：	鲁　欣
责任校对：	伯古娟
装帧设计：	殳十堂_朱　璇
排　　版：	瞿　勤
出版发行：	西南大学出版社（原西南师范大学出版社）
印　　刷：	重庆亘鑫印务有限公司
幅面尺寸：	195 mm×255 mm
印　　张：	19.75
字　　数：	474千字
版　　次：	2022年7月 第1版
印　　次：	2022年7月 第1次印刷
书　　号：	ISBN 978-7-5697-1513-2
定　　价：	58.00元

动物医院实习与实训

总编委会

主任

刘　娟　苏胜齐

副主任

赵永聚　周克勇

王豪举　朱汉春

委员

曹立亭　段　彪　黄兰香

黄庆洲　蒋　礼　李前勇

刘安芳　宋振辉　魏述永

吴正理　向　恒　赵中权

郑小波　郑宗林　周朝伟

周勤飞　周荣琼

总序

GENERAL PREFACE

2014年9月,教育部、农业部(现农业农村部)、国家林业局(现国家林业和草原局)批准西南大学动物科学专业、动物医学专业、动物药学专业本科人才培养为国家第一批卓越农林人才教育培养计划改革试点项目。学校与其他卓越农林人才培养高校广泛开展合作,积极探索卓越农林人才培养的模式、实训实践等教育教学改革,加强国家卓越农林人才培养校内实践基地建设,不断探索校企、校地协调育人机制的建立,开展全国专业实践技能大赛等,在卓越农林人才培养方面取得了巨大的成绩。西南大学水产养殖学专业、水族科学与技术专业同步与国家卓越农林人才教育培养计划专业开展了人才培养模式改革等教育教学探索与实践。2018年9月,教育部、农业农村部、国家林业和草原局发布的《关于加强农科教结合实施卓越农林人才教育培养计划2.0的意见》(简称《意见2.0》)明确提出,经过5年的努力,全面建立多层次、多类型、多样化的中国特色高等农林教育人才培养体系,提出了农林人才培养要开发优质课程资源,注重体现学科交叉融合、体现现代生物科技课程建设新要求,及时用农林业发展的新理论、新知识、新技术更新教学内容。

为适应新时代卓越农林人才教育培养的教学需求,促进"新农科"建设和"双万计划"顺利推进,进一步强化本科理论知识学习与实践技能培养,西南大学联合相关高校,在总结卓越农林人才培养改革与实践的经验基础之上,结合教育部《普通高等学校本科专业类教学质量国家标准》以及教育部、财政部、发展改革委《关于高等学校加快"双一流"建设的指导意见》等文件精神,决定推出一套"卓越农林人才培养实验实训实习教材"。本套教材包含动物科学、动物医学、动物药学、中兽医学、水产养殖学、水族科学与技术等本科专业的学科基础课程、专业发展课程和实践等教学环节的实验实训实习内容,适合作为动物科学、动物医学和水产养殖学及相关专业的教学用书,也可作为教学辅助材料。

本套教材面向全国各类高校的畜牧、兽医、水产及相关专业的实践教学环节,具有较广泛的适用性。归纳起来,这套教材有以下特点:

1. 准确定位,面向卓越 本套教材的深度与广度力求符合动物科学、动物医学和水产养殖学及相关专业国家人才培养标准的要求和卓越农林人才培养的需要,紧扣教学活动与知识结构,对人才培养体系、课程体系进行充分调研与论证,及时用现代农林业发展的新理论、新知识、新技术更新教学内容以培养卓越农林人才。

2. 夯实基础,切合实际 本套教材遵循卓越农林人才培养的理念和要求,注重夯实基础理论、基本知识、基本思维、基本技能;科学规划、优化学科品类,力求考虑学科的差异与融合,注重各学科间的有机衔接,切合教学实际。

3. 创新形式,案例引导 本套教材引入案例教学,以提高学生的学习兴趣和教学效果;与创新创业、行业生产实际紧密结合,增强学生运用所学知识与技能的能力,适应农业创新发展的特点。

4. 注重实践,衔接实训 本套教材注意厘清教学各环节,循序渐进,注重指导学生开展现场实训。

"授人以鱼,不如授人以渔。"本套教材尽可能地介绍各个实验(实训、实习)的目的要求、原理和背景、操作关键点、结果误差来源、生产实践应用范围等,通过对知识的迁移延伸、操作方法比较、案例分析等,培养学生的创新意识与探索精神。本套教材是目前国内出版的能较好落实《意见2.0》的实验实训实习教材,以期能对我国农林的人才培养和行业发展起到一定的借鉴引领作用。

以上是我们编写这套教材的初衷和理念,把它们写在这里,主要是为了自勉,并不表明这些我们已经全部做好了、做到位了。我们更希望使用这套教材的师生和其他读者多提宝贵意见,使教材得以不断完善。

本套教材的出版,也凝聚了西南大学和西南大学出版社相关领导的大量心血和支持,在此向他们表示衷心的感谢!

总编委会

前 言
PREFACE

为贯彻实施国家"卓越农林人才教育培养计划2.0"和适应新农科背景下案例教学和翻转课堂等多种教学模式蓬勃发展的需要,由西南民族大学牵头,联合西南大学、西北农林科技大学、南京农业大学、华南农业大学和河南农业大学等多所高等院校,组织长期从事一线临床教学科研和实践的教师编写了卓越农林人才系列教材之一——《动物医院实习与实训》。

本教材紧密结合小动物医学发展前沿、动物医院诊疗工作的实际和动物医学专业学生学习的规律,精心选择了动物医院常用的诊疗技术及常见疾病作为主要内容。本书主要由三部分内容组成:第一部分主要介绍了动物医院实习与实训基础知识(动物医院的布局与功能室设置、常用设备与使用方法、诊疗的流程与注意事项等),为学生进入动物医院实习打下基础;第二部分为动物医院实习,共有21个实习项目,涵盖动物疾病诊疗必备的基础知识与基本技能(动物疾病诊疗技能、实验室检验技能、外科手术相关技能、给药技术和常用治疗技术等),通过该部分的学习,学生能掌握动物医院常用的基本技能,为下一步实训的开展打下坚实的基础;第三部分是动物医院实训,设置了27个实训项目,主要包括动物医院犬和猫常见传染病、寄生虫病、普通病的诊断及治疗等实训内容,通过实训让学生对小动物疾病有更深刻的认识和理解,同时提高学生分析问题和解决问题的能力。从学习基础知识、基本技能逐渐提升到动物疾病诊疗实践环节,循序渐进地培养学生的小动物临床思维和动物疾病诊疗能力。

本教材图文并茂、形象直观,完全能满足动物医学专业学生在动物医院实习环节的需要,各高校可以根据具体情况选用合适的章节和内容。本教材不仅可以作为高等院校、职业技术学院动物医学专业学生实习与实训教材,也可作为动物医院新进工作人员技术培训的参考用书。

本教材先后经历多次内容的修改和完善,参考了大量国内外文献和视频资料。由于时间仓促,加之编者水平有限,书中的不妥和错漏之处在所难免,恳请同行专家和各位师生批评指正,也希望读者能提出宝贵意见,并及时反馈给我们,以便再版时修正。

编者
2022年5月

目录
CONTENTS

第一部分　动物医院实习与实训基础知识 ……1

第一章　动物医院的介绍 ……2
第二章　动物医院的常用设备与使用方法 ……15
第三章　动物医院诊疗的流程与注意事项 ……46

第二部分　动物医院实习 ……55

实习一　动物的接近与保定 ……56
实习二　动物临床一般检查技术 ……61
实习三　犬猫采血技术 ……67
实习四　血细胞计数法 ……70
实习五　血气及电解质检查 ……78
实习六　血生化与血凝检查 ……84
实习七　尿液化验技术 ……90
实习八　粪便化验技术 ……95
实习九　皮肤刮取物检查 ……98
实习十　细菌检查及药敏试验技术 ……104
实习十一　动物B超检查 ……106
实习十二　X线检查 ……111
实习十三　临床常用给药技术 ……122
实习十四　公猫导尿及导尿管留置 ……137
实习十五　犬猫输血技术 ……139

实习十六　手术的准备及无菌术 …………………………………………………145

实习十七　手术的基本操作技术 …………………………………………………151

实习十八　局部麻醉技术 …………………………………………………………162

实习十九　犬猫的全身麻醉 ………………………………………………………165

实习二十　动物医院牙科器械、设备的使用方法及牙科检查技术 ……………174

实习二十一　动物医院眼科器械、设备的使用方法及眼科检查技术 …………183

第三部分　动物医院实训 ………………………………………189

实训一　外伤的诊断及治疗 ………………………………………………………190

实训二　犬猫的绝育与去势手术 …………………………………………………196

实训三　疝的诊断及治疗 …………………………………………………………200

实训四　股骨骨折的诊断及治疗 …………………………………………………204

实训五　犬猫胃肠异物的诊断及治疗 ……………………………………………211

实训六　耳血肿的诊断与治疗 ……………………………………………………215

实训七　犬猫结膜炎的诊断及治疗 ………………………………………………218

实训八　眼睑内翻及外翻的诊断与治疗 …………………………………………222

实训九　眼球脱出的诊断及治疗 …………………………………………………226

实训十　阴道脱出与子宫脱出的诊断与治疗 ……………………………………230

实训十一　犬猫难产的诊断及治疗 ………………………………………………233

实训十二　犬产后抽搐（产后子痫）的诊断及治疗 ……………………………238

实训十三　子宫蓄脓的诊断及治疗 ………………………………………………241

实训十四　犬瘟热的诊断及治疗 …………………………………………………245

实训十五　犬细小病毒病的诊断及治疗 ································ 249

实训十六　犬猫肾衰竭及肾损伤的诊断及治疗 ···················· 254

实训十七　猫泛白细胞减少症(猫瘟)的诊断及治疗 ············· 258

实训十八　猫传染性腹膜炎的诊断及治疗 ···························· 261

实训十九　猫自发性膀胱炎的诊断及治疗 ···························· 266

实训二十　犬猫尿石症的诊断及治疗 ··································· 269

实训二十一　乳腺肿瘤的诊断及治疗 ··································· 273

实训二十二　猫脂肪肝的诊断及治疗 ··································· 277

实训二十三　胰腺炎的诊断及治疗 ······································· 281

实训二十四　耳炎的诊断及治疗 ··· 286

实训二十五　犬猫牙结石的诊断及治疗 ······························· 290

实训二十六　猫肥厚型心肌病的诊断及治疗 ························ 293

实训二十七　髌骨脱位的诊断及治疗 ··································· 298

参考文献 ·· 304

第一部分

动物医院实习与实训基础知识

第一章
动物医院的介绍

一、动物医院的布局与接诊流程

医院的设计与布局是一门大学问,不但要考虑美观性,还要体现功能性,并在满足这两个前提的同时尽可能地提高每平方米的利润。从兽医经济管理上来说,每平方米利润能评估一家医院的效率。一般来说,诊室、化验室、影像室、手术室等区域属于可以产生收入的区域,而前台、候诊区、洗手间等区域不产生收入(图1-1-1)。因此,设计合理的医院一般效率较高,收益也较高。

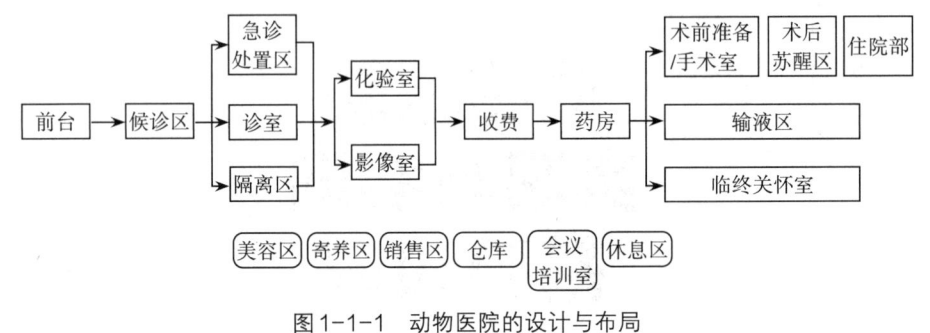

图1-1-1 动物医院的设计与布局

下面以华南农业大学教学动物医院为例,按照诊疗活动线来介绍动物医院的布局和功能室设置。

(一)前台

前台区域一般是客户就诊体验的第一站,干净、整洁的前台能给客户留下良好的第一印象。要充分利用好客户在前台的等待时间,可在前台柜子上放置医院地图、活动推广宣传单、产品小册子等资料,从而达到一定的宣传效果。除此以外,前台也是处理客户咨询、预约和维护客户关系的重要场所,因此,电话、电脑、打印机等基本办公设备必不可少。如医院面积有限,可以把前台接待和收费结算合并在同一区域,从而提高每平方米的利润值(图1-1-2)。

图 1-1-2　动物医院前台

(二)候诊区

接下来,宠物主人(后文简称"宠主")将移步至候诊区(图1-1-3)。候诊区是进入诊室前的缓冲带,一方面,宠主和宠物可在此区域稍作休息,静待医生接诊;另一方面,宠主可在此区域等待相应的检查唤号或检查结果,从而避免一个病例长时间占据诊室,造成接诊效率低下等后果。医院应根据其规模和日接诊量,设置合适的候诊区域。同样的,在候诊区域也可放置宣传册子、电子屏等进行宣传推广和客户教育。墙上可悬挂主治医生简介和医院文化建设相关图片。

图 1-1-3　动物医院候诊区的一角

(三)诊室及分类

根据病情的危急情况和是否有传染性,可将诊室分为三类,分别是普通门诊诊室、急诊处置区和隔离区。普通门诊诊室主要针对当下无生命危险的病患,对病患进行常规体格检查。急诊处置区主要针对当下生命危殆的病患,如中暑、胃扭转和败血症等。而隔离区则针对怀疑患有传染性疾病的病患,如犬细小病毒病、犬瘟热和猫泛白细胞减少症等。

(四)诊断

在诊室经过体格检查和初步的病情分析后,医生会开具相应的诊断项目以便进一步确认病情。其中包括化验科的血常规、血液生化、尿液检查等,以及超声波、放射学和磁共振等影像学检查。宠主根据相应的诊断项目带着宠物前往不同的科室。待检测项目完成后,宠主带着检查结果返回诊室待医生进一步分析病情。

(五)付费

在国内,很多医院采用先付费后服务的模式,也就是医生开具诊断项目或处方后,宠主必须马上付清费用,否则不能继续诊疗活动。在欧美国家,得益于其发达的征信系统、成熟的法律体系以及信用卡的广泛使用,医生一般先开具所需项目的预算单,待客户签字同意后即可继续进行诊疗活动。这种收费模式对于处理急症有一定的优势,可以节省更多的时间去抢救病患。另外,针对重大疾病或手术,当宠主无法一次性支付所有费用时,宠主可以申请医疗贷款。医院会根据全国征信系统协助宠主贷款,贷款额是根据宠主的征信分数而定的。

(六)药房

当宠主获得病情诊断详情后,需要到药房领取相应的药物。针对药房的设计,我们应遵循增加储纳空间、合理布局和方便存取三大原则。由于兽药类别繁多,且每个类别下可能有几种常用药,增加储纳空间可保证能存放足够类别的药物应对各类疾病。合理布局是指除了要考虑预留储纳空间,还要考虑预留宽阔的操作空间以方便配药;针对有特殊储存要求的药物或生物制品,应预留相应的位置,包括避开热源或光源等。方便存取是指不应为了利用空间而把药品放在角落或者很高的柜子上。根据这些原则设计的药房能大大提高医护人员和采购人员的工作效率。

(七)治疗

就治疗地点而言,一般有三种方向:外科治疗和住院护理、门诊输液治疗、临终关怀。外科治疗,一般设有术前准备区,在该区域对动物进行诱导麻醉、术区剃毛和消毒等工作,必要时还可在该区域实施局部神经阻滞操作。手术量大的医院,可设置多个手术室;而对于空间足够大的医院,甚至可以将手术室细分为软组织手术室和骨科手术室。一般术前准备区和手术室紧靠在一起。术后,为了更好地提高动物福利,减少麻醉并发症的发生,可设置术后苏醒区。术后苏醒区应设在医院人员走动较少、较为安静的区域,在前往住院部或者回家前,动物可在这里恢复到正常的体征指标和精神状态。另外一些病情较轻的病患,如需要输液治疗但不需要留院治疗的时候,这时,宠主可以陪伴病患在输液区进行治疗。若是非猫专科医院,可划分输液区为猫专用区域和犬专用区域,从而减少猫在院内的应激反应。根据治疗目的和病患的体型,一般输液时长为1~4 h不等。在国外,宠主一般将动物留院进行相关治疗,待医院通知治疗结束后即返回医院接回病患,这样的方式可以减少院内非医护人员的聚集,同时也方便宠主合理安排自己的时间。最后,针对预后不良或其他原因需要实施安乐死的病患,我们会安排宠主和病患移步至临终关怀室。该区域应为院内人员走动较少的地方,房间里最好有后门,方便宠主避开院内人群。设置该区域的目的是提升服务质量,让宠主和病患能在私密的空间内完成病患结束生命这一过程。此外,宠主也能有一个私密的空间整理自己的情绪。

(八)其他区域

以上为一般中大型的医院功能区域。有的医院还设有宠物美容区、宠物寄养区、销售区来提高营业收入。例如,很多动物医院设置了处方粮、驱虫药、保健品销售区(图1-1-4)。仓库区用于储存医疗器械和耗材;会议培训室用于院内医护人员交流和学习;还有休息区等功能区域。在设计医院的区域时,可根据实际空间灵活设计,有的区域不必以门墙相隔,开放式的设计更能较大程度地利用空间;有的区域也可实现功能重叠,如前台和收费站。中小型医院则可以根据自己的业务范围,合理设计院内应有的功能区域。

图1-1-4 动物医院处方粮、驱虫药、保健品销售区

二、动物医院的房间设置与应用

动物医院的房间多为诊疗活动的第一个场所,因此应根据房间的功能配备相应的诊疗设备和工具。此外,2009年起施行的《动物诊疗机构管理办法》第十九条明确动物诊疗机构应当使用规范的病历、处方笺,病历、处方笺应当印有动物诊疗机构的名称,病历档案应当保存3年以上。随着科技和信息现代化的发展,2022年10月起施行的《动物诊疗机构管理办法》,明文规定电子病历与纸质病历具有同等效力。病历的电子化在一定程度上能减少纸张的使用量,符合习近平总书记倡导的绿色低碳的生态文明理念。因此,建议动物医院在相应房间合理配置电脑。此外,利用电脑终端设备还能及时地向宠主展示诊断结果,特别是影像学的结果,这样能极大地提高沟通效率。

医院会根据其市场定位、成本规划、医院面积和老板个人喜好等多方面因素综合考虑房间的设置与应用。下面介绍的是针对犬猫、以诊疗目的为第一要素的动物医院的基础配置。

(一)门诊诊室的设置与应用

首先,诊室是最主要的诊疗活动房间,应该设有固定或折叠的诊疗台,方便动物医生为中小型犬猫开展基础体格检查及其他相关检查(图1-1-5)。一个医疗手推车或多层储物架能有条理、整齐地摆放常用的耗材和器具,如图1-1-6所示,手推车第一层可放置一个医疗托盘,托盘里可放置体温计、止血带和止血钳等物品。体温计用于检测动物的肛温;止血带和止血钳用于头臂静脉采血。旁边放有常规的干棉罐、碘棉罐、酒精棉罐、胶带和检查手套;75%酒精和新洁尔灭溶液用于诊疗台消毒。手推车下层摆放各种型号的伊丽莎白项圈和嘴套,用于动物保定。诊室内应设置两个垃圾桶,一个主要存放常规垃圾,另一个主要存放所有利器,如刀片、针头、玻璃等。诊室内应设有洗手池并配备消毒液,这是医院内生物安全规范的重要配置之一。上述为门诊诊室的基础配备。有的诊室还可以安装吊柜存放可携带的设备,如眼科检查设备、检耳器、体重秤等。诊室内可通过张贴科普海报、放置器官模型等方式方便医生向宠主解释病情。

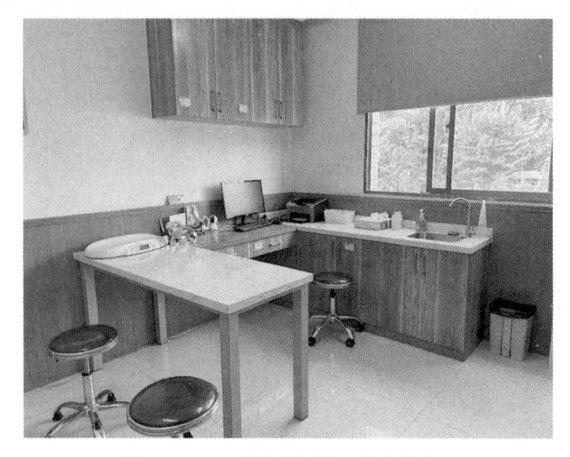

图1-1-5 动物医院门诊诊室布局　　　　图1-1-6 医疗手推车

(二)急诊处置室的设置与应用

急诊处置室主要针对生命体征不稳定的病患。常见的急诊病患患有包括各种原因导致的呼吸困难、持续性癫痫、胃扩张扭转综合征、严重外伤和下泌尿道堵塞等疾病或病患已休克。因此,该区域除了配备门诊诊室应有的基础设备外,还应配有氧气气源、输液泵、生命体征监护仪、基础外科器械和心肺复苏装备等,条件允许的医院还可以配置心脏除颤仪。与普通操作台相比,多功能宠物不锈钢操作台对处理失禁的动物十分方便,且后续的清理也十分便捷。争分夺秒是急诊的主基调,因此,也建议医院在急诊室显眼的地方张贴常用的应急药品剂量表。

(三)隔离诊室与隔离病房的设置与应用

隔离区域的设立是为了应对传染病可疑病例,防止这类疾病在院内造成传播,处理不当有可能造成院内小规模暴发。隔离区域的基本设置与门诊诊室相似,不同的是该区域应该配备专用的听诊器和体温计,还应该储备充足的个人防护装备,如手套、防护服、鞋套等。在使用隔离诊室或隔离病房时,应在门外贴上显眼的传染病提示标签,并在门外设置消毒足盆,避免传染源通过医护人员的鞋底在院内传播。隔离病房应远离院内动物密集的地方,配有独立的循环系统,避免呼吸道传染病的传播。

(四)影像室的设置与应用

影像室医生根据不同的成像工具,针对病患软组织或骨骼,检测是否存在器质性或占位性变化等。目前,大多数医院都配备了X线成像设备(图1-1-7)和超声成像设备。对于一些专科特色医院或者转诊中心,还可配置电子计算机断层扫描(CT)和磁共振成像(MRI)等高阶成像设备。除超声室外,其他影像室一般分为外室和内室两种。外室为观察室,放置电脑,内室则为操作区,放置成像设备。由于X线机和CT机发出的X线属于高能电离射线,对人体有害,因此X线室和CT室的房间六面必须铺设铅板,而内外室之间的观察玻璃也必须是含铅玻璃。两室均应配备整套含铅防护服,包括帽子、围脖、防护袍和手套(图1-1-8)。MRI机身较重,因此,宜放在实地上,否则可能存在楼板承重的问题。由于MRI机器在工作过程中会产生较强的磁场,因此,出于对周边环境影响和成像质量的考虑,MRI室应设置在空旷,远离钢铁、磁铁和精密仪器的地方(图1-1-9)。最后,这些仪器都要经过有关部门的环境保护验收后才能正式使用。相较而言,超声室的要求较低,只需要B超设备、操作台和与心脏彩超或腹部超声相对应的海绵垫即可。

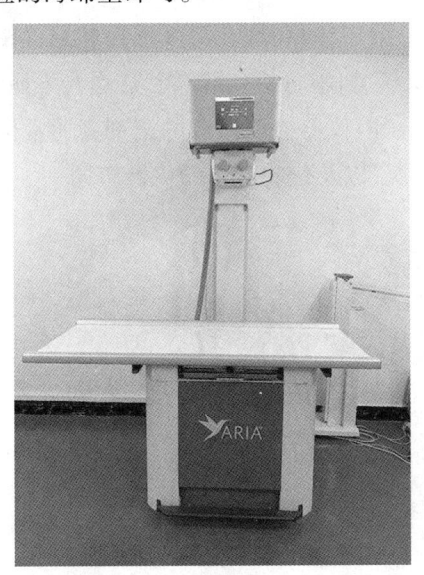

图1-1-7 动物医院X线机　　图1-1-8 X线影像室放置的防护服等

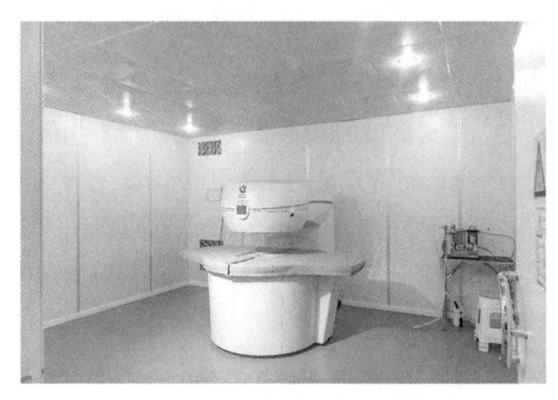

图 1-1-9　磁共振成像(MRI)诊断室

（五）化验室的设置与应用

化验室承担了很多基础常规的检测项目，而检测仪器的配置决定了该医院能开展检测项目的类别和数量。有的医院为了节省仪器成本，把很多检测项目都送往第三方检测中心；而教学医院具有教学属性，一般检测仪器较多，甚至可以结合课题组的科研设备开展相关的检测项目。最基础的化验室配有血液检查所需的小型离心机、血细胞分析仪、生化分析仪、血凝分析仪，粪检、细胞学检查需要的染色剂和双目光学显微镜。数码显微镜的镜头能连接电脑设备实时显示显微镜影像，利用电脑软件能对图像进行截取和保存，这样不仅能保存医疗记录又能满足教学所需。目前市面上推出了很多小型且快捷的检测仪器，如血糖仪、乳酸仪、急性期蛋白检测仪、尿检仪、电解质与血气分析仪等。配置这些仪器一方面能提升服务水平，另一方面又能增加门诊收入。细菌、真菌培养实验和PCR（聚合酶链反应）检测对化验室的内部环境要求较高，环境洁净度低容易造成检测结果不准；一旦生物安全有漏洞甚至会造成病原体外泄和院内感染。最后，医院应考虑自身的业务量、空间和现金流来选购和配置相关仪器设备，动物教学医院检验科室一般常配备生化分析仪、血液分析仪、冰箱、普通光学显微镜、数码显微镜等仪器，以及细胞学检查所需的染色试剂等，仪器检测所用的试剂盒通常保存于冰箱中。图1-1-10所示为动物医院的化验室内部情况，以及化验室内的仪器布局。

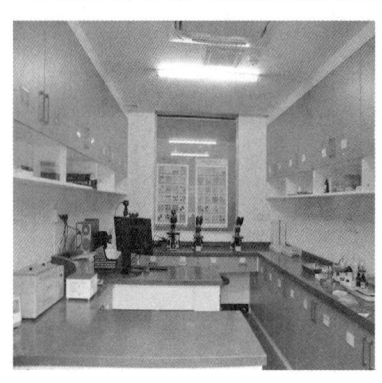

图 1-1-10　动物医院化验室内景及仪器布局

(六)药房的设置与应用

药房是药品和耗材输出的地方,如图1-1-11所示。药房应该设置在医院的中央区域,使药房与各功能区域的距离最短,这样可方便各功能区域的医护人员领取药品。药房内部以带门或不带门的多功能组合柜为主,在相应柜门或框架上贴上药品名称,方便储存和管理。针对有特殊储存要求的药品和生物制品,如疫苗、单抗(单克隆抗体)等,药房应配备一台冰箱。另外,药房应预留宽敞的操作台空间,方便助理配制药品,建议在操作台上张贴常用药物的配伍禁忌,减少医疗事故发生。此外,药房是医院内产生针头和玻璃利器等医疗废物的重要场所之一,因此药房里应配置多个利器回收桶。

图1-1-11 动物医院药房

(七)输液区的设置与应用

输液区的功能较为单一,主要针对门诊输液病患。一般猫友好型医院都会将输液区域划分为猫专用区域和犬专用区域。猫专用区域一般较为安静,光线较暗,设有门墙阻隔与犬只的视线接触以及物理接触。根据病患的疾病类型、体型和输液速度等,输液时间一般为1~4 h不等。有的医院要求主人陪护,有的医院可以提供输液笼,让主人自行安排时间。华南农业大学动物教学医院猫的输液区,采用磨砂不透明的玻璃对外部进行间隔,避免犬猫有视线或物理接触(图1-1-12)。在犬输液区,小型犬可放在桌上小隔间中输液,大型犬可在地面输液,主人可进行陪护,输液区中还设有输液笼(图1-1-13)。

图1-1-12 动物教学医院猫输液区 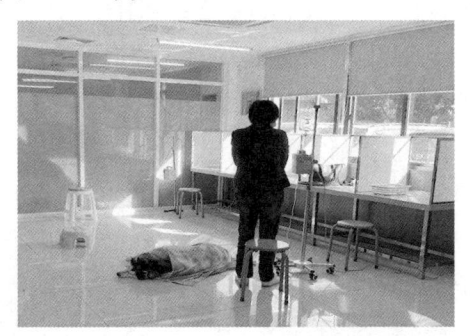　　图1-1-13 动物医院犬输液区

(八)术前准备区与手术室的设置与应用

术前准备区是帮助病患在手术前做好准备的区域,布局如图1-1-14所示。在该区域可进行一些如静脉通道的建立、气道的建立,术区的除毛与消毒,诱导麻醉等操作。根据要完成的任务,术前准备区应该配置不同型号的留置针、喉镜、气管插管、剃毛器、吸毛器、常规消毒溶液、常用诱导麻醉药拮抗剂、麻醉机、监护仪和血压计等。医护人员一般在该区域穿着长袍白大褂以降低里面的手术服被污染的程度。进入手术室前应把白大褂存放在手术核心区外,并换上手术专用拖鞋,尽量保持手术室内的无菌环境。术前准备区与手术室之间的门或连通手术室内外的门最好是自动感应模式或脚踏式,医护人员不需要用手触碰门把手就能方便、快速地通过。手术室的设计可以多种多样,但一切应以无菌原则为先,其次是方便术者和助手工作。常规的手术室最低标准应配有呼吸麻醉机与呼吸机、多参数监护仪、无影灯、手术台、常用药品和器械柜;进阶的手术室可增配吊塔、高频电刀、负压吸引器、观片荧幕等;针对专科手术室还有关节镜、内窥镜、C型臂X线机等高阶设备。手术室外应配有洗手池或外科专用手部免洗消毒液,手术室外还应配置一块附属空间用于器械的清洗、消毒,器械和敷料的无菌处理,器械及耗材的存放。手术室内设无影灯和可升降手术台,台面上配有加热保温设备;靠墙边分别为内窥镜设备、C型臂X线机和站立式氧气瓶;手术台右边放置呼吸麻醉机、多参数监护仪和吊塔(图1-1-15)。

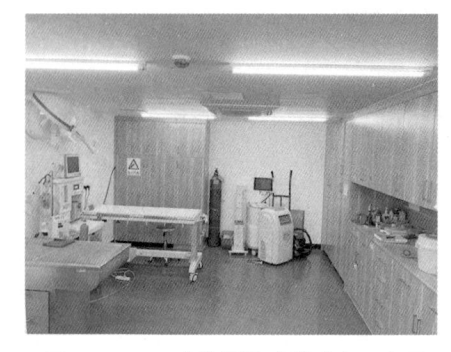

图1-1-14 动物医院术前准备区布局 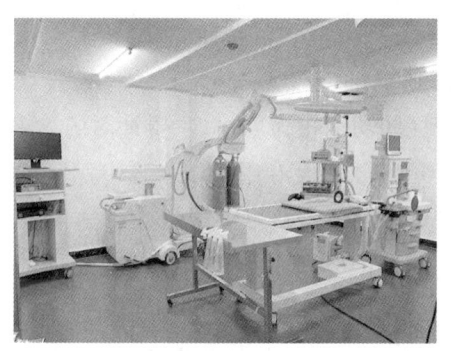　　图1-1-15 动物医院手术室布局

(九)术后苏醒区的设置与应用

术后苏醒区的设置是针对麻醉过后体征不稳定的病患从手术室平稳转移到下一个区域的过渡区。术后苏醒区应为相对安静的区域。考虑到该区域病患的特殊性,该区域应配有专业医护人员监护,以及血压计、监护仪、保温垫等设备以应对麻醉后常见的并发症,如低血压、心律不齐、低体温等。由于术前用药情况、病患本身体况、麻醉过程和术后疼痛等因素的影响,有的病患在麻醉恢复过程中会出现四肢划动、呻吟、失禁等神经症状。因此,术后苏醒区的设置不但可以提高动物福利,还可避免非专业人员看到这类令人情绪不安的症状,从而提高客户体验感。

(十)住院部的设置与应用

住院部是为了病危病患、术后病患或需要专业护理的病患所设置的部门,一般情况下不接受没有医疗需求的寄养。较为理想的住院部应该设在一楼,方便病患外出活动,特别是骨科和神经科病患;助理工作区应设立在住院部中央,方便助理能随时观察到笼内动物的情况。根据我国的国情,多数住院部设在二楼并间隔为多个房间。通过提高助理巡房的频率或者安装摄像头能大幅降低因监护不足引发医疗事故的概率。由于住院部的病患类型多样,因此住院部的设备配置不亚于门诊配置,包括基础的体格检查所需的器具、输液泵、监护仪、血压计、紧急抢救车等,条件允许的医院配置有床边B超仪、氧舱等先进设备(图1-1-16)。每个住院笼前最好设有挂篮或对应的储物空间以存放该动物专用药物、器具和私人物品。这样可以避免物品摆放混乱和降低私人物品丢失的概率。图1-1-17为动物医院的住院部布局。

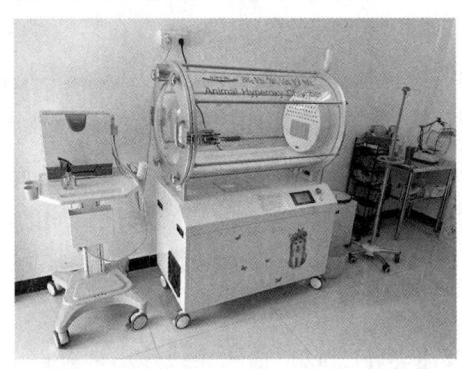

图1-1-16 动物医院住院部设备的摆放　　图1-1-17 动物医院猫住院部布局图

(十一)临终关怀室的设置与应用

临终关怀室在兽医领域可能算是一个新颖的名词,但在人类医学中已存在多年。人医中的临终关怀室是指为几周或者几个月后将要逝世的病患提供身关怀、心关怀和灵性关怀的特殊病房,是人类社会和文明发展的重要标志。与人医不同的是,兽医的临终关怀室不是一个病房,而是一处宠主能为病患做出重大决定,陪伴病患最后时光的私密空间。临终关怀室应设置在医院人流较少的区域,房间按温馨家居环境布置,配以柔和的灯光,使人放松。为了让宠主的情绪得到释放和整理,同时又不影响医院内其他客户的情绪,房间最好添装隔音装置,摆放足够的纸巾。房间内最好有另一扇门直接连通医院外部,让宠主避开密集的人群。房间内另一个重要的设备为按铃,按铃可以保障宠主在使用该房间的过程中不受打扰,但在房内需要帮助的时候,医护人员又能及时给出回应。华南农业大学教学动物医院设有动物临终关怀室,室内以温馨家居布置为主,该室的设置不仅提升了客户体验度,还维护了动物福利,为兽医教育提供了一个新型的教学模型,有利于培育兽医学生的人文素养(图1-1-18)。

图 1-1-18　动物医院临终关怀室一角

三、学生在动物医院实习的要求

在培养兽医学生的过程中,学校除了在第一课堂教授理论知识外,还有在第二课堂的临床实践。一名优秀的兽医既能把理论知识转化为实践操作,又能在实践过程中发现不足,继而进一步学习新的理论知识。最终在这样的理论—实践循环中,一步步提升自己的诊疗技术。

一般来说,教学医院承担大部分兽医教学实践活动。以华南农业大学兽医学院为例,结合临床实践技能课程,兽医一、二、三年级学生每学期须到教学医院进行为期一周的轮值,而五年级学生则会有长达6个月的轮转培训。与此同时,学生也可以利用周末或寒暑假期,自行到校外动物医院实践。

无论是校内还是校外的医院,对实习生的要求基本一致。临床实践除了训练兽医学生的临床技能外,也是培养兽医学生职业道德的一个重要环节。所有参加实习的学生首先要听从医院负责人的指挥,严格遵守医院的规章制度。低年级的学生以跟诊观摩为主,高年级的学生可在兽医的指导下开展简单的实践活动。

(一)着装要求

着装应符合医院的相关要求。以华南农业大学兽医学院为例,实习生一律要求穿洁净的白大褂,佩戴实习生名牌(图1-1-19),以便兽医和宠主可以在医院中快速识别不同的工作人员。校外有的医院要求实习生穿工作服。

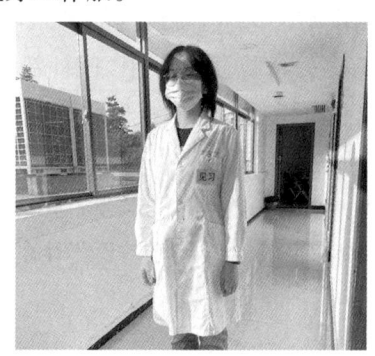

图 1-1-19　动物医院实习生穿着要求

(二)言行举止要求

实习生首先要明白动物医院是一个公众的、对外服务的工作场所,应有专业的工作态度。实习生应准时到岗;工作时,不嬉戏打闹、不玩手机;协助前台疏导客户,配合兽医开展诊疗工作。实习生若遇到宠主咨询一般常规性问题,应使用礼貌的工作语言回复;若宠主咨询病例情况或专业性问题,应引导宠主咨询执业兽医,而不该在没有执业兽医在场的情况下自主回答。遇到急诊或其他处理情况,实习生不应聚集围观;未经宠主允许,不应擅自对病患拍照甚至公开发布在社交媒体上。

(三)专业技能要求

一名合格的兽医毕业生需要掌握多项技能。结合世界动物卫生组织(World Organization for Animal Health,WOAH)发布的兽医毕业生首日技能(Day 1 Competencies)指引,根据行业实际情况,华南农业大学兽医学院为实习生制定了一系列专业技能要求,主要分为三大类:基础科学知识、临床科学与实践技能和非技术性能力。根据不同科室和不同的工作岗位,我们细化了这些能力要求(见表1-1-1)。

表1-1-1 动物医院实习考查表(部分)

实习内容及要求	实习成绩	指导老师
1.前台		
1.1 掌握客户接待流程		
1.2 了解病例档案的管理		
1.3 了解收费及医院文件的管理等		
……		
2.门诊		
2.1 掌握诊室的准备、管理		
2.2 了解接诊技巧(问诊)		
2.3 掌握动物保定技术		
……		
3.药房		
3.1 了解常用药物与生物制品的包装、作用、用法与用量		
3.2 掌握处方的阅读和核对		
3.3 了解按处方取药、配药操作		
……		

续表

实习内容及要求	实习成绩	指导老师
4.检验科		
4.1 了解血常规设备的使用方法		
4.2 掌握血液采样及相关流程		
4.3 掌握血液常规各指标的意义		
……		

【复习思考题】

(1)动物医院一般要设置哪些区域或功能室？

(2)门诊诊室的布局有哪些要求？

(3)动物影像室的设计与布局有哪些要求及注意事项？

(4)化验室的设计与布局有哪些特点？

(5)手术室的设计与布局应考虑哪些因素？

(6)动物住院部的设计与布局一般有哪些要求？

(7)学生在动物医院实习一般应遵守哪些规章制度？

(编者：夏羿蕾)

第二章

动物医院的常用设备与使用方法

第一节　诊疗室设备

一、血压计

动物血压是动物最重要的生理指标之一,测定动物血压对动物心血管系统疾病、血液病、发热、疼痛等的诊断和研究都有重要的意义,对危重动物的抢救、治疗和预后也有重要的参考价值。临床血压计的测定原理可分为示波法和多普勒法。

1. 示波法血压仪

示波法血压仪靠仪器识别从动物肢体传到袖带中的小脉冲,并加以差别,经过多重处理,形成一条能够体现脉冲峰值的包络线,进而推算出收缩压、舒张压和平均动脉压(图1-2-1)。

动物的血压受神经、体液和肾脏功能等多个因素调节,也与动物的品种、年龄、性别、体重、精神状态、饮食、体位、生理状况及所处环境有关。另外,心脏收缩、心输出量、血管管腔大小、血管壁张力、血液的黏稠度、血管与心脏距离、测量方法等因素同样会影响血压。在正常条件下,同种动物的血压相对恒定,但由于受上述因素的影响,动物血压在群体中呈正态分布,这也是进行血压测定的依据。

将患犬猫俯卧或侧卧保定,根据动物的体格选择合适的袖带。犬放置袖带的位置为前肢桡动脉处,而猫放置袖带的位置为前肢肱动脉处。袖带固定后,点击开始测量,然后获得数值。一般需要连续测量3~5次,取平均值。

临床中,健康犬的收缩压为(144±27)mmHg(1 mmHg=0.133 kPa),舒张压为(91±20)mmHg,平均压为(110±21)mmHg;健康猫的收缩压为117~149 mmHg,舒张压为48~102 mmHg,平均压为61~124 mmHg。

2. 多普勒血压仪

多普勒血压仪(图1-2-2)是临床上常用的检测设备,可以实时监测动物的脉搏及血压。其原理为利用多普勒超声探头在肢体主动脉处采集血流多普勒频移信号,对信号电压进行放大,一方面直接输入扬声器转变为音频信号,得到多普勒音;另一方面用频率/电压变换器变换多普勒频移信号,得到脉搏波信号。基于此原理,得到肢体血流参数,并进一步监测动物血压。

多普勒血压仪由机身、血压袖带、血压气囊和探头等组成。机身的喇叭可实时提示脉搏跳动,并在显示器中显示脉搏强弱。根据动物体格选择合适的袖带,并与血压气囊连接后,固定于待测肢的近心端。探头与机身连接后,置于待测肢脉搏跳动明显处进行测定。该机器测量范围为 0~300 mmHg,探头频率为 9 MHz,血压袖带规格分别是 1 号(4.2~7.1 cm)、2 号(5.4~9.1 cm)、3 号(6.9~11.7 cm)、4 号(9~13 cm)、5 号(12~16 cm)、6 号(17~22 cm)。

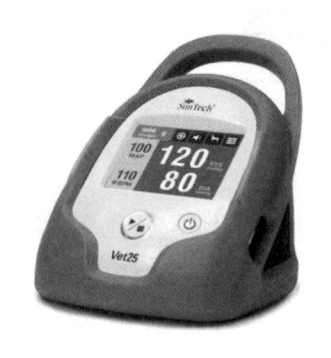

(SunTech Vet 25)

图 1-2-1　示波法血压仪

(图片由合肥金脑人科技发展有限责任公司提供)

图 1-2-2　多普勒血压仪

操作步骤:

① 将探头与机身连接,袖带与血压气囊连接,然后开机,将音量调至最小或连接耳机,避免仪器发出噪声导致动物应激。

② 测量的部位一般选择前肢掌骨腹侧或后肢跖骨腹侧。

③ 将测量处毛发剃除,用手感知脉搏跳动明显处,此处为探头放置处。

④ 在除毛处涂少量耦合剂,并将探头轻轻放置于该处,缓慢调高音量。

⑤ 如探头检测到该处的血流,机器会发出噗噗的声音;若无该声音,则轻轻调整探头位置,待听到声音后,用胶带固定探头。

⑥ 在固定处的近心端放置血压袖带,根据动物待测肢的直径,选择合适的袖带。

⑦ 袖带固定后,将血压气囊的旋钮关闭,然后挤压血压气囊至噗噗声消失,此时血压气囊表盘指针一般大于 200 mmHg。

⑧ 轻轻松开血压气囊的旋钮,可看到表盘的血压缓慢下降。当再次听到噗噗声,指针指示的血压则为本次测量结果。

⑨ 一般测量 3~5 次,取平均值,即为该动物的多普勒血压检测结果。

二、心电图机

心电图机是通过正负电极记录心脏电活动变化的仪器(图1-2-3),心电图描记法是记录这些电位差变化的方法。目前,市面上的心电图机比较多,其原理相通。将正向(+)和负向(-)电极安置于躯体体表或体内各个位置以记录电位变化,其中最为常用和简单的方法是将电极安置于动物的四肢,即体表肢导联心电图描记。

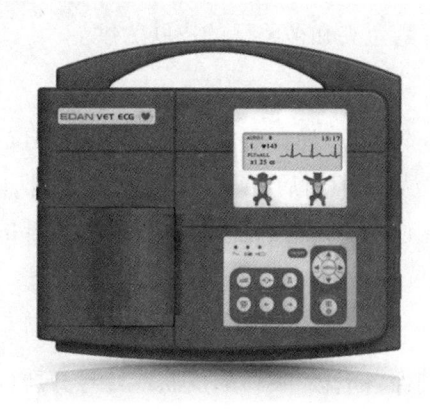

图1-2-3 心电图机

(一)检测前准备流程

1. 连接件(电极)

心电图电线和皮肤之间需要一个连接件进行连通,这个连接件称为电极。动物体表存在被毛,故在日常使用中使用胶粘电极并不方便,动物须剃毛后才能使用胶粘电极,且常常粘附效果不理想,要在固定位置后用绷带缠绑肢体和电极。

鳄鱼夹(图1-2-4)是最常用于连接心电图电线和动物皮肤的电极,连接效果理想,但夹齿产生的轻度疼痛会给动物带来不适。可通过向外适度弯曲或在夹齿间焊接小导电板,以减轻鳄鱼夹齿引起的疼痛。

小号金属板电极——儿科肢体电极,可用于代替鳄鱼夹,但也须使用胶带、绷带或魔术贴进行固定。

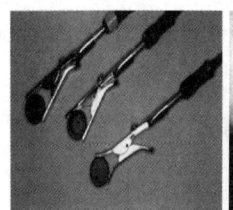

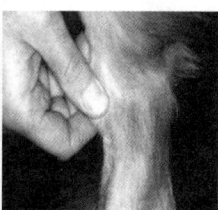

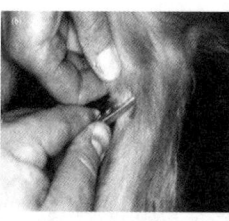

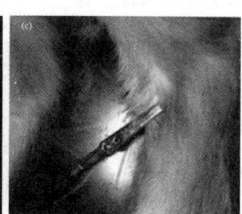

(摘自《小动物心电图入门指南》)
图1-2-4 动物常用的鳄鱼夹及安置方法

2. 建立连接

这是获取具有诊断意义的优质心电图的最重要步骤,由于临床最常使用的电极类型是鳄鱼夹,故下文主要讨论这种电极的操作。若选择其他类型的电极,则应根据实际情况进行相应的改变。

拇指和食指固定皮肤(捻动并找到被毛下皮肤的边缘),将鳄鱼夹打开至最大角度,拨开被毛并用夹子夹持皮肤褶皱。为了增强皮肤和鳄鱼夹的导电性,常使用酒精作为导电剂。将少量酒精喷在皮肤上,以润湿鳄鱼夹和被毛下的皮肤为度。

3. 电极安置

在不同部位(尽量在被毛较少处)捏持皮肤,选择最佳检测位置。前肢较常选择肘部屈角位置,也可选择肘后方背侧位置。但肘后方背侧位置接近胸部,呼吸运动可使导线和电极移动,记录的心电图会因此产生误差。另外,也可选择肘部和腕部的中间掌侧位置,后肢踝关节屈角(有时可在该位置偏上)位置,膝关节上方或下方的肢背侧。

4. 电极绝缘

连接好所有电极后,应确保各电极、夹持的皮肤或传导介质(酒精)与动物体的其他部分、保定者或检查台之间均无任何接触。否则,可能导致电路短路而在心电图记录时引起误差。

5. 如何放置心电图导线

要注意安置电极夹时勿将导线置于动物体上,避免形成呼吸运动误差(同上所述)或导线缠绕引起动物不适。安置鳄鱼夹时心电图导线远离动物并静置于检查台(或地面)上。

6. 动物体位

使动物放松或休息以尽可能减少骨骼肌的电活动性。动物颤抖、摆动、喘息或鸣叫,均会干扰心电图基线,掩盖心电图的小波群(如P波),尤其是极易影响猫心电图和易混淆的心电图。优质的心电图应无明显运动干扰且相邻波群间为平稳的基线。

(二)心电图机调试与准备

不同的心电图机在操作时稍有差异,允许按以下说明调整(基于标准心电图机)。

1. 设置走纸速度

走纸速度可选择25 mm/s或50 mm/s,有时可选择100 mm/s。走纸速度的选择必须考虑动物的心率。根据说明,犬心率正常时可选择25 mm/s,若心率较快可将走纸速度设置为50 mm/s(猫常用)。若心电图机电脑打印模式产生基线颤动效果(即像素效应),则可选择100 mm/s,以方便心电图波群时限测量。

2. 定标

通常设置为1 cm/mV,但波群较小时可增加为2 cm/mV,若波群过大可降为0.5 cm/mV。

3. 滤波调试

在连接良好的状态下,尽量不使用此项设置,即不用滤波。尽管滤波器的衰减作用影响较小,但会不同程度地降低波群振幅,故应在无滤波的心电图上测量波群振幅。若主要进行心律失常的检测且基线误差无法避免时,可使用滤波器降低基线误差使心电图记录的图像更易判读。

4. 描记笔位置

在描记期间应调整描记笔的位置(若在手动心电图机上操作),使整个心电图波群在心电图纸边界之内。若心电图图像过大,超越心电图纸(超出边界范围)时称为"削波",此时应向上或向下移动描记笔,或降低定标值(更为可取),使整个心电图波形位于心电图纸内,而不延伸至边界外空白处。

5. 心电图记录

在6个双极导联上各记录约10 s,为确定每个导联上的波形图均在心电图纸的边界范围之内,在切换导联时可短暂停顿(记录针持续移动),直至描记笔复位到上文描述的位置。

三、眼压计

眼压计采用回弹法,用于兽医领域检测动物眼内压(IOP)。眼压计使用一个小且轻的一次性探头与眼睛进行很短暂的接触,根据眼压计测量探头的减速和回弹时间等参数计算眼内压(图1-2-5)。

1. 工作原理

一个眼内压测量程序包含6次测量。探头在每次测量时会移动到眼角膜再返回,如此经过6次测量后,眼压计会计算出最终的眼内压,并保存在眼压计的存储器中。眼内压受脉搏、呼吸、眼球运动和身体位置的影响会发生相应的变化。由于测量是利用手持设备在1 s内进行的,因此,需要进行6次测量以获得最终读数。

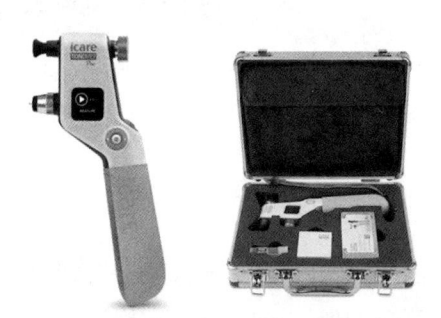

[图片由观点(上海)生物科技有限公司提供]
图1-2-5 动物用回弹式眼压计

2. 操作步骤

（1）保持动物不动，一般无需麻醉，较敏感动物可以做眼表局麻后再进行测量。

（2）将眼压计放至动物眼球附近。

（3）探头应水平放置，保持探头水平并垂直朝向眼角膜的中心，探头尖端与动物眼角膜的距离应保持在 4~8 mm。

（4）以单次模式或连续模式进行测量。

单次模式：轻轻按下测量按钮以执行测量任务，请注意切勿摇晃眼压计，探头的尖端应与眼角膜的中央接触。应连续进行 6 次测量，在每一次测量成功后，绿色指示灯会亮起，同时将听到一个短促的提示音。

连续模式：持续按住测量按钮以获得连续 6 次测量的结果，每一次测量成功绿色指示灯都会亮起。为获得眼内压的最终读数必须连续测量 6 次，最终显示的测量值是之前所有测量值（第 1~6 次）的平均值。

（5）测量结果。完成 6 次测量后，将听到一声长音，显示屏上会出现在绿色虚线框（成功）或黄色虚线框内（有些许偏差）的最终眼内压值。如果偏差太大，则会显示红色指示灯。

（6）测量结束。在整个测量完成之后，新的测量通过按下测量按钮开始。然后，眼压计将重新启动探头，并在显示屏上出现开始符号时准备进行下一次测量。按下选择按钮可中止测量。没有使用眼压计时，将探头座插栓放回原位以盖住探头座（图1-2-6）。

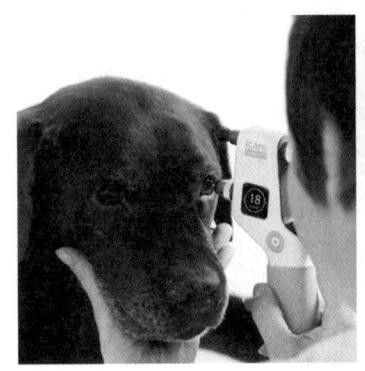

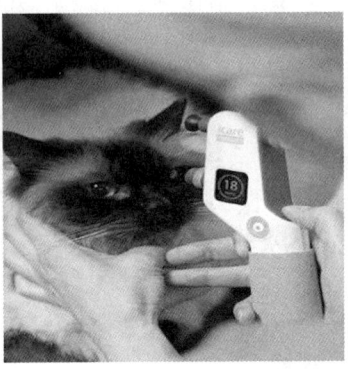

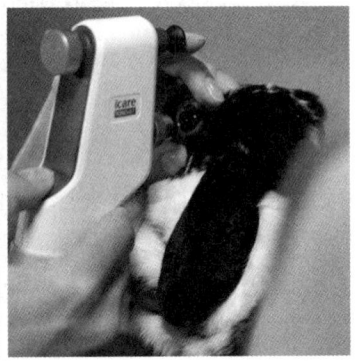

［图片由观点（上海）生物科技有限公司提供］

图 1-2-6　用眼压计测量动物的眼内压

四、手持式裂隙灯显微镜

手持式裂隙灯显微镜是用于眼睛的非侵入式照明、放大和观察的眼科设备。该产品用于在眼球上投射裂隙光，并放大眼球的像，以便于观察和检查（图1-2-7）。操作步骤如下。

（1）一只手握紧手持式裂隙灯显微镜的手柄，另一只手打开眼睑或将手放置在被检动物的额头等部位加以支撑。

(2)助手握住动物口部防止其乱动。

(3)根据检查者自身的眼距和视力来调整手持式裂隙灯显微镜,握手柄的姿势以能轻易按下开关为佳。

(4)获得检查结果。

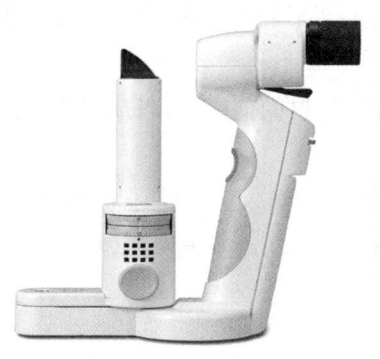

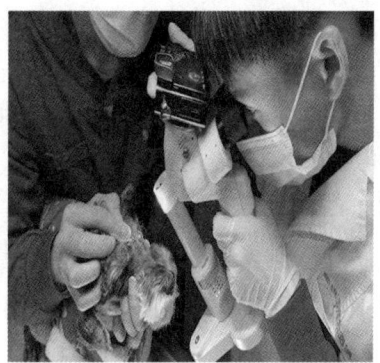

[图片由观点(上海)生物科技有限公司提供]

图1-2-7 Kowa SL-17手持式裂隙灯显微镜及其观察方法

五、动物用眼底照相机

动物用眼底照相机是一种眼科摄像设备,可利用适配器获取动物视网膜的广角数字彩色图像,专为兽医专业人员开发。

1. 工作原理

动物用眼底照相机(图1-2-8)是基于光学成像技术的眼底摄影系统。白光LED(发光二极管)灯照亮视网膜,通过根据动物眼底结构特征设计的眼底镜系统,将眼底图像成像于传感器上,进而用软件将眼底图像处理后得到眼底视网膜图片,最后呈现在适配器屏幕上。动物眼底照相机一般都有自动对焦、自动捕获、手动捕获图像模式选择,并可自动保存图像。

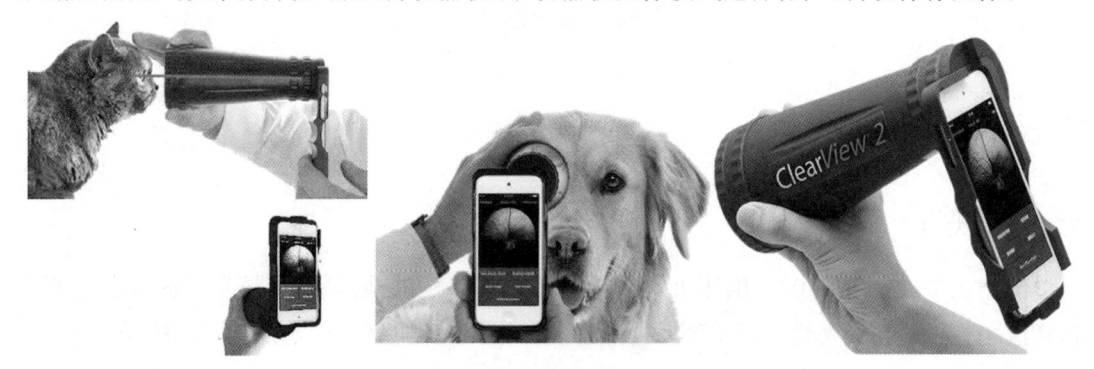

[图片由观点(上海)生物科技有限公司提供]

图1-2-8 Clear View 2动物用眼底照相机及其操作方法

2. 操作步骤

（1）稳定装置及使用者定位与稳定。利用动物的前额或口鼻作为稳定设备的参考，将设备移向动物，直到 LED 光源投射在瞳孔的右边变成一个小的光斑集中点。如果设备离得太近或太远，LED 光源投射的光斑就会变大，变得模糊。最佳工作距离是使 LED 光源光斑最小的距离（距瞳孔 50 mm），随后将设备稍微向左移动，正对瞳孔中央，此时眼底照相机即开始自动抓拍眼底图片。

（2）聚焦。操作人员用左手或右手把牢眼底照相机的前端，可将成像适配器托架向上翻转或向下悬挂在镜头上，保持镜头在瞳孔的正前方。

（3）获取和保存视网膜图像。一旦软件开始捕捉图像，可持续捕捉几秒钟，以便软件优化相机的焦距，并保存找到的最高质量的图像，可保存多达 8 个视网膜图像。

（4）结束拍摄，数据导出。

六、检耳镜

检耳镜（图 1-2-9）在临床上用于动物外耳道的检查。由于其具有一定的放大效果，可通过检耳镜检查耳道内分泌物、寄生虫、异物等，评估耳道黏膜情况，进而判断外耳炎的严重程度。

检耳镜是检查外耳道和鼓膜常用的器械，形似漏斗。由口径大小不一的检耳镜组成一套检耳器，根据患病动物外耳道直径选用口径适当的检耳镜。检查者一手牵拉耳廓使外耳道变直，另一手将检耳镜轻轻置入外耳道内，进行检查。

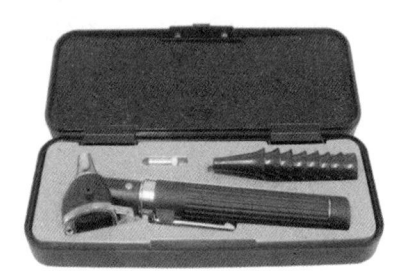

图 1-2-9　检耳镜

七、伍德氏灯

伍德氏灯（图 1-2-10）在临床上常用于真菌性皮肤病的检测，常见感染犬猫皮肤的真菌包括犬小孢子菌和石膏样小孢子菌。这些真菌在生长过程中利用了动物毛发中的色氨酸，代谢产物在伍德氏灯的照射下会发出黄绿色或蓝色荧光（图 1-2-11）。临床可通过该原理诊断动物是否被犬小孢子菌和石膏样小孢子菌感染。

图 1-2-10　伍德氏灯

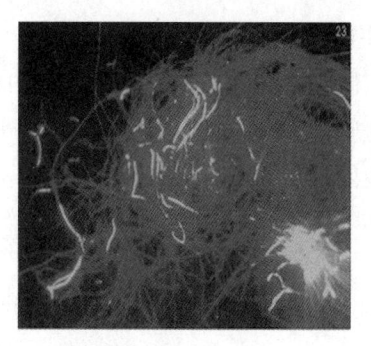

（照片摘自《犬猫临床疾病图谱》）

图 1-2-11　伍德氏灯下毛发的阳性反应

1. 仪器介绍

伍德氏灯也被叫作伍氏灯、过滤紫外线灯,经过含氢化镍的滤片发射出 320~400 nm 波长的紫外线,是如今在皮肤科广泛应用的较为先进的诊断设备。伍德氏灯的作用相当于皮肤的显微镜,将其发出的光线照射在皮肤上,很容易就发现皮肤病变的程度和位置。

2. 操作流程

伍德氏灯应在暗室操作,光源应与皮肤距离 10 cm 左右。从头到尾对动物的皮肤进行仔细检查,被毛较厚的动物应将毛发分开后检查。在检查过程中,如发现黄绿色或蓝色荧光,则为阳性,此时动物可能被犬小孢子菌或石膏样小孢子菌感染,应进一步进行实验室检查以便确诊。

3. 注意事项

(1)不可直射眼睛,会对眼睛造成伤害。

(2)通过伍德氏灯只能发现 60%~70% 的真菌。

(3)动物耳朵背面和尾巴下面是发现真菌最多的地方。

(4)有时拔一撮毛发放在伍德氏灯下观察,效果会更好。

(5)有时用伍德氏灯照射动物舔舐过和主人涂过软膏的地方或干燥的皮肤,也会出现荧光,这种荧光与黄绿色或蓝色荧光很相似,注意不要误读伍德氏灯造成假阳性。使用某些药物后,皮屑与结痂在伍德氏灯下也会呈现荧光反应。伍德氏灯检查时为阴性,也不能排除动物患真菌皮肤病的可能。

八、磁共振(MRI)

医用 MRI 设备(图 1-2-12)主要由主磁体、梯度系统、射频系统、谱仪(计算机)系统和其他辅助设备等组成。

1. 主磁体

主磁体是磁共振成像设备最基本的构件,用于产生磁场,主磁体的性能直接影响到磁共振图像的质量。根据磁场产生的方式可将主磁体分为永磁型和电磁型两类,电磁型根据绕制主磁体线圈的材料不同,又可分为常导磁体和超导磁体两种。常导磁体目前在临床上很少使用。

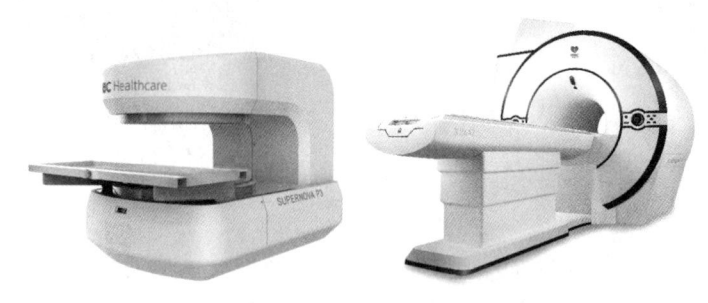

A. 永磁型(垂直磁场);B. 超导型(水平磁场)
[本图由谛宝诚(上海)医学影像科技有限公司提供]
图 1-2-12　磁共振仪

永磁型磁体磁场强度衰减极慢,几乎永久不变,具有优异的开放性能,造价低且运行维护简单,整机故障率低,但磁场强度较低。超导磁体具有磁场稳定、均匀度好等优点,但维护费用昂贵。

主磁体最重要的性能指标包括磁场强度、磁场均匀度、磁场稳定性、主磁体的长度及有效孔径。

(1)磁场强度。主磁场的磁场强度单位可采用高斯(Gauss,G)或特斯拉(Tesla,T)来表示,特斯拉是目前磁场强度的法定单位,1 T=10000 G。目前,一般把0.5 T以下的MRI设备称为低场机,0.5~1.0 T的为中场机,1.0~2.0 T的为高场机(以1.5 T为代表),大于2.0 T的为超高场机(以3.0 T为代表)。

(2)磁场均匀度。磁场均匀度是指在一定容积范围内磁场强度的均匀性。一定容积范围内磁场的均匀度要求在10^{-6}~10^{-5},相同球体容积的磁场均匀度越小,表示均匀性越好。

(3)磁场稳定性。磁场稳定性指主磁场强度及其均匀性的变化,也称为磁场漂移,可分为热稳定性和时间稳定性。超导型磁体的热稳定性比永磁型磁体更好,时间稳定性一般用单位时间内磁场强度漂移的值(×10^{-6})来表示。

(4)主磁体的长度及有效孔径。对于开放式永磁型磁体而言,有效孔径为检查时使用的空间上下垂直距离,目前多数小动物专用永磁型设备有效孔径在30~40 cm。对于圆筒式水平磁场而言,磁体越短,孔径越大,保持磁场均匀度的难度越大,目前大多数水平磁场设备的有效孔径为60 cm。

2. 梯度系统

梯度系统是MRI仪最重要的硬件之一，由梯度线圈、梯度放大器、数模转换器、梯度控制器、梯度冷却装置等构成，梯度线圈安装于主磁体内。梯度系统的作用是产生线性变化的梯度磁场。

梯度线圈的主要性能指标包括梯度场强、梯度切换率以及梯度线圈性能。

（1）梯度场强。梯度场强是指单位长度内磁场强度的差别，通常用每米长度内磁场强度差别的毫特斯拉量（mT/m）来表示。

（2）梯度切换率。梯度切换率是指单位时间及单位长度内的梯度磁场强度变化量，常用每米长度每秒内毫特斯拉量[mT/(m·ms)]或特斯拉量[T/(m·s)]来表示。切换率越高表明梯度磁场变化越快，也表明梯度线圈通电后梯度磁场达到最大强度所需要的时间（爬升时间）越短。

（3）梯度线圈性能。梯度线圈性能的提高对于MRI快速成像至关重要，高梯度场强及高切换率不仅可以缩短回波间隙，加快信号采集速度，还有利于提高图像的信噪比（SNR）。

3. 射频系统

射频系统由射频发生器、射频放大器和射频线圈等构成。临床上医生给动物摆位时会使用到射频线圈。

（1）射频线圈的作用和分类。所有的射频线圈中最重要的一个线圈是安装在主磁体内的体线圈，平时是看不见的，其他的线圈都需要操作者来摆放于不同检查部位。射频线圈有发射线圈和接收线圈之分：发射线圈发射射频脉冲（无线电波）激发动物体内的质子发生共振，就如同电台的发射天线；接收线圈接收动物体内发出的MRI信号（也是一种无线电波），就如同收音机的天线。

与MRI图像信噪比密切相关的是接收线圈，接收线圈离检查部位越近，所接收到的信号就越强；线圈内体积越小，所接收到的噪声就越小。

（2）相控阵线圈。近年来出现的相控阵线圈（phase array coil）是射频线圈技术的一大飞跃。一个相控阵线圈由多个子线圈单元构成，这就需要多个数据采集通道与之匹配。利用相控阵线圈可明显提高MRI图像的信噪比，有助于改善薄层扫描、高分辨扫描及低场机的图像质量；利用相控阵线圈与并行采集技术相配可以进一步提高MRI的信号采集速度。

4. 计算机系统及其他辅助设施

（1）计算机系统。计算机系统是MRI的"大脑"，控制着MRI的射频脉冲激发、信号采集、数据运算和图像显示等功能。磁共振设备的发展同计算机科学的发展有非常紧密的联系。计算机硬件处理速度的提高，特别是并行总线和并行CPU（中央处理器）处理技术的发展，使得磁共振设备可以生成更复杂的扫描序列，并可计算步骤更多的后处理算法。计算机技术的发展还显著减轻了并行采集及后处理数据引起的数据负担，使实时高分辨快速成像技术的临床应用成为可能。除去传统意义上用户操作所用的计算机系统,磁共振系统作为一个整体,其软件控制流程也是实现功能的重要环节。

(2)其他辅助设施。除了前面介绍的系统外,MRI设备还需要一些辅助设施方能构成一个完全的系统,完成MRI检查。主要包括:

① 检查床及定位系统:用于检查时承载患宠,并精确定位患宠。

② 液氦及水冷却系统:超导型磁体须浸泡在超低温的液氦密封罐中,梯度线圈等则用水冷却系统进行降温。

③ 空调:MRI磁体间和设备间对温度和湿度都有很高的要求,以保证设备的正常运转。永磁型磁体对温度的要求比其他的磁体更高,温度的改变将会导致磁场的漂移。

④ 图像传输、存储及胶片处理系统:图像可以在主设备上保存,也可以进行光盘刻录或用其他媒介存储,或是以胶片形式处理打印。

⑤ 无磁型麻醉机:动物进行MRI检查时要麻醉,普通的麻醉机及生理监控设备易受磁场干扰,在磁场环境中还有可能产生金属抛射物等危险。因此,不能在MRI设备室内使用普通的麻醉机,须专用无磁型麻醉机。

(编者:杨凌宸)

第二节　化验室常用的仪器与设备

一、血液分析仪

血液分析仪(图1-2-13)又称血细胞分析仪,也可称为血细胞计数仪,主要用于检测血液中红细胞、白细胞、血小板的数目、体积以及分布,也可用于检测血红蛋白的浓度,同时提供白细胞分类的散点图,为临床诊断提供依据。

目前,临床上使用的血液分析仪有两种。一种是常规的阻抗法血细胞分析仪,只能对白细胞进行三分类,无法对网织红细胞计数,可能将有核红细胞错认为白细胞而进行计数;另一种是利用激光的流式血细胞分析仪,能够对白细胞自动进行五分类,能够测定网织红细胞,可识别有核红细胞。

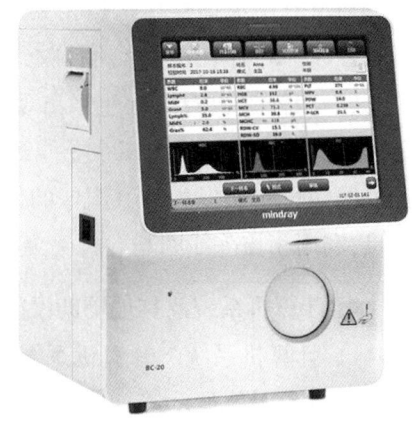

图1-2-13　血液分析仪

1. 检测项目

红细胞数目、血红蛋白浓液、血细胞比容、平均红细胞体积、平均红细胞血红蛋白含量、平均红细胞血红蛋白浓度、白细胞数目、嗜碱性粒细胞数目、嗜酸性粒细胞数目、中性粒细胞数目、淋巴细胞数目、单核细胞数目、血小板数目等。

2. 样本的采集

样本宜选用静脉血，加到EDTA（乙二胺四乙酸）抗凝管中；样本若为静脉血，血量应达到1 mL，若为末梢血，血量应达到20 μL；室温运送，4小时内完成检测。注意严重溶血、凝固、血量少的血液样本不能进行检测。

3. 操作方法

（1）打开仪器电源开关，电源指示灯亮，屏幕显示"Initializing"，分析仪进入初始化，初始化结束后，系统自动进入计数界面。

（2）在仪器主界面点击"计数"，进入计数界面。

（3）点击计数界面"模式"，在弹出的对话框中选择"全血模式"。录入样本信息，输入分析样本编号。

（4）将装有全血的EDTA抗凝管轻轻颠倒混匀，轻轻取下盖子，防止血液溅出。

（5）将试管放到采样针下，按吸样键，蜂鸣器响后移走试管，仪器自动执行样本检测任务。

（6）检测结束，结果显示在屏幕的分析结果区。

二、生化分析仪

生化分析仪又称生化仪（图1-2-14），是运用光电比色原理来测量动物体液中某种特定化学组分的仪器，可以分析未经处理的全血、血浆、血清以及尿液样本。生化检测是对一个样本内多种化学组分进行检测，这些化学组分含量的高低反映了动物机体各个器官的许多情况。

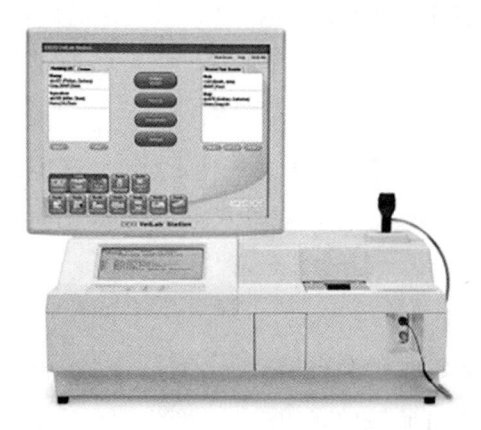

图1-2-14　生化分析仪

1. 检测项目

所有可用比色法和透射比浊法检测的生化项目都可使用生化分析仪进行检测，包括常规的肝功能、肾功能、血糖、血脂、心肌酶、胰腺功能等，具体包括丙氨酸氨基转移酶、天门冬氨酸氨基转移酶、碱性磷酸酶、胆碱酯酶、白蛋白、总蛋白、总胆汁酸、总胆红素、直接胆红素、尿素氮、尿酸、肌酐、甘油三酯、总胆固醇、乳酸脱氢酶、葡萄糖、淀粉酶等。

2. 样本的采集

血浆、血清或尿液样本进行生化分析时不能使用EDTA或肝素钾处理。

全血样本(使用肝素锂全血分离杯)：移除肝素锂全血分离杯的绿盖，准备收集全血样本；取得样本后，立刻用无针头的针筒将约0.8 mL未经处理(无添加物)的全血装入肝素锂全血分离杯中；轻柔地旋转(不可倒置或摇晃)，至少五次，以混合样本与抗凝剂。

血浆样本：轻柔地抽取样本，然后转入肝素锂抗凝管，确保血液与肝素锂的比例正确；轻柔地倒置(不可摇晃)30 s以混合样本和凝血剂；离心；使用转移吸量管转移适当体积的上清液至样本杯(确保样本杯中没有气泡)。

血清样本：使用不含任何抗凝剂的采血管和收集器具。轻柔地抽取样本，如有需要可转移样本；至少静置20 min使样本凝血；离心；使用转移吸量管转移适当体积的上清液至样本杯(确保样本杯中没有气泡)。

尿液样本：以膀胱穿刺(建议方法)、导尿管导尿或是接尿法取得样本；转移样本至抛弃式样本管；离心；使用转移吸量管转移适当体积的上清液至样本杯(确保样本杯中没有气泡)。

三、荧光定量PCR仪

荧光定量PCR仪，一步即可完成PCR扩增和检测，因此无需使用凝胶电泳检测产物，同时真正实现了定量PCR。实时荧光定量PCR系统采用荧光染料检测反应指数期PCR产物的积聚，以实现快速和精确的产品定量和目标数据分析。与传统的检测方法相比，具有灵敏度高、取样少、快速、简便等优点。

1. 检测项目

目前，动物医院主要采用荧光定量PCR检测技术对疱疹病毒、杯状病毒、猫细小病毒、犬细小病毒、冠状病毒、犬瘟热病毒、支原体、衣原体、巴尔通体、弓形虫、布氏杆菌等病原体进行定量测定。

2. 样本的采集

(1)血液、腹水、尿液、脑脊液等液体。抽取1 mL左右液体样本，放入无菌容器或直接在无菌注射器中冷藏；将0.5~1 mL血液放入EDTA抗凝管，混合均匀。尽可能即刻检验，若不能及时检验，放入-20 ℃冰箱冷冻保存。

（2）粪便悬液或肛拭子。将无菌棉签插入待检动物肛门，紧贴直肠壁，转动擦拭数次后取出，放入盛有 200 μL（淹没棉签头）磷酸盐缓冲液（PBS）/生理盐水缓冲液的离心管中，充分振荡混匀，若有杂质，离心 5 min（5000 r/min），取上清液作为原始样本。尽可能即刻检验，若不能及时检验，放入 −20 ℃冰箱冷冻保存。

（3）眼、咽、鼻黏膜分泌物拭子的采集方法如下。

①眼拭子：采样前先用生理盐水润湿一下眼睛（但不要太湿）。尽量采集两只眼睛的分泌物，用拭子慢慢地擦拭眼结膜（来回 3~5 次），将拭子放入装有 0.5 mL 生理盐水的离心管中。

②咽拭子：用湿润的长拭子采集咽部的黏膜分泌物，将长拭子放到咽喉部黏膜处，缓慢搅动擦拭黏膜数次，尽量避开舌头和唾液，取出拭子放入盛有 0.5 mL 生理盐水的离心管中。

③鼻拭子：将长拭子贴近鼻孔壁，慢慢转动进入鼻孔，边擦拭边旋转，慢慢取出拭子放入盛有 200 μL（淹没棉签头）PBS/生理盐水缓冲液的离心管中，充分振荡混匀，若有杂质，离心 5 min（5000 r/min），取上清液作为原始样本。

3. 操作方法

（1）准备待检样品。全血用 EDTA 或肝素管；腹水、穿刺的尿液用子弹头管；眼、咽、鼻分泌物以及粪便用子弹头管，加入 0.2 mL 生理盐水混匀。

（2）加样并裂解。取出裂解液，离心 5 s 后放置在冰盒上，吸取 20 μL 样本并加入裂解液中，离心 5 s，将制备好的混液放入裂解仪进行裂解，运行至仪器自行结束。

（3）制备反应体系。取出冷冻的反应体系（10 μL 通用液、8 μL 病毒反应液、50 μL 封闭油；抽取通用液和病毒反应液之前要离心 5 s，并将枪头插到底部），依次加入防污染管中，离心 15 s 后放在冰盒上。

（4）样品裂解完成后离心 5 s，取 2 μL 上清液加入至冰盒上的防污染管中，离心 15 s 后放入基因扩增仪至仪器运行结束，判读结果。

四、尿液分析仪

尿液分析仪是测定尿液中某些化学成分的自动化仪器，是医学实验室自动化检查尿液的重要工具，具有操作简单、快速等优点。该仪器在计算机的控制下通过收集、分析试带上各种试剂块的颜色信息，并经过一系列信号转化，最后输出测定的尿液中化学成分含量。

1. 检测项目

尿液分析仪能够检测 pH（酸碱度）、白细胞、尿蛋白、尿糖、酮体、尿胆原、尿胆红素、血细胞等项目。

2. 样本的采集

尿液可通过导尿管导尿、体外膀胱穿刺和自然排尿获得，建议尿液采集后 60 min 内进行分析。

3. 操作方法

(1)将尿液试纸放入待检尿液中约1 s,要确认尿液完全浸湿试纸。

(2)将边缘多余尿液刮除。

(3)试纸片朝上放入检体架上,顶住前端,确定银色卡杆是开启的。

(4)按开始按钮,进行判读。

(5)测试完成后,取出尿液试纸并丢弃,用无尘纸擦拭检体架。判读结果及时间由打印机打印出来。

五、血气分析仪

血气分析仪是利用电极在较短时间内对血液中的酸碱度、二氧化碳分压和氧分压等相关指标进行测定的仪器,具有检测快捷、方便、范围广泛等优点。血气分析结果能及时准确地反映机体的呼吸和代谢功能,客观评价动物的氧合、通气、离子变化及酸碱平衡状况,同时也可以反映动物肺脏、肾脏及其他内脏器官的功能状况,是监测急诊动物病情变化的主要指标,对于危急症的诊断、治疗和预后的判断有重要作用。

六、显微镜

光学显微镜是兽医临床诊疗中最常用的工具之一,常规的样本(如血液、尿液、粪便、体腔液等)检验均须使用光学显微镜。

1. 显微镜常规检查项目

显微镜常规检查项目包括耳检、皮检、便检、尿检,主要检查皮肤上的寄生虫及菌类等,粪便中的消化产物、体细胞、寄生虫、植物细胞和菌类等。

2. 光学显微镜的结构

(1)目镜:将物镜放大的实像进一步放大成一个倒立的虚像,其作用相当于一个放大镜,但是目镜并不提高光学显微镜的分辨率。临床最常用10×的目镜。

(2)物镜:多数显微镜有3个或4个物镜,每个物镜的放大倍数不同,一般物镜的放大倍数包括:4×(扫描)、10×(低倍)、40×(高倍)和100×(油镜)。

(3)光圈:通过旋转光圈,可调节圆孔的大小,由此调节光线的强弱。

(4)粗准焦螺旋和细准焦螺旋:调节物镜与标本之间的距离,使物镜的焦点对准标本,得到更清晰的图像。粗准焦螺旋旋转一周可使镜筒升降20 mm,细准焦螺旋每旋转一周可使镜筒升降0.1 mm或更小。

3. 光学显微镜的操作方法

（1）调节粗准焦螺旋，将载物台调节到最低点，打开光源，检查目镜、物镜和光源镜头，必要时进行清洁。

（2）将载玻片放置在载物台上，固定在样本固定器中间，旋转物镜转换器，在4×物镜下扫查观察区域，获得样本的整体印象。

（3）旋转物镜转换器（注意不要直接旋转物镜），在10×物镜下对准观察物，同时旋转光圈。

（4）通过目镜观察，调节目镜的距离，使双孔目镜观测的区域相近，直到双眼观察的视野相同。

（5）调节光强度、光圈和粗准焦螺旋，使观察物位于焦点位置，旋转细准焦螺旋直到样本清楚聚焦。

（6）旋转物镜转换器，转换到40×物镜，调节粗、细准焦螺旋对样本进行聚焦，调节光源和光圈，使细节观察更为清晰。

（7）需要油镜观察细胞结构时，调节粗准焦螺旋，将载物台下降，物镜转换到4×物镜下，对样本滴加一滴显微镜浸油，直接从4×物镜转换到100×油镜下；调节粗准焦螺旋时，从侧面水平注视镜头与玻片的距离，以镜头浸入油中而又不压迫载玻片为宜；用目镜观察时，调节细准焦螺旋聚焦样本，调节光源和光圈，使样本观察更为清晰。

（8）使用完毕后，将光源调到最小或关掉电源，将载物台调至最低位置，旋转物镜转换器至4×物镜以回到原来的位置，拿走载玻片，用镜头纸擦拭100×镜头，必要时用镜头纸蘸取擦镜液擦拭。

七、血凝检测仪

血凝检测仪即血液凝固分析仪，是对血栓和止血进行分析的仪器，分为全自动与半自动检测两类。

1. 检测项目

主要检测凝血酶时间（TT）、纤维蛋白原（FIB）、凝血酶原时间（PT）、活化部分凝血活酶时间（APTT）等项目。

2. 样本类型

新鲜血液。

3. 操作步骤

（1）开机插入试剂板。

（2）按照提示输入动物病例号、动物种类，核对检测卡代码与仪器上代码是否一致。

（3）按下确定，听到"叮"一声开始采血，采血速度尽可能快，必须在30 s到1 min内完成。

(4)将装有样本的注射器去掉针头,弃去第一滴血液,再加一滴血到样本孔内,等待 1~2 min听到"叮"一声出结果,按照提示打印并填写报告单。

八、电热恒温培养箱

电热恒温培养箱采用电加热的方式,通过加热管对箱体内进行加热,适用于普通的细菌培养和封闭式细胞培养,并常用于预加热有关细胞培养的试剂和器材。电热恒温培养箱主要由箱体、加热器、鼓风机和温控仪等几部分组成。

1. 主要用途

主要用于细菌培养和封闭式细胞培养。

2. 操作步骤

(1)当实验物品放入培养箱内后,将箱门关上,并将箱顶上风顶活门适当旋开。
(2)接通电源,开启电源开关,红色或绿色指示灯亮。
(3)将温度调节器向顺时针方向旋转,红灯亮表示电热器加热,观察温度计,使箱内温度控制在设定温度。
(4)在箱内底部放一瓷盘,加入适量蒸馏水,并在顶层孵育架上放一烧杯,在烧杯内加满蒸馏水,保持箱内湿度。
(5)使用时应防止较硬物件接触、碰撞传感器探头,以免损坏探头。

九、二氧化碳培养箱

二氧化碳培养箱是通过在培养箱的箱体内模拟形成一个类似细胞/组织在生物体内的生长环境(要求培养箱内的温度、CO_2水平、酸碱度以及相对饱和湿度达到稳定水平),对细胞或组织进行体外培养的一种装置,是动物医院开展细胞、组织、细菌培养所必需的关键设备。目前,常用的二氧化碳培养箱主要分为水套式二氧化碳培养箱和气套式二氧化碳培养箱两种。

1. 主要用途

用于细胞、组织、细菌的培养。

2. 操作步骤

(1)在接通电源前,按照使用说明书,在培养箱内加入一定量的蒸馏水,以免烧坏机器。
(2)当水加到一定量后,报警灯亮,即停止加水,打开电源开关,开始加温,将温度控制器调到所需温度。
(3)当温度达到所需温度时,培养箱会自动停止加热;超过所需温度时,超温报警灯亮,并发出报警声。

（4）培养箱所用的CO_2可以用液态或气态，无论用哪种CO_2，供给的管子不能太弯曲，以保证气体的畅通。CO_2培养箱控制CO_2的浓度是通过CO_2浓度传感器来进行的。一般选用CO_2钢瓶，接上压力控制表即可。

（5）在箱内温度和湿度稳定后（一般为3 d），旋动CO_2调节旋钮，把显示盘的数字调到0.00，过5 min后如果需要再重复调整，直到显示盘上的读数稳定为止。打开CO_2注入开关（注入灯亮），将CO_2设定值调到所需浓度，浓度达到设定值后（注入灯熄灭），至少维持10 min。此后，由CO_2控制器自动调节箱内的CO_2浓度。

（6）然后，调整CO_2培养箱湿度。先将湿度调节旋钮按下，再将调节旋钮转动至所需的培养湿度。此后，由湿度调节器自动调整湿度。

（7）待培养箱内温度、CO_2浓度和湿度都稳定后，即可放入样品进行培养。

（编者：闫振贵）

第三节　手术室设备

每个动物医院都应该拥有单独的手术室，可以有效地对手术室进行消毒、灭菌。相应的组织工作，如手术区与门诊区的隔离、确定手术日期等，也更好开展。较大的动物医院，手术工作更加繁忙，最好分设无菌手术室和污染手术室。无菌手术室仅用于无菌手术，手术室地板与墙壁要充分冲洗和消毒，门窗密封良好，手术室内只放置与手术相关的主要器具。无菌手术室是仅为已做好相应手术准备可直接进行手术的患畜而准备的；手术之前，手术室内使用的物品，如鞋、手术垫、隔热薄膜等塑料或橡胶制品等，以及所有的设备与仪器，均要彻底清洁与消毒；手术全程必须保持无菌状态。手术室还应配置冷热空调机，保持手术室内温度适宜；除了室内的良好照明外，还应配置专用的手术无影灯。

一、手术无影灯

手术室内必不可少的是充足的照明，手术无影灯（图1-2-15）作为一种重要的医疗器械应用于手术室中，实现在患者施术部位无阴影照明的目的，从而帮助医生清晰地分辨病灶组织，顺利地完成手术。有许多不同品牌和类型的手术无影灯可以选用。单孔手术无影灯可以大幅度横向移动以及上下移动来满足手术的需要。安装在天花板或墙壁上的手术无影灯比立式的手术无影灯更好，手术无影灯安装在天花板上不会阻挡手术操作。可拆卸式的手术无影灯的控制手柄能高压灭菌，将其包裹灭菌后，可以在无菌室内打开并且放置在灭菌区。医护人员将手柄装在手术无影灯上，可随时调节手术无影灯。过去，医院中手术无影灯普遍使用的是卤素灯或是环形节能灯；目前，LED新型手术无影灯已经进入市场并逐渐得到推广应用。

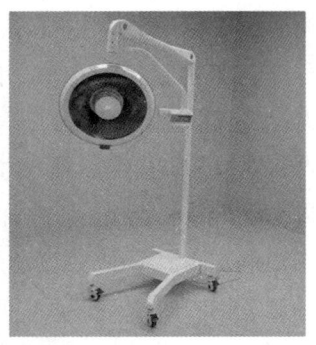

图1-2-15 手术无影灯

手术无影灯日常安检需要注意的事情有以下几点。(1)机械安装检查:查看有无机械安装纰漏,有无少装螺钉或者螺钉不紧。卡簧是否卡好,各项装饰盖板是否已经盖好。(2)电路检查:首先检查系统是否有短路或者断路,若一切正常,可进行通电测试,此时应检查LED手术无影灯外部电源是否稳定,变压器输出电压是否过高或过低。(3)平衡臂调节:查看平衡臂与灯头是否匹配,平衡臂的受力及角度是否需要调节,如果需要通过灯臂进行调节,通常调节灯臂的螺钉在灯臂的两头,但不同厂家稍有不同,可仔细观察。(4)关节灵活度调节:主要是调节关节的阻尼螺钉,标准规定阻尼调节的松紧程度是在任何位置推动或者旋转关节的力接近于20 N。(5)关节限位开关的调节:为了便于LED手术无影灯的安装和运输,大多数LED手术无影灯产品在其关键部分如关节等都设置锁死开关或者限位开关。

二、手术台

手术室有一个高质量的手术台是非常重要的。根据手术室的大小和资金预算,有不同类型的手术台可以选用(图1-2-16)。手术台的表面可以是平的,也可以具有一个"V"形的凹槽,台面可以是一个完整的表面或者分开的表面。完整表面的手术台通常花费较低但是相对较难工作,因为液体容易在桌面上积蓄。分开形式的台面有两个好处:①桌面裂缝下面的收集槽能收集手术区流出的任何液体,②可以调节手术台的高度和倾斜角度,帮助动物维持仰卧的体位(特别是大的、胸部很厚的犬)。

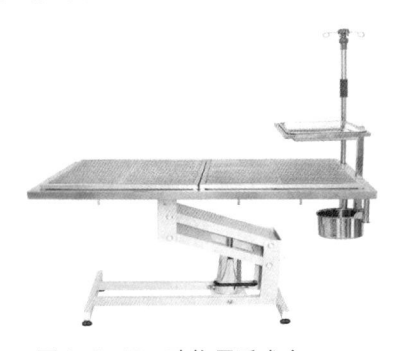

图1-2-16 动物用手术台

手术台的另一个功能是加热台面。这种加热的台面有助于调节温度,在手术过程中维持患病动物的体温,尤其对于体重小于 10 kg 的动物或者是手术需要持续较长时间(超过 2 h)的时候更应该注意这一点。维持患病动物的体温也可以通过将患病动物放置在水循环保温的毯子上,以及使用增加循环温度的器械来实现。

手术台可升高或降低,或者向一个方向进行倾斜。通过液压方式和电动方式可以改变高度,而倾斜台面通常需要手动进行调节。做犬猫腹腔检查时,需要手术台能够倾斜和升降;在做骨科手术时,也需手术台来辅助固定肢体或头部等。患畜进行仰卧、俯卧和侧卧保定时,可用保定绳在患畜腕关节或跗关节的近侧打一简单的活结,将肢体固定于手术床的相应部位。注意勿打死结,以便于手术结束时解开。必要时,尾部也需进行保定。另外,还需要一个特殊的和手术台相连的固定装置,让麻醉师看到患病动物的头部并在不污染手术区域的情况下对患病动物进行监控。

三、呼吸麻醉机

呼吸麻醉机(图 1-2-17)的用途是向患畜输送吸入麻醉剂,并且排出患畜和手术室不需要的多余气体。一般情况下,呼吸麻醉机的功能通过螺纹管系统来完成。吸入麻醉剂和氧气被一起输送给患畜(氧气是麻醉气体的载体)。当动物需要心肺复苏时,麻醉机也可以单独输送氧气。使用麻醉机时,必须注意以下几项:①以一定的可控速率输送氧气;②将液体麻醉药按照某种特定的浓度汽化后和氧气混合,然后输送给患畜;③通过清除系统清除患畜排出的气体,或者将清除二氧化碳以后的气体再次输送给患畜。许多麻醉机仅有输送麻醉药这个最简单的功能。有些麻醉机增加了一些附属设备,可以提供自动通风、多种吸入气体(如氧化亚氮、异氟醚、七氟烷)选择的功能,以及设置了放置检测设备的空间。不论机器的外形如何,基本功能都是一样的。

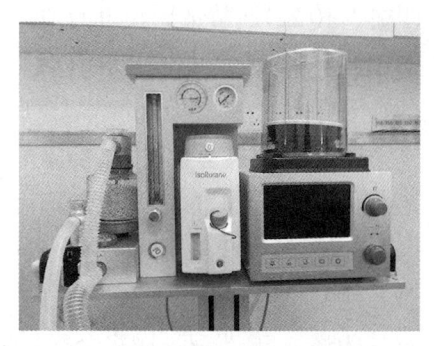

图 1-2-17 动物用呼吸麻醉机外观

麻醉机有许多部件,需要它们一起工作才能正确地执行功能。要透彻了解麻醉机的工作原理,必须认识和理解每个部件。这些基本信息不仅描述了麻醉机的工作机制,还可以帮助工程师检修功能异常时的故障。

(1)氧气源。氧气源可以是一个固定的钢瓶,或是一个大的中央氧气源。钢瓶有多种尺寸,最常用的两种是E型和H型。E型钢瓶较小,通常由机器附带;H型钢瓶较大,通常单独放置在远离麻醉机的地方,并锁在墙上。钢瓶充满时瓶内压力为15 MPa。在打开钢瓶的时候,手术人员应该记得"右紧左松"的原则。

(2)减压阀。系统的第一减压阀应放置在靠近氧气钢瓶的地方。这个阀门降低离开钢瓶气体的压力,让气体以0.2~0.3 MPa的压力通过氧气管进入麻醉机。

(3)氧气流量计。氧气流量计可以进一步将气体的压力降低到0.1 MPa,与大气压非常接近,患畜可以更好适应。氧气流量计调节进入系统的氧气量并将氧气输送给患畜,氧气流量计以L/min或者mL/min为单位进行测量,通过流量计底端的旋钮可以调节氧气气流大小。

(4)快速注入阀。在许多麻醉机上氧气注入阀靠近氧气流量计。当机器的挥发罐被其他的管道系统绕过,挥发罐在循环中不起作用时,快速注入阀允许氧气单独进入呼吸通路。在复苏阶段,快速注入阀起到稀释机器中残余麻醉药的作用,可以加速病畜的恢复,因为呼吸通道中只有少量的麻醉气体存在。

(5)挥发罐。挥发罐紧靠氧气流量计,挥发罐的输入口是氧气进入挥发罐的位置,挥发罐的输出口是氧气和麻醉气体离开挥发罐进入呼吸通道的地方。挥发罐的基本功能是盛放液体麻醉剂并将其汽化,以一种可控的方式将麻醉剂输送给患畜。

(6)单向吸入阀。单向吸入阀也叫吸入阀门或活瓣,是麻醉机的一个组成部分,可保证气体的单向流动。一个薄的塑料圆片在病畜每次吸气的时候移动,使气体通过阀门、螺纹管及气管插管输送给病畜。

(7)负压减压阀。在许多麻醉机中单向吸入阀的后一部分是负压减压阀,这个阀门的主要作用是保证安全。如果系统中出现负压,这个阀门将会允许空气进入系统。

(8)螺纹管和"Y"形接头。当患畜呼吸时,气体便通过螺纹管。有不同材料、长度和直径的螺纹管可供选用,小动物(体重7~10 kg)通常选用较短的细螺纹管,体重超过20 kg的患畜通常选用大的螺纹管。螺纹管均是双向的,末端既可以接在吸气阀门上也可以连在呼气阀门上,由阀门来决定气体的流向。

(9)单向呼气阀。单向呼气阀接在呼出气体的一端,功能与单向吸入阀类似。当患畜呼气的时候,气体通过螺纹管到达单向的呼气阀,这时塑料制阀门发生摆动或者移动而排出气体。这两个阀门的运动也是患畜麻醉后呼吸状态良好的一个指示。

(10)可调式压力安全阀(泄压阀)。可调式压力安全阀通常紧靠单向呼气阀,在麻醉机中泄压阀有以下几种功能。第一,作为通气口,当泄压阀完全打开时,可以防止系统中压力的积聚。其重要性在于防止系统中压力过高引起患畜肺泡扩张甚至破裂。第二,泄压阀可以决定气体流量。阀门打开的程度不同,允许通过的O_2流量就不同。泄压阀打开得越大,通过的氧气流量越大,阀门部分关闭或者完全关闭的时候,氧气流量较低或为零。需要注意的是,只有当患畜进行人工通气的时候泄压阀才可以完全关闭。对于从事麻醉工作的初学者,最好完全打开泄压阀。

(11)压力表。压力表是麻醉机的压力检测装置,显示系统的气体压力但不能够调节压力,麻醉师可以通过压力表了解患畜肺部的压力。许多压力表都有两种刻度,一种是厘米水柱(cmH_2O,$1\ cmH_2O=0.098\ kPa$),另一种是毫米汞柱(mmHg)。使用人员必须仔细且准确地读取数值,因为两种不同单位的刻度是不同的,显示的信息也不同。给患畜人工通气时,压力表的读数也绝不应该超过 $20\ cmH_2O$。泄压阀打开时正常静压应该是 $0\ cmH_2O$。压力表和泄压阀直接相关,泄压阀打开的程度越小,系统中积聚的压力越高,压力表的读数也越高。

(12)呼吸气囊(贮气囊)。呼吸气囊是一个橡胶包,因使用的循环通路不同,可以具有不同的功能。呼吸气囊的一个功能是在使用重复呼吸系统时,患畜可以重新呼吸积聚在呼吸气囊中的呼出气体。呼吸气囊的充盈程度随着进入气体和通路中排出气体的量的变化而不断变化。呼吸气囊在患畜吸气的时候凹陷,在患畜呼气的时候充盈,麻醉师能够依据这种变化来监测呼吸频率。呼吸质量也能基于呼吸气囊每次呼吸过程中凹陷的程度间接地进行评价,呼吸越浅表,气囊充盈变化越小。呼吸气囊的另一个功能是允许对患畜进行人工通气。无论是在肺泡扩张的训练还是在抢救过程中,能提供人工通气对动物来说都很重要。在进行人工通气时,首先,关闭泄压阀,压缩呼吸气囊使压力达到 $20\ cmH_2O$(压力表显示);然后,立即打开泄压阀。用正常的呼吸频率给患畜通气是十分重要的。

(13)计算呼吸气囊的尺寸。小动物用的呼吸气囊有几种不同的尺寸,0.25~5.00 L 不等。应用时应根据计算的气体量选择不同的呼吸气囊。根据 5 倍患畜潮气量选择呼吸气囊的时候,应选择相对较大的尺寸。一定不要选择相对较小的呼吸气囊,因为不能提供患畜需要的最小气体量。

(14)二氧化碳吸收器。当患畜呼气的时候,废气进入二氧化碳吸收器中,或者进入净化器中。二氧化碳吸收器是一个盛有氢氧化钡、石灰或氢氧化钠等晶体的容器,这些晶体吸收呼出的二氧化碳,发生化学反应,产生热和水,颜色也发生变化。这些晶体内都加入了酸碱指示剂,通过颜色改变确认发生了化学反应的就应该丢弃。新鲜的晶体容易压碎,应丢弃的晶体非常坚硬,并且呈现出不同的颜色(白色到紫色)变化。一般说来,当吸收器中 50% 的晶体发生颜色变化时,晶体就应该丢弃,并更换成新的。晶体密度、晶体初次的使用日期,也影响着晶体更换的日期。

(15)净化系统。使用净化系统净化麻醉机排出的废气并将其从手术区域内部排放到室外是很有必要的。有两种类型的净化系统,即主动性和被动性净化系统。主动性净化系统是麻醉机的机械装置连接到室内建筑结构中,通过位于系统中央的真空装置产生真空而排出气体的净化系统。从泄压阀到外面墙体排风口之间的软管不能长于 50 cm,长度超过 50 cm 的软管不能很好地发挥净化系统的功能。

（16）泄漏监测。在麻醉过程中会使用到一些仪器设备，兽医技师不仅要负责维护这些设备，还要进行泄漏检查，这有利于减少泄漏到系统外的任何气体。每次使用麻醉机前，都应该检查泄漏情况。如果麻醉机进行了清洗、重新装填，或者更换了软管和气囊，都有可能造成泄漏。麻醉机的任何构件都可能发生泄漏，但是某些构件发生泄漏的可能性更大。最容易发生泄漏的构件是泄压阀，其他常常发生泄漏的构件是呼吸气囊、螺纹管、吸入和呼气阀门上的金属环，还有一个可能发生泄漏的隐蔽地方是二氧化碳吸收器。不管什么构件发生泄漏都需要在使用仪器前进行纠正。

（17）呼吸回路。患畜体格的大小决定了使用哪种输送麻醉气体的呼吸回路。有两种类型的呼吸回路：重复呼吸性呼吸回路和非重复呼吸性呼吸回路。

重复呼吸性呼吸回路允许一些排出的麻醉气体再循环，所以只需要一个较低的氧气流量即可维持麻醉气体的循环，这种循环回路在患畜体重超过7 kg时使用。

重复呼吸性呼吸回路有两个传统的呼吸回路，一种是两个螺纹管分别连接在"Y"形接口的一端。这些螺纹管和"Y"形接口可以是塑料的，也可以是橡胶的。两个螺纹管的另一端分别连接在麻醉机的吸入阀门和呼气阀门上。另一种传统的重复呼吸性呼吸回路是通用的"F"形回路，这种回路适于在患畜体重超过7 kg时使用。这种回路具有一些与"Y"形呼吸回路不同的优点，"F"形的呼吸软管可以预热吸入的气体、被呼出的气体，也有利于在头和嘴上产生较少的拥塞，在进行牙科手术时特别适用。

非重复呼吸性呼吸回路没有气体被重复呼吸，因而具有很低的气体阻力，体重小于7 kg的患畜最适合使用这种类型的呼吸回路。使用这种循环回路需要较高流量的氧气，以确保适当的麻醉剂水平。较高的氧气流将麻醉气体输送给患畜，患畜可以很容易地接受这些气体。因为需要的氧气量较多，非重复呼吸性呼吸回路的缺点是使用费用较高。

（18）氧气流量。使用不同类型的呼吸回路，应该选择不同的氧气流量。向患畜提供适当的氧气量是至关重要的，过多输送氧气也是一种浪费。

重复呼吸性呼吸回路一般在诱导和恢复时需要较高的氧气流量以输送大量的气体，其维持期流量明显比诱导和恢复期的流量要低，仅需要和患畜的潮气量相当的氧气。因为，除了输送的新鲜气体之外，患畜也能呼吸到系统中已存在的一些气体。通常在计算输送给患畜的气体流量时多加一些余量，以允许患畜进行深呼吸。

非重复呼吸性呼吸回路总是使用较高的氧气流量，无论患畜是在诱导期、深度麻醉的维持期还是恢复期，都保持在一个恒定的较高的流量上。由于患畜每次呼吸过程中呼吸较多气体比较困难，较小的患畜不能重复呼吸任何气体，因此，需要随时向这些患畜提供新鲜气体。非重复呼吸性呼吸回路的一个主要优点是具有较低的呼吸阻力，患畜只需较小的体力就可以呼吸到这些新鲜气体。

四、外科手术基本器械

外科手术基本器械能够满足大多数常规手术的需求,但矫形外科手术、胸腔切开术等特殊手术需要借助一些特殊的手术器械。根据主要用途大致可将手术基本器械分为用于组织分离、止血和组织闭合的器械。眼部等特定手术,除了常规的手术基本器械外,还要根据手术的特殊性补充手术器械。与组织分离有关的手术,除了手术刀、剪刀等锋利器械外,还需要用于夹持、张开组织的镊子、创钩、开张器等器械。在手术过程中有可能出现大量出血等情况,医护人员应该提前准备好止血钳和贯穿结扎针,以便在手术过程中第一时间应对出血状况,保障动物的安全。当手术需要闭合组织时,医护人员需要准备直针、圆弯针、三棱针等缝针,肠线、丝线等缝线以及持针钳。根据闭合组织的性质、伤口恢复时间、伤口受到外力等因素,选择不同的针线进行缝合。有些手术由手术基本器械以及相应的特殊器械来完成。例如,进行腹腔探查术时,一般选择6把巾钳、2把手术刀、2把剪刀(手术剪和剪线剪)、10~16把止血钳、1把持针钳、1把无齿镊、1把有齿镊、1对拉钩或牵开器、若干缝针与缝线,配合相应的特殊器械。进行小手术时,应选择6把巾钳、2把手术刀、2把剪刀、10把止血钳、1把持针钳和若干缝针与缝线。

在手术前,医护人员需要将准备好的手术器械按要求进行严格的杀菌消毒,以防在手术过程中造成不必要的感染。将手术器械依次分类置于手术盆中,再用布单将手术盆包好后,进行高压蒸汽灭菌。也可使用市售一次性使用的、已灭菌的、带缝针的缝线。敷料、手术创巾、手术衣等物品可分类置于储槽中进行高压蒸汽灭菌。

除此之外,完善的手术室还应设立消毒室、准备室、洗刷室,以及用于存放呼吸麻醉机、监护仪等仪器的储存室。

五、高频电刀

高频电刀(高频手术器)是一种取代机械手术刀进行组织切割的电外科设备(图1-2-18),具有切割速度快、止血效果好、操作简单、安全方便等优点,适合运用在多种手术中。将高频电刀用于手术中,可缩短手术时间,减少患畜的失血量和输血量,减轻患畜负担,降低术后并发症发生率,减少医疗费用。高频电刀主要包括以下结构部件:电源(高压电源和低压电源)、电刀、电凝、振荡单元、功率输出。高频电刀对生物组织有两种效应:电凝和电切。

(1)电凝。在电凝手术中,电极面积较大,电流密度控制在不使表面组织层的细胞蒸发,但可使细胞蛋白质凝固,创面干燥固化的程度。它通过电极尖端产生的高频高压电流与机体接触时对组织进行加热,实现对机体组织的分离和凝固,从而达到切割和止血的目的。电凝包括单极电凝和双极电凝。双极电凝是通过双极电极完成的。高频电流从双极电极的一个极流入,通过需要凝固的组织,再由另一个极返回,使凝固区域的范围得到很好的控制。

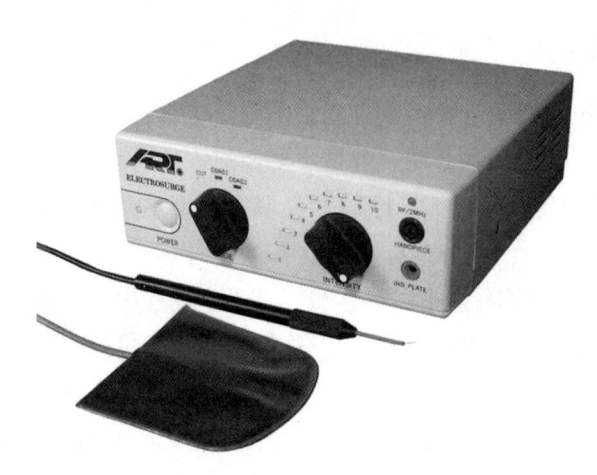

图 1-2-18　高频电刀

（2）电切。电切又称切割，由于电外科器械作用电极的表面积较小，在电极接触组织时，电流以极高的密度流向组织，在电极边缘有限范围内的组织的温度迅速而强烈地升高，细胞内的液体迅速蒸发，大量周围的细胞被破坏，宏观上组织被切开。

六、腹腔镜

腹腔镜是一种带有微型摄像头的医疗器械，腹腔镜手术就是利用腹腔镜和其他器械进行的手术。与传统的剖腹术相比，腹腔镜手术包括以下几个优势：术后恢复快、手术切口小、术后发病率低、术后感染率低、术后疼痛感轻、大多数病例住院时间短。

因为腹腔镜检查是微创技术，所以禁忌证很少，潜在的禁忌证包括腹水、凝血时间异常、动物状态差、肥胖症等。

1. 腹腔镜设备

进行腹腔镜检查必备的设备包括腹腔镜、穿刺针-穿刺套管、光纤、光源、气腹针、气腹机和摄像/视频系统等。图 1-2-19 显示了腹腔镜设备，以及医护人员利用腹腔镜进行手术。

（1）腹腔镜常用。小动物临床常用的腹腔镜直径范围为 1.7~10 mm，犬和猫最常用的腹腔镜直径是 5 mm。腹腔镜被设计为不同的角度，用于不同的临床状况。0°视野只允许操作者观察到镜头前方区域。其他角度包括 30°和 45°，这些角度的腹腔镜能帮助操作者观察器官顶部和检查小的区域。有一种偏目镜腹腔镜，包含一个通道，可以引入其他的辅助器械，这种腹腔镜无需配套穿刺针-穿刺套管。

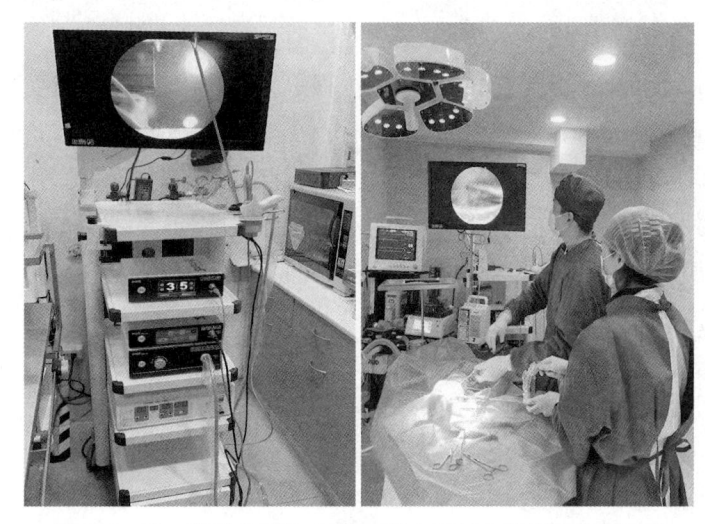

图 1-2-19　腹腔镜设备,以及医护人员正在进行腹腔镜手术

(2)穿刺针-穿刺套管。穿刺针-穿刺套管中的穿刺针用来穿刺腹壁,穿刺套管用来引入腹腔镜或腹腔镜器械。这些套管可以是光滑的,也可以是带有螺纹的,带螺纹的套管要拧入腹壁,这样能更好固定在腹壁上且不容易滑脱。腹腔镜穿刺套管有一个备用阀可以防止气体漏出腹腔。

(3)光纤和光源。光纤将光从光源传播到腹腔镜照亮腹腔以便术者能清晰地看到腹腔脏器。光纤有不同直径可选,通常推荐犬和猫使用直径4~5.5 mm的光纤。光源有很多种,但主要作用都是照亮腹腔。

(4)气腹针。气腹针用于腹腔内充气,由一个尖的外部穿刺针和一个内部钝头的管心针组成。管心针前端有一小口可以使气体进入腹腔,外部穿刺针的作用是刺穿腹壁。一旦刺穿腹壁,内部钝头管心针进入腹腔,管心针前端的小口就暴露于腹腔内,通过前端小口将气体充入腹腔。

(5)气腹机。气腹机是用于给腹腔充气的仪器,用导管连接气腹机和气腹针,气腹机推动气体通过导管到气腹针,最终充入腹腔内。给腹腔充气可以使腹壁与腹腔内脏器分离,这可以使术者更清晰地看到腹腔内脏器,同时也更方便进行活组织检查取样和手术。气腹机用到的气体有CO_2、N_2O和空气,其中,CO_2是较为理想的给腹腔充气的气体,也是目前普遍使用的气体。操作者可以通过气腹机控制输送的气体量和调整腹腔内压力。腹内压过大会抑制静脉血回流到心脏,影响通气能力,也会干扰膈肌的运动。因此,腹内压不应该超过15 mmHg。

(6)摄像/视频系统。将视频系统和显示器的摄像头连接固定到腹腔镜目镜上,在手术过程中,每个人都能在显示器上看到腹腔内部结构。

(7)特殊器械。此类器械包括活组织检查器械、切割器械和触诊探针,这些器械能通过辅助套管进行活组织检查取样或进行手术操作。

2. 器械护理

由于腹腔镜设备价格十分昂贵,在使用的过程中,我们应该轻拿轻放妥善保管,在使用完后应该及时清洁。腹腔镜和光纤很容易受到损伤,在操作之后应该用纱布和酒精清洗腹腔镜和光纤,然后放到各自的保存盒中。在操作之前,腹腔镜和气体可以采用气体灭菌(环氧乙烷)或冷灭菌。对腹腔镜和气体进行高水平的消毒时,可以用于灭菌的有2%戊二醛。器械灭菌后在进入动物腹腔前要用灭菌生理盐水冲洗。腹腔镜和光纤不能进行高压灭菌,除非制造商说明可以进行高压灭菌。

七、内窥镜

1. 内窥镜的应用

在兽医学中,内窥镜(图1-2-20)主要的用途是组织探查和活检、诊断疾病、除去体内异物。大多数食管、鼻、气管和喉的异物,以及许多胃和十二指肠的异物,都可以通过内窥镜取出,也可用于安置胃导管造口术的饲管。内窥镜还可以对与外界连通的管道进行检查。

2. 相关器械

内窥镜主要有硬质和软质两种类型,两者各有优点和缺点,有多种规格可供选择。兽医学上通常使用的软质内窥镜是胃十二指肠镜、支气管镜和结肠镜。

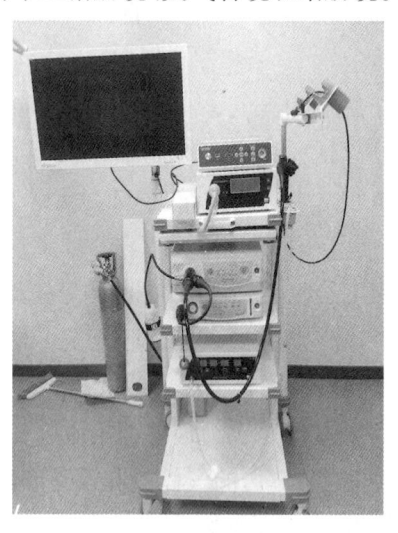

图1-2-20 内窥镜

(1)软质内窥镜。软质内窥镜包括手柄、插入管(插入动物体内的部分)和光缆(连接物镜和光源)等结构。支气管镜的外径通常是2~6 mm,胃十二指肠镜的外径通常是7.9~10.0 mm,结肠镜的外径为10~16 mm。支气管镜的插入管道的工作长度通常为40~60 cm,而胃十二指肠镜为100~135 cm,结肠镜为130~220 cm。

（2）硬质内窥镜。硬质的结肠镜和直肠镜有各种大小和长度的塑料或金属导管，并且带有填塞器和光源。可以用结肠镜将空气通入结肠腔，但大多数的直肠镜不能进行此项操作。要使结肠腔检查有准确的结果，则需要尽可能使用长和大的观察镜。建议结肠镜的最小工作长度为 25 cm，35 cm 更好，除了观赏犬，大多数犬都能允许内径为 15 mm 的物镜通过，但尽可能用直径 19~25 mm 的物镜。硬质的结肠镜和直肠镜的活检钳应具有能剪断黏膜的尖端，而不是抓取、撕裂组织（如蛤壳式抓钳）。

3. 器械护理

内窥镜很容易被损坏，应尽量限制接触内窥镜（包括组装和清洁）的人员数量。不使用时，软质内窥镜应该垂直悬挂于支架上。如果必须将软质内窥镜储存于便于携带的盒子中，则必须小心，确保插入管不会被盒子的边缘夹到（造成纤维束的断裂）。电子设备不能接触水，并且应该使用防冲击的装置。不要将插管插入未麻醉的动物，插管不要锐性弯曲，这样会破坏纤维束。软质内窥镜的清洁和消毒通常已足够，很少需要灭菌，如果需要灭菌，只能允许使用冷灭菌液或环氧乙烷灭菌。硬质内窥镜通常比软质内窥镜更耐用并且维护相对简单，但必须避免撞击。

八、超声刀

超声刀又称超声切割止血刀，是一种广泛应用于外科手术的医疗器具，具有视野清晰，集止血与切割于一体等优势。超声刀通过换能器将电能转化成机械能，手柄内的超声系统再将刀杆上的动能放大来切割组织。与刀头接触的组织吸收超声能量后使蛋白质氢键断裂，进而凝固变性并在钳口的夹持压力下被切开，达到切凝一体的效果。同时组织内水分汽化，进一步帮助组织分层。超声刀主要由主机（输出电流），换能器（将电能转换为 55500 Hz 的机械能，转换过程存在损耗），刀头（作用于组织，实现切割凝血）组成（图 1-2-21）。

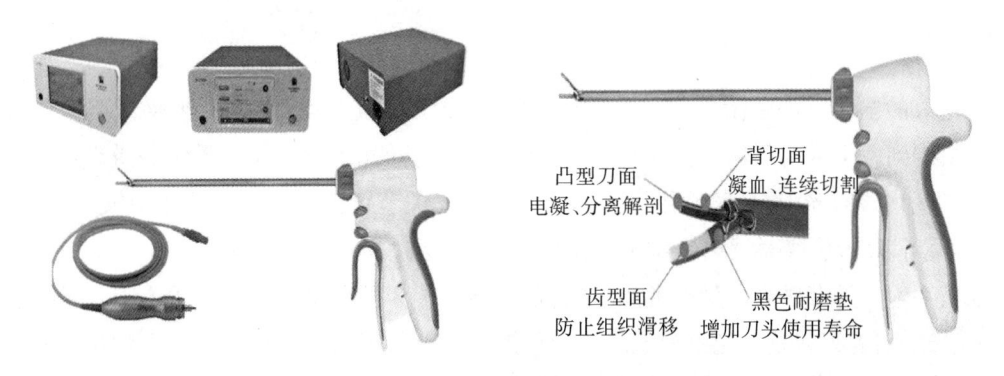

图 1-2-21 超声刀及超声刀的结构

1. 超声刀使用方法

(1)应避免刀头的闭合空踩,否则易造成刀头的损伤。使用时,刀头不要接触金属和骨骼,以避免刀头断裂。可使用刀头的前2/3部分来夹持和分离细胞组织。分离完成后,要及时擦净刀头上的焦痂和组织残留物。在手术的间隔时间里,可将张开的刀头放入生理盐水中振动,清洗刀头上的血块和组织残留物,以免这些物质造成堵塞而影响后续使用。

(2)超声刀持续工作时间不可过长,最好控制在7 s内,超过10 s会对刀头造成损伤,影响刀头的寿命。不可在血液中使用超声刀,以免对刀头造成损伤。

(3)术中间隔时间较长时,可将超声刀调至待机状态,刀头要避免接触患畜,以免造成不必要的烫伤。同时刀头应轻拿轻放,避免磕碰和掉落,以免振动频率发生改变。

(4)术中要严格保持超声刀与电刀的距离,应>3 m,两者不可共用同一电源,防止彼此产生干扰。

(5)应保持凝固与切割的平衡,切割过快会造成凝固的效果变差,凝固过高则会导致切割过慢。

2. 超声刀的术后维护

(1)超声刀的清洗。超声刀使用完毕后应立即拆卸刀头和手柄,用流动水清洗残留的血迹、焦痂和粘附组织,用软布轻擦刀头,严禁用刷子或硬物刮、擦、刷刀芯,以避免造成硅胶环损坏,影响刀头的使用功率及寿命。随后将刀头放入多酶洗液中进行浸泡,进一步分解残留的血液、蛋白质和组织。浸泡完成后用高压水枪冲洗管腔,使用软刷仔细清洗内腔,清理精细关节及齿槽,用清水冲洗干净后选用软布擦干或高压气枪吹干,采用低温等离子灭菌后备用。

(2)手柄连线。使用酒精擦拭后应盘旋放置,保持线圈的直径为15~20 cm,以免扭曲或折断连线,同时应轻拿轻放,防止磕碰和重压。主机表面和脚踏应一并用湿布擦拭干净后以待下次使用。

九、激光刀

激光刀的主体是一台激光器,包括电源和控制台。激光器是固定的,要使激光束能按医生的意图传到做手术的部位,还须配置一套让光转弯的导光系统。导光系统是激光刀的重要部分。二氧化碳激光刀,一般使用导光关节臂。导光关节臂由几节金属管子组成,节与节之间成直角,可以转动,光学反射镜位于该位置,激光束通过反射镜转弯。

激光手术刀具有激光能量高度集中的特点,通常作为外科手术上用的手术刀。常用的二氧化碳激光刀,刀刃就是激光束聚集起来的焦点,焦点可以小到0.1 mm,焦点上的功率密度达到10万 W/cm^2。激光刀的突出优点之一是十分轻快,用它进行手术时没有丝毫的机械撞击。用功率为50 W的激光刀,切开皮肤的速度为10 cm/s左右,切缝深度约1 mm,和普通手术刀差不多。激光刀的另一个突出优点是激光对生物组织有热凝固效应,因此可以用于封闭切开的小血管,减少出血。

【复习思考题】

(1)动物医院诊疗室常用的血压计有哪几种?各有什么特点?

(2)动物医院诊疗室常用的眼科检查器械与设备有哪几种?各有什么特点?

(3)简述裂隙灯的工作原理、使用方法及注意事项。

(4)简述伍德氏灯的工作原理、应用范围和使用方法。

(5)简述磁共振(MRI)的原理及其主要配套设施。

(6)简述MRI检测方法与注意事项。

(7)血液分析仪主要用于检测哪些项目?

(8)生化分析仪一般用于检测哪些项目?

(9)荧光定量PCR仪可以用于哪些项目的检测?

(10)常见的呼吸麻醉机包括哪些结构?如何使用?

(11)什么是腹腔镜?应用该设备进行手术有哪些优势?

(12)什么是超声刀?简述超声刀在临床上的使用方法。

(13)什么是激光刀?简述激光刀在临床上的使用方法。

(编者:杨凌宸)

第三章
动物医院诊疗的流程与注意事项

一、医院管理软件的熟悉与使用

近年来,随着宠物数量的增加,中国宠物医疗市场发展空间巨大。当前,动物医院主要包括连锁及集团化医院、独立医院这两类。为了提高动物医院的管理水平,目前大多数动物医院已经使用管理软件进行医院的日常管理。市场上已经有多种管理软件为动物医院的管理运行提供了便捷的服务,软件具有很多特色功能,如病历模块化、智能诊断系统、设备对接、微信小程序等。本章节以迅德宠物医院管理软件Evet2(简称迅德软件)为例进行介绍,让学生熟悉动物医院管理软件的相关功能。

二、软件功能介绍

迅德软件可为动物医院单店、连锁店,以及宠物店提供服务。为了给不同角色与工作流程提供更快捷、更专业的服务,迅德软件分为前台端与后台端两部分。

前台端:主要服务于前台员工与医生等,可进行客户登记、挂号接诊、开病历与处方、住院、消费与零售、短信微信提醒、化验、配药,以及可查看所有历史业务明细。

后端台:主要服务于医院管理者等,可进行员工的职位与操作权限管理,库存商品管理,统计报表分析,以及软件各功能与业务的细节参数配置。

三、动物医院接诊流程(SOAP流程)

1. 概念

"S"是主观(subjective),指主人对宠物身体问题的主观描述;"O"是客观(objective),指兽医对宠物全身状况的检查;"A"是评估(assessment),指兽医了解宠物病症后对病因及所患疾病的分析与判断;"P"是计划(plan),指兽医为宠物制订的治疗计划。

2. 宠物的特征描述及主诉

SOAP是在宠物的外在特征及主诉基础上完成的。

包括:名字、年龄、性别、品种及主诉。

例如:露西是一只5岁大的、绝育雌性的比熊犬。

3. 主观的描述

(1)主观的观察。

(2)你从主人(或者监护人)口中了解到了什么？包括:

①病史。

②主人观察到的症状。

③主人表达出的担忧,主人担心什么？

④主人告诉了你什么？

⑤患畜今天状态如何(活泼的、警觉的、有反应的、迟钝的、沉郁的,等等)。

4. 客观的评估

(1)客观观察。

(2)检查的目的是辨别出问题,而不是做出诊断。收集问题有助于引导出诊断。

(3)作为兽医,你的发现:体检结果,各系统状态。

例如:

①体温、心率、呼吸、体况、体重、黏膜颜色、毛细血管再充盈时间、脱水状况。

②眼、耳、鼻、喉。

③牙病等级、口腔肿瘤、咬合情况、上颚。

④心脏/肺系统。

⑤腹部检查。

⑥泌尿生殖系统。

⑦直肠(指检)、前列腺、后尿道、直肠。

⑧骨骼肌肉系统。

⑨体表、皮肤系统。

⑩外周淋巴结。

⑪基本的神经学检查(非全面检查),只是对精神状态、步态、脑神经的基本评估。

(4)正常体检中客观检查的结果示例:

①体温 100.1 °F =37.8 ℃,心率80次/min,呼吸喘息,体重24.5 kg,体况5/9分,黏膜颜色粉红,毛细血管再充盈时间 < 2 s。

②眼耳鼻喉:无牙结石迹象,无鼻腔分泌物,无其他重要发现。

③外周淋巴结:大小正常,无坚实感,无疼痛反应。

④心脏/肺系统:正常窦性心律,听诊无杂音,脉搏强烈且同步;没有呼吸频率加快或用力的迹象,支气管呼吸音正常。

⑤腹部(检查):柔软,无明显疼痛反应,无明显器官肿大、包块或其他异常情况;直肠指检

正常,无明显包块,检查手套上可见正常棕色粪便。

⑥泌尿生殖系统:中等大小的膀胱,前列腺大小正常,对称,无疼痛反应。

⑦骨骼肌和体表:无跛行现象,理想体态,毛发漂亮,无其他异常情况。

⑧神经检查(有的患者未进行完整的神经检查):精神状态和步态正常,中枢神经系统正常。

5. 评估

(1)根据主观和客观情况进行评估。

(2)问题列表。

(3)列出每个问题,以及每个问题的排除列表。

6. 治疗方案

(1)医生的诊断计划以及对患者进行相应操作的时间表。

(2)治疗方案。

(3)给主人的推荐方案,以及主人的回应(拒绝或者同意)。

(4)家庭护理或住院治疗。

(5)用药方案。

(6)按现有方案进行或复查时再建议。

(7)客户沟通。

四、病历记录的书写

1. 病史记录

每个人记录病史可以有不同的方式。初步的一般性病史信息可制成表格,由宠物主人在接待处填写。另外一种方式是由兽医或其他工作人员采用提问的方式向主人询问,问题涉及一般性的和更详细的问题。一般性问题的询问可由动物医院/诊所其他工作人员来完成,而更详细的问题由兽医来询问。兽医助理应该了解需要收集哪些信息以及由谁来记录病史。

以下是对病史内容的一般性解释。医学上的病史分为三部分,主诉、医疗史和生活环境史。主诉病史在每次就诊时做记录,后两项一般在首次就诊和客户信息更新时做记录。

(1)主诉病史是患病动物前来就诊的原因,主要询问以下几个问题。

①何时发现生病或受伤的,尽量提供确切时间。

②主人观察到的情况:帮助主人系统性地回顾(皮肤、肌肉和骨骼、胃肠道、泌尿生殖道、心肺系统、神经系统和感官系统),这样可减少信息遗漏。

③病情的发展情况:好转、稳定或恶化。

④做过何种治疗,效果如何。

(2)医疗史包括患病动物以前患过的所有疾病,主要有以下几项。

①患过何种疾病和受过何种伤,包括接受过的治疗以及疗效。

②做过哪些手术及手术时动物的年龄。如果有,必须配套问。

③疫苗接种情况:类型和时间。如果主人不清楚,可让主人询问接种疫苗的机构或医院,必要时由工作人员致电咨询。

④是否做过实验室检查和影像学检查(X线检查、心电图检查等),检查的时间和结果如何。如果主人还是不确定,那么询问检查机构联系方式后致电咨询。

⑤驱虫情况:使用何种驱虫药、使用频率、效果如何以及动物有无不良反应。

⑥专业的口腔和牙齿护理情况:洗牙、牙齿X线检查和拔牙情况等。

⑦永久的身份证明:文身或电子芯片号码。

⑧过去和现在的用药情况:要主人提供具体的药名、药量和使用频率,以及开始用药和停止用药的时间。

(3)生活环境史涉及患病动物的家庭环境和日常照料,包括以下问题。

①家里的其他宠物现在的健康状况,患病宠物与其他宠物的关系。

②谁负责宠物的日常照料,何时以及怎样照料。

③家里的其他成员与宠物的关系。

④将宠物饲养于室内还是室外,是否出去旅行过。若去过,何时、何地。

⑤宠物一般做什么运动,频率以及每次持续时间。

⑥宠物睡觉习惯和地点。

⑦饮食状况:食物的种类、进食量以及饲喂的频率。是否吃人类的食物,吃的是何种类。

⑧排便情况:排便频率和粪便性状(颜色、形状、气味)。

⑨饮水状况:24 h内的饮水量、水的来源和供给情况。

⑩排尿情况:尿液颜色、气味、排尿频率、尿量、排尿地点以及排尿姿势。

⑪预防保健:何时做过何种预防,处方还是非处方。

⑫牙齿护理:频率、方式以及使用的产品。

⑬美容:频率、方式以及使用的产品。

⑭行为:训练水平、频率以及方法,有无任何行为问题。

⑮繁殖史。未绝育雌性动物:最后的发情期、发情频率和持续时间、是否交配、怀孕频率、一窝产仔数以及并发症。未去势雄性动物:交配情况、交配频率以及使雌性动物受孕次数。如果动物已经绝育或者去势,那么记录手术时间和当时动物的年龄。

一般性问题的提问可引出更详细问题的询问,动物主人的回答可提示询问的方向,完整记录病史十分重要。兽医助理应该知道谁有权了解哪部分病史内容以及了解多少内容。注意:不要逾越职责范围。

2. 观察记录

学会观察患病动物,从主人和患病动物进入动物医院/诊所,在接待区受到接待一直到离开医院,观察是做好患病动物医疗工作和保定的一个关键因素。将就诊动物的行为、外在状态与该品种健康正常情况下的状态相比较。动物发生的任何变化都应记录,这些变化通常是细微的,可能是被毛的轻度竖起或是对动物医院/诊所环境的警觉性变化。

观察不仅仅依赖于看,还要闻、触摸和听。当抬起动物触摸其腹部时,动物腹部的肌肉会异常紧绷。动物的耳朵感染时,可导致头部向一侧倾斜并能闻到恶臭。打喷嚏、喘息、咳嗽以及眼睛分泌物增多症状可见于许多呼吸道疾病。

兽医助理不用记录诊疗过程中所观察到的情况,因为这是兽医的职责。只有在某些特殊情况下,兽医助理要记录所观察到患病动物在接受兽医检查前的情况。通常是对具有潜在危险行为或者无法预料行为的动物做标记。另外,记录对该动物特殊有效的保定方法。

在患病动物住院期间,由兽医助理负责将观察到的情况记录于动物病历上,并标明日期,同时还要每天将这些情况记录于SOAP的"客观的评估"下面。这两种情况的记录不能混淆。

五、处方的开具及注意事项

1. 处方的书写规则

(1)记录患病动物的项目应清晰、完整,并与门诊登记相一致。

(2)每张处方只限于一次诊疗结果用药。

(3)字迹应当清楚,不得涂改。如有修改,必须在修改处签名并注明修改日期。

(4)一律用规范的中文书写,不得自行编制药品缩写名或使用代号。书写药品名称、剂量、规格、用法、用量要准确规范,不得使用含糊不清的字句。

(5)兽药处方,每一种药品须另起一行。每张处方不得超过五种药品。

(6)中兽药方剂处方的书写,可按君、臣、佐、使的顺序排列。有特殊要求的,也应符合规定。

(7)用量一般应按照兽药使用说明书中的常用剂量使用,调整剂量时应注明原因并再次签名。剂量与数量用阿拉伯数字书写,剂量应使用法定剂量单位。

(8)为便于处方审核,开具处方时,除特殊情况外,必须注明临床诊断结果。

(9)开具处方后的空白处应画一斜线,以示处方完毕。

(10)处方上兽医的签名式样和专用签章必须与兽医主管部门留样备查的式样一致,不得随意改动。否则,应登记留样备案。

2. 处方的内容

(1)前记。包括动物机构名称、畜主姓名、畜别、开具日期、临床诊断结果等。麻醉药品和精神药品兽医处方还应当包括畜主身份证号码。

(2)正文。以Rp或者R(拉丁文recipe"请取"的缩写)标示,分列药品名称、剂型、规格、数量、用法和用量等内容。用法以signa(标记,标明)的缩写词S.或Sig.开头。

(3)后记。兽医师签名或者加盖专用签章,药品金额以及审核、调配、核对、发药人员签名或者加盖专用签章。

3. 注意事项

(1)处方书写应当符合《兽医处方格式及应用规范》。

(2)执业兽医师具有处方权。执业兽医师应根据诊疗需要,按照诊疗规范、兽药使用说明书等开具处方,所有开具的处方必须严格遵守有关法律、法规和规章的规定。

(3)处方开具当日有效。特殊情况下要延长有效期的,由开具处方的执业兽医师注明有效期限,但有效期最长不得超过3 d。

(4)处方一般不得超过7 d用量;急诊处方一般不得超过3 d用量;对于某些慢性病或特殊情况,处方用量可适当延长,但应当注明理由。

(5)药房人员要严格执行处方查对制度,认真核对动物基本信息和药品的名称、剂型、规格、数量,查处方、查药品、查用药合理性及配伍禁忌等。

(6)处方由药房人员每天收回,按日期装订整齐,并按有关规定妥善保存。

六、诊疗协议与病危通知书的使用及注意事项

1. 诊疗协议(同意书)

同意书属于合同文本,为客户所需服务提供了书面证据。同意书并不能在出现治疗不当或过失时保护兽医,而只是提供证据表明兽医所进行诊疗过程都是客户同意的。

一份同意书包括以下内容。

(1)兽医姓名。

(2)动物医院/诊所的名称、地址和电话。

(3)动物主人的姓名、地址和电话。

(4)患病动物的名字、种类、品种、特征、年龄和性别。

(5)声明同意书由动物主人签字即授权执行同意内容。

(6)对某些特殊程序作授权声明。

(7)声明内应告知动物主人诊疗过程中可能存在的危险和/或可能出现的并发症,对于安乐死、去势、卵巢子宫摘除术以及断尾等操作,应告知动物主人这些手术一旦实施就无法挽回。

(8)其他需要声明的事项(如,可能需要辅助工作人员以及其他兽医参与病例治疗等)。

(9)动物主人签字和签署日期。

一份完整的表格将被保存于病历档案内。和其他病历单据一样,它必须是完整且准确的。

同意书可以根据动物主人的不同要求来定制,所以一家动物医院/诊所往往会使用多种同意书,如手术同意书、寄养同意书和安乐死同意书。有些动物医院/诊所使用一种通用表格,再根据目的及流程来分类。美国兽医协会(AVMA)在期刊上刊登了一份通用同意书并附有使用建议。

学生在实习期间,也应遵循动物医院/诊所的具体工作要求。

2. 病危通知书

示例:

尊敬的宠物主人:

您好!您的宠物____,品种____,年龄____,性别____,体重____,于____年____月____日在我院就诊,诊断为_____。现诊断情况如下:

(1)细小病毒引发的胃肠炎并伴发心肌炎( )

(2)犬瘟热引起的多系统严重感染( )

(3)消化系统弥散性出血引起的严重贫血及休克( )

(4)大出血引起的出血性休克( )

(5)严重的电解质紊乱及酸中毒( )

(6)严重心律失常、心功能衰竭危象( )

(7)感染中毒性休克( )

(8)过敏性休克( )

(9)弥散性血管内凝血(DIC)( )

(10)低血糖性昏迷( )

(11)高渗性昏迷( )

(12)呼吸衰竭( )

(13)肝肾衰竭( )

(14)肠套叠( )

(15)肺部水肿( )

(16)神经系统感染损伤引起神经紊乱( )

(17)其他( )

在此,我院特向您告知:在治疗期间病情随时可能恶化,危及生命,我院将依据救治工作的需要,采取应急救治的治疗手段,请予以理解、配合和支持。我院将尽全力救治您的宠物。如果出现病情恶化或死亡,您将承担所有救治过程中产生的医疗费用和后果。我院不承担任何责任。

关于患病宠物目前病情可能出现的风险和后果以及医护人员对于患病宠物病情危重时进行的救治措施，医护人员已经向我详细告知。我了解了患病宠物病情危重，我_____（"同意"）医护人员进行宠物救治，我承担所有责任。

宠物主人签名：_____　　　　　　　主治医师签名：_____
____年____月____日　　　　　　　　　　　____年____月____日

【复习思考题】

（1）使用管理软件管理动物医院有哪些优势？

（2）什么是SOAP接诊流程？

（3）病历记录的书写主要包括哪几个方面？

（4）处方的书写规则主要有哪些？

（5）开具处方有哪些注意事项？

（6）在哪些情况下需要使用诊疗协议或病危通知书？有哪些注意事项？

（编者：卢德章）

第二部分

动物医院实习

实习一

动物的接近与保定

【实习目的】

掌握犬、猫及异宠的保定方法,并能在临床诊疗中应用。

【知识准备】

了解犬、猫的生活习性,预习犬、猫的保定方法,观察动物医院相关人员对动物保定的过程。

【实习用品】

1. 实习动物

到宠物医院就诊的犬、猫等动物。

2. 实习材料

绷带、伊丽莎白项圈、猫袋、大毛巾、口套等。

【实习内容】

1. 犬的保定方法

(1)犬的接近方法。从犬的正前方慢慢靠近,确保犬能看到和听到有人接近;靠近后操作者慢慢蹲下或单膝跪地,用平静、愉快的语气安抚犬并缓慢伸出手,此时确保伸出的手不高于犬的鼻子,以温柔的方式轻轻地抚摸其额头、颈部、胸腰两侧及背部,获得犬的信任后进行保定。整个接近过程要密切观察犬的实时反应。

(2)扎口保定法。长嘴犬扎口保定法:用绷带在犬嘴中间绕两次,打一活结圈,套在嘴后颜面部,在下颌间隙系紧,然后将绷带两游离端沿下颌拉向耳后,在颈背侧枕部收紧打活结。

短嘴犬扎口保定法:用绷带在犬嘴1/3处打活结圈,套在犬嘴后颜面部,于下颌间隙处收紧,将两游离端向后拉至耳后枕部打一个结,并将较长的游离绷带经额部引至鼻合侧穿过绷带圈,再转至耳后与另一游离端收紧打活结。

口套保定法:可根据个体大小选用适宜的口套,直接套在犬嘴上,将口套的带子绕过耳朵固定在犬的头后部。

伊丽莎白项圈保定法:给犬戴上合适尺寸的伊丽莎白项圈,可在一定程度上防止被咬伤,对于身体表面有外伤、做了手术及身体表面涂擦了药物的犬只,为防止其舔舐,可长期佩戴伊丽莎白项圈直至痊愈或停药(图2-1-1)。

(3)站立保定法。犬呈站立姿势,保定者立于犬的侧面,将手臂从犬的颈腹侧伸出,手掌放在犬头部后侧,固定住犬的头部;另一只手臂环抱犬,手掌放在犬的腹部或胸部;两只手臂同时用力将犬向保定者胸部拉近(图2-1-2)。

图2-1-1　犬伊丽莎白项圈保定　　图2-1-2　犬的站立保定

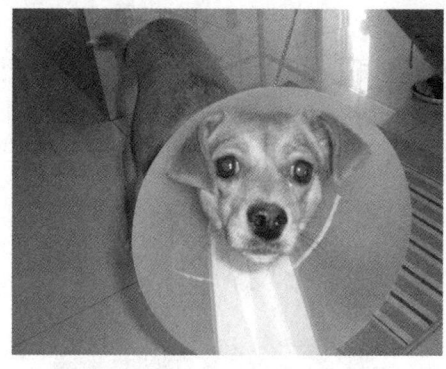

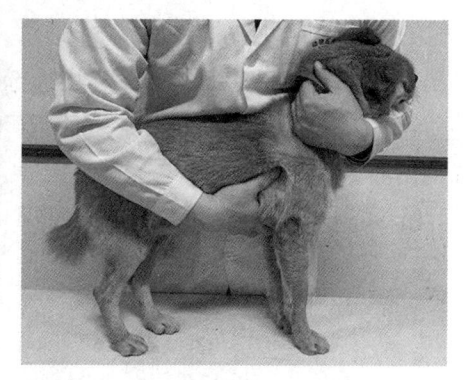

(4)蹲式保定法。犬呈坐姿势,保定者立于犬的侧面,将手臂从犬的颈腹侧伸出,手掌置于犬头部后侧,以固定住犬的头部;另外一只手臂环抱犬的后躯,手掌放在其髋关节上部,五指向下抓住其后躯;两只手臂同时用力将犬向保定者胸部拉近(图2-1-3)。

(5)侧卧保定法。犬站立时,保定者从其背部一只手抓住两前肢,另一只手抓住两后肢,将两只手的食指夹在所抓两犬腿之间。慢慢使犬腿离开桌面或地面,并使其身体背对着保定者,而朝侧卧的方向慢慢倾斜。保定者前臂靠近犬头部并用力压犬头部的一侧,以限制犬头部的活动。在近腕骨和跗骨处抓住犬腿(图2-1-4)。

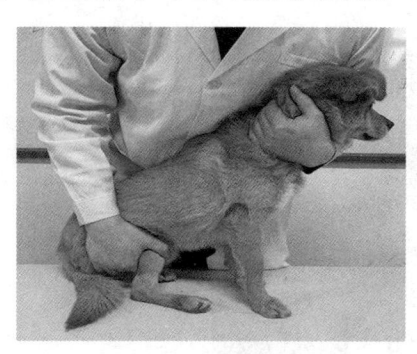

图2-1-3　犬的蹲式保定　　图2-1-4　犬的侧卧保定

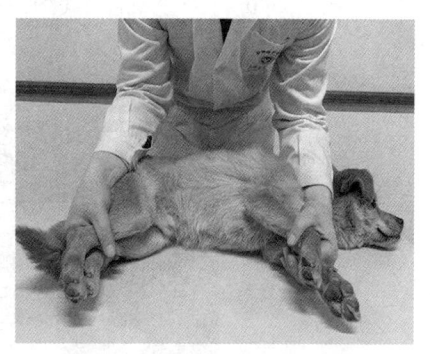

2. 猫的保定方法

(1) 猫的接近方法。从猫的正前方慢慢靠近,确保猫能看到和听到有人靠近,通过轻声叫猫的名字等相对柔和的方式安抚猫,并逐渐靠近,这个过程应注意要始终在猫的视野范围内;靠近猫后,操作者缓慢伸出手轻抚猫头背部,确定其相对平静后即可对其进行保定。整个接近过程要密切关注猫的实时反应。

(2) 扎口保定法。方法与短嘴犬扎口保定方法相同。

(3) 布卷裹保定法。将毛巾或人造革缝制的保定布铺在诊疗台上。保定者抓起猫背肩部皮肤放在保定布近端1/4处,按压猫体使之伏卧。随即提起近端毛巾覆盖猫体,并顺势连布带猫向前方滚动,将猫卷裹系紧(图2-1-5)。

(4) 猫袋保定法。用专用的猫保定袋进行保定(图2-1-6)。将猫头从近端袋口装入,猫头便从远端袋口露出,此时将袋口带子抽紧(不影响呼吸),使头不能缩回袋内;再抽紧近端袋,使猫的两肢露在外面。

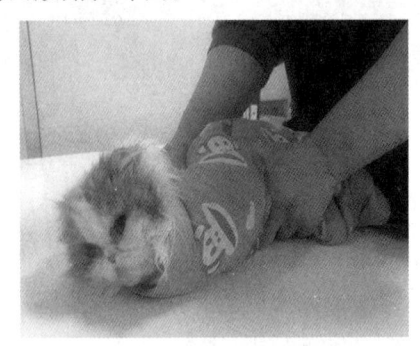

图2-1-5 猫的布卷裹保定　　　　图2-1-6 猫的猫袋保定

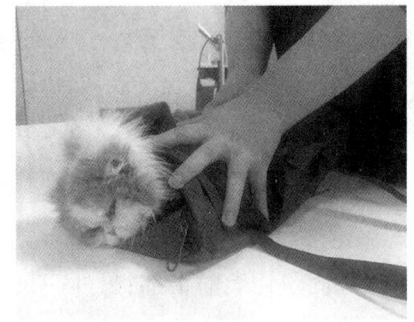

(5) 猫伊丽莎白项圈保定及徒手保定法。给猫戴上伊丽莎白项圈可在一定程度上防止咬人。对于身体表面有外伤、做了手术及身体表面涂擦了药物的猫,为防止其舔舐,可长期佩戴伊丽莎白项圈直至痊愈或停药。为了进一步控制猫,可徒手控制猫的前肢及后肢,两手交叉于胸前控制住猫身体,再进行采血或注射(图2-1-7)。

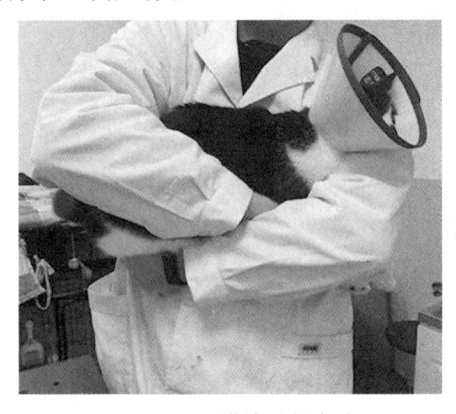

图2-1-7 猫徒手保定法

3. 兔的保定方法

(1)徒手保定法。一只手抓住颈肩部皮肤,另一只手抓住背腰部皮肤或用手托住臀部(图2-1-8)。

(2)毛巾保定法。将兔置于一条大毛巾的中央,用毛巾的一角确实地裹住兔的颈部和一条腿,再用毛巾的另一角确实包裹住兔,只把头留在外面(图2-1-9)。

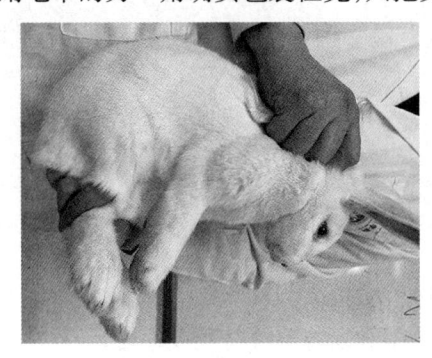

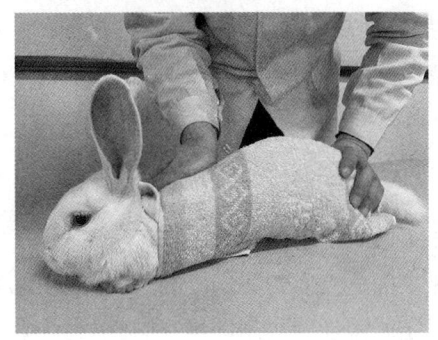

图2-1-8　兔的徒手保定　　　　图2-1-9　兔的毛巾保定法

4. 乌龟的保定方法

(1)夹板式保定法。对于个体较大且温顺的龟,可将龟的背甲或腹甲置于合适的板面上,使龟的脑袋和四肢无着力点,然后用手掌压住腹甲或背甲。

(2)捏颌保定法。在控制好龟的躯干后,用左手拇指和食指指肚捏牢上下颌,控制住脑袋的伸缩。

(3)卡脖子保定法。在控制好龟的躯干后,用左手拇指和食指指肚卡住脑袋下的颈椎两侧,控制住脑袋的伸缩。如需打开口腔,可右手持合适的工具或用右手拇指指甲拨开喙。

(4)甲桥保定法。伸出左手,使拇指与另外并拢的四指垂直,然后弯曲,直到夹紧龟的两侧甲桥再将龟捉起来控制其爬行活动。小龟用两指、三指或四指捉住。

(5)托起式保定法。伸出左手,使拇指与另外并拢的四指垂直,用四指托住龟的背甲或腹甲合适的位置,再用拇指压紧腹甲或背甲相应的位置,然后将龟托起来。

(6)倒提式保定法。用拇指和食指指肚捏牢或手指合拢握牢尾部将龟提起,前者用于较小的个体,后者用于较大的个体。保定较大个体时要注意尽量将臂膀伸直,避免被龟咬伤。

5. 鸟的保定方法

对于性情温和的小型鸟类,在保定时将手握成拳,将鸟握在掌心,头部夹在拇指和食指间,两腿夹在无名指和小指间,中指和无名指压住鸟的胸腹部,尾部外露,手的握力要适中。

对于喙较为锋利的小型鸟类,保定时用右手的食指和中指卡住鸟的颈部和颌骨,使鸟的头部不能左右转动,手掌贴住鸟的背部,用拇指、无名指和小指握住鸟体。

对于体型较大、喙强健有力的鸟类,为了防止被啄伤,可用双手保定的方法,一只手采用保定性情温和的小型鸟类的方法,另一只手用来控制鸟喙。

对于较温顺,但易脱羽的鸠鸽科,在保定时将手握成拳,将鸟握在掌心,头从手腕和小指间伸出,尾羽夹在拇指和食指间,两腿夹在食指和中指间。

对于喙坚实有力、两趾也强有力的鹦鹉类,保定时可用右手手指从鸟的背部迅速握住颈和头部,手掌压在鸟背上握紧鸟体。对于葵花凤头鹦鹉、蓝黄金刚鹦鹉等身体较大的鸟类,可用左手从后背握住鸟体后部和两肢,右手同时提起鸟。两只手除握住头部的几个手指需稍用劲外,其余手指用力要适中。

【注意事项】

(1)保定前需了解动物的习性。
(2)保定应在主人的协助下完成,不能对动物采用粗暴的方式。
(3)保定所需强度根据环境、动物的行为及操作引起的不舒适程度而定。
(4)治疗或检查的部位必须顺手。

【课后思考题】

(1)在临床诊疗中,怎样选择保定方法?
(2)保定方法不正确时,动物会出现哪些表现?

(编者:范阔海)

实习二

动物临床一般检查技术

【实习目的】

(1)掌握临床常用的检查方法与手段以及一般检查的程序。

(2)能够对就诊的犬猫进行一般检查,并能对疾病做出初步诊断。

(3)让学生在动物一般检查的实习中,巩固自身的理论知识,提升实践操作能力,提高疾病鉴别诊断的思维能力。

【知识准备】

了解犬猫的行为学特征,复习犬猫的解剖结构、正常生理参数、临床一般检查技术和疾病的临床表现。

【实习用品】

1. 实习动物

到宠物医院就诊的犬猫。

2. 实习设备与材料

口套、伊丽莎白项圈、体温计、无菌棉签、听诊器、叩诊板等。

【实习内容】

1. 问诊

(1)动物的基本情况。如动物的品种、年龄、性别、有无去势或绝育、被毛颜色、被毛光泽、有无免疫等。

确定动物的品种有助于排除某些在该种动物中尚未发生过的疾病,同时有些疾病在某些品种中又比较多见,因此,检查这类动物时必须加以考虑。如小型贵妇犬和其他小型观赏犬的膝关节较易脱臼,拳师犬肿瘤发病率较高,短头犬较易发生呼吸系统疾病。主人可能并没有发现某些疾病的任何症状,但临床兽医师应根据检查情况告知主人动物的健康状况和这些疾病可能引起的潜在问题，即使当时有些症状不明显。

　　动物的年龄可提示不同种类的疾病。传染性疾病和先天性疾病常发生于年轻动物，而变性疾病和肿瘤常发生于成年或老年动物。又如，内寄生虫、吞咽异物、肠套叠主要发生于年轻犬或猫。

　　性别可提示应关注动物泌尿生殖系统疾病。如检查母犬时必须考虑子宫、卵巢、阴道和乳腺方面的疾病；某些偏向发生于雌性动物的疾病如糖尿病、腹股沟疝和输尿管异位等，在检查时也应当予以考虑。早期施行过卵巢子宫摘除的犬乳腺癌发病率会降低，而去势动物肛周腺发病和脱肛的概率也会降低。

　　(2)病史的发展情况。包括发病的时间与地点，疾病的表现和经过，主人预估的发病原因，有无群发现象，治疗史，用药史等。通过问诊还可对主人进行引导，有助于对疾病进行更深入的了解。如主诉犬呕吐，则可继续询问：呕吐开始时间，呕吐物情况，是否带血，在进食前还是进食后呕吐，呕吐物是水还是食物，胃空虚时是否呕吐等。明确这些情况有助于确定疾病的本质、严重程度，应采取什么诊断措施等。动物进食后即反流出未消化的食物，高度提示可能患有食道疾病，如食道狭窄、持久性右主动脉弓或者食道异物。

　　(3)患病动物的生活史。包括动物日粮种类、摄入量、质量，动物的食欲及动物生活的环境和卫生状况等。食物品质不佳与搭配不当常是消化不良、消化紊乱、代谢失调的根本原因；喂养方法和食物的改变等应激条件均可引起动物消化功能生理异常。

2. 视诊

　　检查程序：站在距离动物合适位置的地方，按照先远后近、先整体后局部、先静态后动态的次序对动物进行观察。观察内容包括动物的整体状态，如体格大小、发育程度、营养状况、体质强弱、躯体结构、胸腹及肢体匀称性等；判断其精神及体态，姿势与运动行为，如精神的沉郁与兴奋，静止时的姿势改变或运动中的步态改变，有无腹痛不安、运步强拘或强迫运动等病理性行动等；体表组织的病变，如被毛状态，皮肤及黏膜颜色，体表创伤、溃疡、肿物等外科病变位置、大小、形态和特点；检查与外界直通的体腔，如口腔、鼻腔、咽喉、阴道和肛门等，并注意其黏膜的颜色及完整性的破坏情况，并确定其分泌物、渗出物的量、性质；注意动物生理活动的异常，如呼吸动作，是否有喘息和咳嗽，消化活动(进食、咀嚼、吞咽)，是否有腹泻和呕吐，排粪、排尿的姿势、次数、排出量、性状等(图2-2-1、图2-2-2、图2-2-3、图2-2-4)。

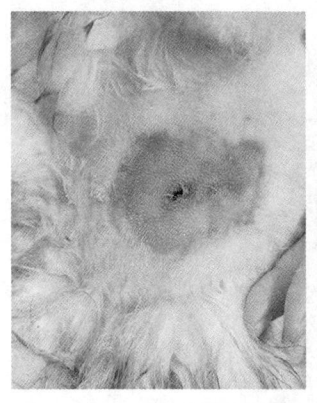

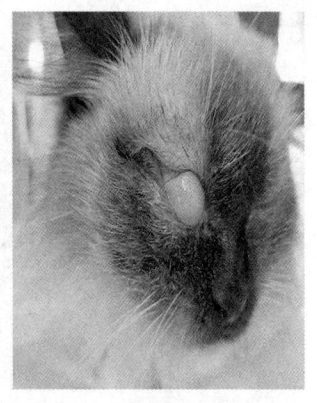

图 2-2-1　犬颈部脓肿的检查　图 2-2-2　猫第三眼睑脱出

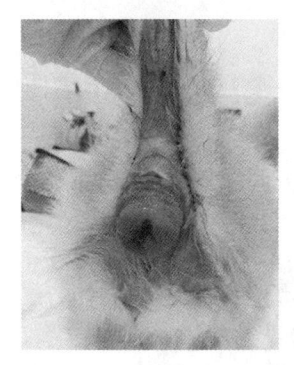

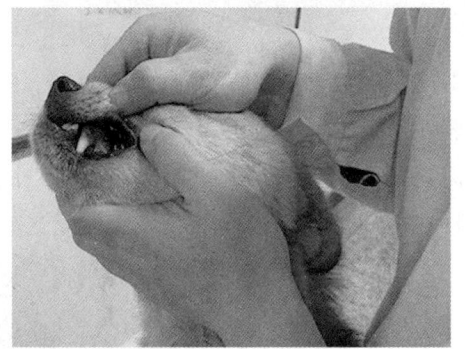

图 2-2-3　猫直肠脱出　图 2-2-4　口腔黏膜视诊

3. 触诊

腹部触诊(图 2-2-5)可分为浅部触诊法和深部触诊法两种。

(1)浅部触诊法。用于检查体表的温度、湿度、敏感性和心搏动等,用平放而不施加压力的手指或手掌以滑动的方式轻柔地进行触摸,试探检查部位有无抵抗、疼痛或波动等。

(2)深部触诊法。用于检查腹腔病变和脏器的情况,根据检查目的不同,可分为以下几类。

①冲击触诊法:以拳或手掌呈 70°~90°,放于腹壁上相应的部位,做数次急速而较有力的冲击动作,以感知深部脏器和腹腔的状况。如腹腔有回击波或振荡音,提示腹腔积液或靠近腹壁的脏器内含有较多的液状内容物。

②深压触诊法:用于检查肝、脾的边缘。以一个或几个并拢的手指逐渐用力按压,用以探测腹腔深处病变的部位和内部器官的性状。

③双手触诊法:用于腹腔检查。将一只手置于被检查脏器或包块的后部,并将被检查的部位推向另一只手的方向,使被检查的脏器或包块贴近体表利于触诊。

④按压触诊法:用于检查胸腹壁的敏感性及腹腔器官与内容物的性状。手平放于被检部位,轻轻按压,以感知胸腹壁敏感性与内容物的性状。

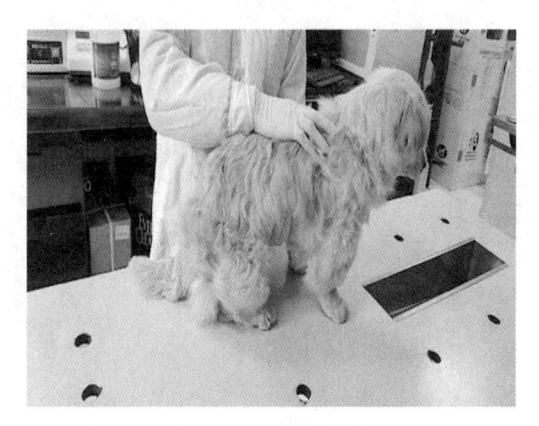

图 2-2-5　腹部触诊

4. 叩诊

(1) 直接叩诊法。用于检查窦腔、喉囊和胃肠,用一个或数个并拢且弯曲的手指,向动物的体表进行轻轻叩击。

(2) 间接叩诊法。用于检查肺脏、心脏、肝脏。在被叩击的体表部位上放置叩诊板,用手指叩击叩诊板(图2-2-6)。

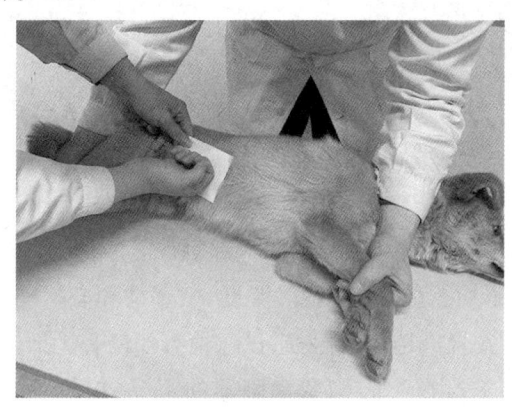

图 2-2-6　腹部叩诊(间接叩诊)

5. 听诊

临床上常用的听诊方法是借助听诊器听取宠物体内脏器的声音,以推断相关器官有无病变。小动物临床上主要通过听诊检查心血管系统、呼吸系统和消化系统的生理与病理变化(图2-2-7)。

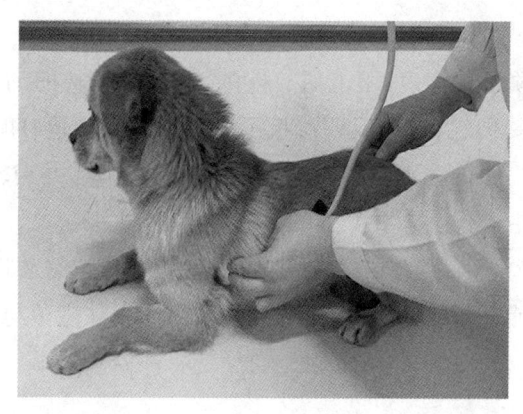

图2-2-7 胸部听诊

(1)心血管系统的听诊。听取心脏和大血管的声音,特别是心音,判断心音的强度、节律、性质、频率及是否有附加音,心包的摩擦音和击水音也是应着重检查的内容。

(2)呼吸系统的听诊。听取气管、肺脏的呼吸音、附加音和胸膜的病理性声音,如摩擦音和振荡音。

(3)消化系统的听诊。听取胃肠的蠕动音,判断其频率、强度、性质,是否存在腹腔的病理性声音。

6. 嗅诊

嗅诊是检查者借助自身嗅觉,嗅闻宠物的口腔、呼出气体、皮肤、分泌物、自然腔道排泄物及其他病理产物的气味来提示或诊断。口臭提示口腔或胃存在疾病,呼出气体恶臭提示肺部存在疾病,粪便腥臭提示肠道存在疾病,皮肤和呼出气体散发尿臭提示存在尿毒症风险,阴道分泌物有腐败臭味可提示子宫积脓。体臭见于齿槽脓漏、肛门脓肿、胃肠病、外耳炎、全身性皮炎等,特别是患全身脓疱和湿疹时,渗出的脓汁会散发出恶心的气味。

【注意事项】

(1)问诊。问诊时应具有同情心和责任感,和蔼可亲,考虑全面,语言要通俗易懂,避免出现可能引起主人不安、反感的语言和表情,防止暗示;主人对病情的叙述可能不系统、无重点,还可能因对病情的恐惧而夸大或隐瞒病情,医生应留意此类情况,并要设法取得主人的信任和配合,运用科学知识分析与整理;详细病史的询问,可在急救之后再进行。

(2)视诊。一般让犬猫自然站立,不需要保定,除非检查需要或站立会加重疾病程度或加重动物痛苦;临床兽医师必须通过观察动物的姿势和行为来断定动物是否有攻击和咬人的倾向,若有迹象表明该动物具有危险性,则必须给动物戴上口套,以保护检查者和保定者。

(3)触诊。要求将患病宠物保定好,按范围由大到小、力量先轻后重、顺序由浅到深、敏感部由外周开始逐渐到痛点中心为原则进行操作;触诊时应对宠物的表现和敏感的部位密切注意,严密观察头、颈、胸、腹、骨盆腔、四肢等患病的位置及严重程度。

(4)叩诊。 叩诊板须紧贴体表,不能留有空隙,对被毛较长的动物,宜将被毛分开,便于叩诊板与体表良好接触。但也应注意:叩诊板不应过于用力压迫;叩击时应该快速、断续、短促,叩击的力量应均等;当叩诊音不清时,可逐渐加重叩诊力量,并与较弱的叩诊进行比较;叩诊检查应在安静的环境中进行。

(5)听诊。保持环境安静,精力集中,同时要注意观察动物的动作;听诊器的接耳端与检查者两外耳道的接触不能太紧或太松;听头要紧贴动物体表并避免与被毛摩擦引起杂音。

【课后思考题】

(1)犬猫的黏膜出现发绀,说明血液中的哪些成分发生了变化? 有可能是哪些疾病引起的?

(2)肠梗阻和肠套叠在腹部触诊时有哪些表现?

(3)犬猫出现病理性呼吸次数增加,可能是哪些疾病引起的?

(4)犬患有大叶性肺炎时,肺部听诊和叩诊具有哪些表现?

(编者:范阔海)

实习三

犬猫采血技术

【实习目的】

(1) 掌握犬、猫血液的采集技术。

(2) 掌握犬、猫血液的保存流程与技术。

【知识准备】

了解血液生理学的基本知识和局部解剖学结构的基本知识。

【实习用品】

1. 实习动物

健康的犬或猫。

2. 实习设备与材料

保定绳、伊丽莎白项圈、猫袋、保定台、头皮针、真空采血系统等。

【实习内容】

实验分组与动物准备：学生分为6组，每组4~5人，轮流进行操作。采样时动物保定确实，防止人被咬伤。

1. 血液样品的采集

血液学检查首选的血源为静脉血，犬、猫常用的采血部位是前肢的头静脉，后肢的外侧隐静脉、内侧隐静脉和颈静脉等。

(1) 保定：根据犬、猫的体格、性情温顺程度采用合适的保定方式，原则是尽量减少对犬、猫的应激。宠物应激往往会造成样品结果误差。

(2) 材料选择：宠物临床上常用的采血器具是一次性注射器和头皮针，应根据采血量的需要来选取型号合适的注射器。最好的采血工具是真空采血系统，由1个针头、1个持针器和1个采集管组成。采集管有不同的大小，根据需要采集管中会含有抗凝剂，应采集适量的血液以保证抗凝剂和血液为最佳比例。可以用采集管或注射器采取多份样品,而不需要反复进行静脉穿刺,所得的血液样品质量较好(图2-3-1所示为采血针)。

（3）消毒:将前肢头静脉或后肢隐静脉的近心端用止血带扎紧或者用手握住,使静脉怒张,用酒精棉擦拭采血部位。

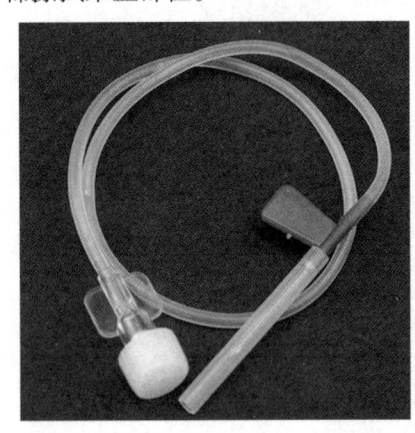

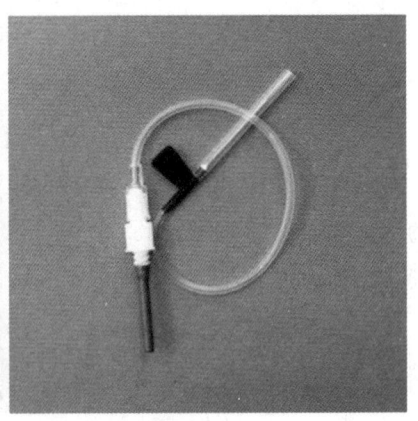

图2-3-1 采血针

（4）血液采集:待酒精挥发后,用右手持注射器或头皮针使针头与皮肤呈30°~45°刺入皮肤和血管,如果见回血则将针头稍向前移动,松开止血带,并用右手缓缓向后抽取活塞,采集所需量的血(图2-3-2所示为由内侧隐静脉采血)。

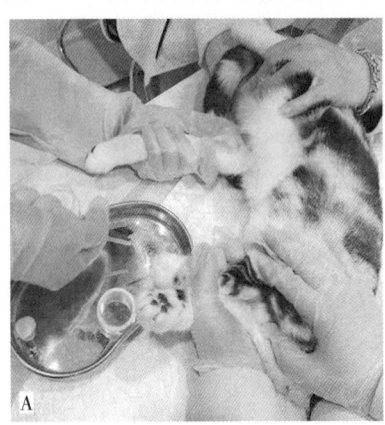

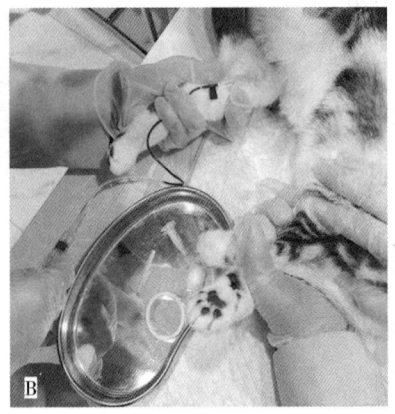

A.对猫进行保定及采血部位消毒；B.采血针采血
图2-3-2 内侧隐静脉采血

2. 血液样品的保存

血液检查多用抗凝血,血液样品采集后要尽快和抗凝剂混合,摇动时要轻柔,以防红细胞破裂发生溶血,从而影响结果的准确性。抗凝剂是加入血液样品中防止或延缓其凝集的化学物质。目前,宠物临床上常用的抗凝剂有肝素、乙二胺四乙酸(EDTA)、草酸盐和柠檬酸盐、氟化钠等。

（1）肝素。肝素是最适合用于血液化学分析的抗凝剂，主要作用机理是通过阻止凝血过程中凝血酶原向凝血酶转化而发挥抗凝作用。其优点是抗凝能力强、不影响血细胞体积、不引起溶血。肝素内含有钠盐、钾盐、锂盐或铵盐制剂，不可用于血涂片的分类计数，否则会引起白细胞凝集和干扰白细胞正常着色。通常将肝素钠粉剂（每毫克含肝素100~125 U）配成1 g/L的溶液，取0.5 mL放入小瓶中，37~50 ℃烘干后，可抗凝5 mL血液。

（2）EDTA。EDTA是血液学检查的首选抗凝剂，因为其不改变细胞形态，主要是通过与钙形成不溶的复合物而阻止血液凝固，因此不可用于血液中钙、钠及含氮物的测定。将其配成100 g/L的溶液，每两滴可使5 mL血液抗凝。一般商品化的真空管内含有适量的EDTA，过量的EDTA会造成细胞收缩，导致用自动分析仪进行细胞计数时的结果无效。

（3）草酸盐和柠檬酸盐。草酸盐和柠檬酸盐主要通过与钙形成不溶性复合物而阻止血液凝固，不能用于血细胞比容和红细胞形态学测定，也不能用于血钾和血钠的测定。

（4）氟化钠。氟化钠作为抗凝剂时，每毫升血液应加入6~10 mg氟化物。目前，商品化的含适量氟化钠的真空采集管已经上市，因氟化钠干扰许多项血清酶检测，故不适合作为血液生化分析时的血液抗凝剂。

红细胞是血液中数量最多的一种细胞，其主要的生理功能是运输氧气和二氧化碳，维持机体内环境的动态平衡。通过红细胞计数和血红蛋白测定，可以诊断有关疾病。

【注意事项】

（1）采血要保证无菌操作。

（2）血液采集后，要轻拿轻放，防止溶血。

【课后思考题】

（1）常见的血液采集部位有哪些？

（2）常见的抗凝剂有哪些？

（编者：杨凌宸）

实习四

血细胞计数法

【实习目的】

(1)掌握血常规检查的原理、操作方法及各个指标的临床意义。

(2)掌握动物血涂片制备的操作方法、染色方法及判读方法。

(3)学生通过动物保定、血常规检测实习,巩固自身的理论知识,提高实践操作能力和动手能力。

【知识准备】

复习犬、猫保定及采血方法;复习血液的主要成分及主要生理功能;预习血常规检查的相关内容,包括哪些指标,了解各个指标对诊断有什么意义。

【实习用品】

1. 实习动物

到动物医院就诊的犬或猫。

2. 实习设备与材料

全自动血液分析仪、载玻片、保定绳、伊丽莎白项圈、猫袋、保定台、Diff-Quik染色液、抗凝管、载玻片、移液器、光学显微镜、注射器、离心机等。

【实习内容】

实验分组与动物准备:学生分为6组,每组4~5人,轮流进行操作。采样时动物保定确实,防止人被咬伤。首先由教师讲述此次实习的主要内容、实习流程、注意事项等,然后学生根据实习教材进行实习,轮流进行操作。学生首先对实习动物进行采血,按照规定步骤进行检测,获得检测结果后,结合动物病情进行分析,并与教师进行讨论,最后由教师进行总结。

(一)血常规检查

血常规检查通过检测血细胞的数量变化及形态分布判断血液状况,为诊断动物疾病提供依据。目前,随着科技的发展,动物医院多采用全自动血液分析仪进行血常规检查。根据白细胞的分类功能不同,全自动血液分析仪又可分为三分类和五分类(白细胞分类)血液分析仪。全自动血液分析仪已成为临床实验室最常用的仪器,血常规检查项目主要包括:白细胞计数(WBC)、血小板计数(PLT)、红细胞计数(RBC)、血细胞比容(HCT)、血红蛋白(HGB)、红细胞平均血红蛋白量(MCH)、红细胞平均血红蛋白浓度(MCHC)、红细胞分布宽度(RDW)、网织红细胞计数(RETIC)及网织红细胞百分比(RETIC%)等。

血常规检查一般使用静脉血,采集血液后,拔掉采血针针头,将血液注入含有EDTA-2K或EDTA-2Li抗凝剂的试管中,充分混匀后,严格按照仪器操作说明进行检测。学生在使用全自动血液分析仪前,应熟悉仪器的操作步骤、校准方法、维护方法和注意事项。检测结束后,核对检测结果并将结果打印或上传至病历管理系统,正确处理废弃物和清洁工作区域。

(二)各个指标的临床意义

犬猫血常规检查的判读主要依据犬猫血常规各个指标的正常参考值,仪器根据设定的正常参考值自动给出检测结果,在检测报告上自动显示出各个指标检测结果并提示正常、升高或降低。检测结果及各个指标的临床意义,为动物疾病的诊断及治疗提供参考依据。血常规各个检测指标的临床意义如下。

(1)红细胞计数(RBC):有显微镜计数法和血液分析仪法两种方法。相对性红细胞增多,是由血浆量减少,血液浓缩引起的,常见于下痢、呕吐、饮水不足等。绝对性红细胞增多由红细胞增生所致,见于充血性心力衰竭、慢性肺气肿、肺肿瘤等。红细胞数和血红蛋白量减少,见于各种类型贫血。

(2)血红蛋白(HGB):血红蛋白增多主要见于脱水,也见于真性红细胞增多症。其特点是红细胞持续性显著增多,全身总血量也增加,犬和猫都有发生。血红蛋白减少主要见于各种贫血。

(3)红细胞平均体积(MCV):升高,见于营养不良性巨幼红细胞性贫血;降低,见于小细胞低色素性贫血、全身性溶血性贫血。

(4)红细胞平均血红蛋白量(MCH):指每个红细胞内所含血红蛋白的平均量,以皮克(pg)为单位。降低,常见于单纯小细胞性贫血、小细胞低色素性贫血,也见于缺铁、慢性失血等;升高,常见于大细胞性贫血。

(5)红细胞平均血红蛋白浓度(MCHC):对贫血的鉴别有一定的价值。

(6)血细胞比容(HCT):是一种间接反映红细胞数量、大小及体积的指标。结合红细胞计数和血红蛋白指标,可计算红细胞平均值,有助于贫血的形态学分类。升高,常见于剧烈运动,以及各种原因所致的血液浓缩(腹泻、呕吐等导致的脱水);降低,见于各种贫血或使用了某些药物(干扰素、青霉素)。

(7)红细胞分布宽度(RDW):指的是样本血液中红细胞大小和形状的一致程度。宽度越大,说明样本血液红细胞大小和形状越不一样,超过正常值多提示各种贫血、造血异常或者先天性红细胞异常;分布宽度小,说明样本血液红细胞大小和形态一致,很整齐。

(8)网织红细胞计数(RETIC)及网织红细胞百分比(RETIC%):升高,提示骨髓造血功能旺盛,见于缺铁性贫血、失血性贫血、溶血性贫血等疾病。缺铁性贫血在给予铁剂、维生素B_{12}、叶酸治疗之后,可见网织红细胞数量明显增加。降低,提示骨髓造血功能低下,见于再生障碍性贫血、巨幼细胞性贫血、急性白血病。

(9)白细胞计数(WBC):计数方法有显微镜计数法和血细胞计数仪法。白细胞总数增加,一时性或症状性的称为白细胞增多症,持续性、进行性增多称为白血病;白细胞总数减少,多数是中性粒细胞减少引起的。

(10)嗜中性粒细胞计数(GRANS):嗜中性粒细胞增多,见于某些急、慢性传染病,化脓性疾病,大手术后,外伤,酸中毒前期,烫伤等。嗜中性粒细胞减少,见于病毒性疾病及各种疾病的垂危期,也可见于造血器官机能的抑制和衰竭。

(11)嗜酸性粒细胞计数(EO):嗜酸性粒细胞增多,见于变态反应性疾病、寄生虫病、某些药物的应用、某些皮肤病、血液病、恶性肿瘤、某些内分泌疾病,以及急性传染病开始恢复时。嗜酸性粒细胞减少,见于严重创伤、毒血症、尿毒症、中毒、饥饿及过劳等。

(12)嗜碱性粒细胞计数(BASO):嗜碱性粒细胞的嗜碱性微粒具有抗凝作用。其增多见于过敏性疾病(药物、食物、吸入物过敏),恶性肿瘤,糖尿病,某些传染病。嗜碱性粒细胞在外周血中参考值很低,故其数量减少无临床意义。

(13)单核细胞计数(MONO):单核白细胞属于巨噬细胞,其特殊的酶系统可以清除病原体。单核细胞数量增多见于原虫性疾病、细菌性传染病和一些病毒性传染病,还见于疾病的恢复期。单核细胞数量减少见于急性传染病的初期及各种疾病的濒危期。

(14)淋巴细胞(LYM):淋巴细胞与浆细胞可产生抗体。淋巴细胞数量增多,见于某些慢性传染病、急性传染病的恢复期,某些病毒性疾病及血孢子虫病等。淋巴细胞数量减少,见于内源性皮质类固醇释放增多,如感染、肝、肾、胰和消化系统衰竭,消化道阻塞,休克,外科手术,肾上腺皮质机能亢进,淋巴外渗和放射线照射。

(15)血小板计数(PLT):①血小板减少。血小板生成减少见于再生障碍性贫血、急性白血病等;血小板破坏增多见于原发性血小板减少性紫癜、脾功能亢进等;消耗过多见于弥散性血管内凝血、血栓性血小板减少性紫癜。②血小板增多。原发性见于原发性血小板增多症及骨髓增生异常综合征等;继发性见于急性感染、急性出血及急性溶血等。

(16)平均血小板体积(MPV):MPV增大,可见于骨髓纤维化、原发性血小板减少性紫癜、血栓性疾病及血栓前状态。MPV减小,可见于脾功能亢进、化疗后、再生障碍性贫血、巨幼细胞性贫血等。

（17）血小板分布宽度（PDW）：占比指标是反映血小板容积变异的参数。血小板分布宽度增大，提示血小板体积大小不均，个体间相差悬殊；血小板分布宽度减小，提示血小板减少。

（18）血小板压积（PCT）：只看血小板压积（PCT）的生理意义并不大，因为这个指标受其他血小板参数的影响。PCT的高低可能是MPV或PLT升高或降低引起，可参考MPV或PLT的生理意义。

（三）血涂片制作与染色

在动物临床疾病诊断中，用显微镜检查血涂片是血液学检查中最基本的方法，血涂片用于红细胞、白细胞的形态检查、计数。血涂片制作是一项必备的技能，良好的血片和染色是血液学检查的前提。

1. 血涂片制作

用左手拇指与食指中指夹持一洁净载玻片，用移液器吸取被检血液一滴（约20 μL），置于载玻片右端；选取另一边缘光滑平整的载玻片作为推片，右手持推片置于血滴前方，并轻轻向后移动推片；与血滴接触后，待血液沿推片边缘散开形成一直线，再以30°~40°向前匀速推抹，即形成一层均匀的血膜。血涂层尾端形如弧状或羽毛状，用铅笔标记标本信息，待涂片自然风干后，进行染色镜检。

2. 血涂片染色

血涂片经自然干燥后，进行Diff-Quik染色。Diff-Quik染色法是在Wright染色法基础上改良而来的一种快速染色方法，一般在1 min之内即可完成染色，是细胞学检查中常用的染色方法之一。Diff-Quik染色液的组成如下。

Diff-Quik A液：甲醇固定液，用来固定样本，使样本不易被液相冲脱。

Diff-Quik B液：曙红G染色液。

Diff-Quik C液：噻嗪染色液。

（1）染色方法如下。

①将风干的血涂片放在盛有Diff-Quik A液的染色缸内，将血涂片完全浸没在液体中，固定20 s，用镊子夹起载玻片并倾斜，让多余的液体流回染色缸内。

②将载玻片浸入Diff-Quik B液中，染色10~20 s（可上下提动载玻片2~3次，使染液均匀分布），提起载玻片并倾斜，让多余的染液流回染色缸内。

③将载玻片浸入Diff-Quik C染液中，染色10~20 s（可上下提动载玻片2~3次，使染液均匀分布），提起载玻片并倾斜，让多余的染液流回染色缸内。

④将载玻片浸入蒸馏水中洗掉染液后即可取出，用纸巾擦拭掉背面残余的水分，然后放在显微镜下进行观察。一张染色较好的血涂片，肉眼可见整张片子呈紫色（略泛粉红色）。显微镜下可见红细胞和细胞质通常被染成粉红色，血小板呈紫色。可在油镜下观察各种细胞的

形态,以及是否存在寄生虫感染等。

(2)进行血涂片染色时,需注意以下几点。

①血涂片所需的血液量较少,如所取血量较多,则形成的血膜较厚,不易看清细胞形态,也不利于白细胞分类计数。血滴越大,角度越大,推片速度越快则血膜越厚;反之,血膜越薄。

②推片边缘不整齐、推片速度不均匀、载玻片不清洁都是引起血液涂片不均匀的原因。一张良好的血涂片的标准是:厚薄均匀、头体尾明显、血膜边缘整齐,并留有一定的空隙。

③要控制好染色的时间,过长或过短都会影响血涂片染色的效果。

④滴加的缓冲液要混合均匀,以免染出的血涂片颜色深浅不一。冲洗时应将蒸馏水直接往血膜上倾倒,使液体从血片的边缘溢出,沉淀物从液面浮去。切勿将染液倾去后再冲洗,会导致沉淀物附着于血膜上不易冲掉。

3. 红细胞检查

将染好色的血涂片放置于显微镜下,观察红细胞的分布、形态等。

(1)红细胞分布。

①成串排列:血纤维蛋白原增加(有炎症存在)、白蛋白减少。

②凝集反应:冷凝集素综合征、自身免疫性溶血性贫血。

(2)红细胞的颜色受到以下因素影响。人为因素,血涂片的染色时间、染色液的pH值、水洗时间及水的pH值等,通常染色标本边缘的红细胞着色较深。另外,红细胞还有正色素性、低色素性、高色素性和多染性等异常情况。

(3)红细胞大小。大细胞指直径大于10 μm的红细胞,常见于叶酸、维生素B_{16}缺乏所导致的巨幼细胞贫血,溶血性贫血和骨髓增生异常综合征。小红细胞指直径小于6 μm的红细胞,见于缺铁性贫血、珠蛋白生成障碍性贫血。高色素性小细胞、低色素性小细胞、低色素性红细胞的大小不同。

(4)红细胞的形态异常。

①棘形红细胞:是人为因素造成的,见于抗凝剂过多、血片干燥太慢或使用高渗液冲洗(图2-4-1A)。

②有突红细胞:见于肝损害、尿毒症等代谢性疾病。

③靶形红细胞:见于肝、脾疾病及其他慢性疾病。

④球形红细胞:见于自身免疫性溶血性贫血、弥散性血管内凝血(图2-4-1B)。

⑤梨形红细胞:见于弥散性血管内凝血、高胆固醇血症、高脂血症。

⑥皱褶红细胞:见于血片涂抹过厚、溶血性贫血、烧伤、铅中毒、全身性红斑狼疮。

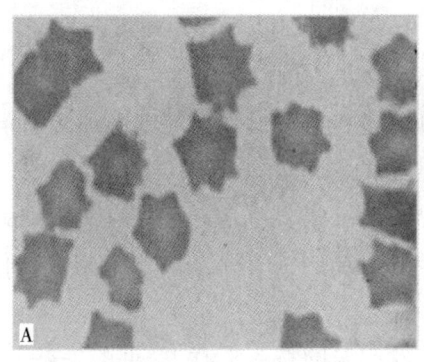

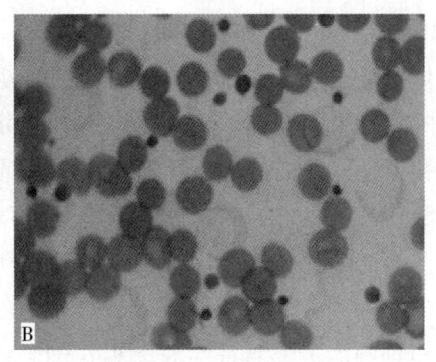

A.棘形红细胞(摘自《动物医院基础临床技术》);B.球形红细胞(瑞派普悦动物医院提供)

图2-4-1　不同形态的红细胞

(5)红细胞内的包涵物。

①海恩茨小体:用新甲基蓝溶液做湿片染色易于见到。见于洋葱中毒、海恩茨小体性贫血(原因不明)、高血红蛋白血症、6-磷酸葡萄糖脱氢酶缺乏以及长期投予泼尼松等抑制脾脏功能的药物等(图2-4-2A)。

②嗜碱性斑点:见于铅中毒。

③乔氏小体:见于贫血的恢复期。

④犬瘟热包涵体:粉红色,呈各种形态,见于犬瘟热的某一时期。只有当淋巴细胞渐进性减少时,犬瘟热包涵体才具有诊断价值。

⑤有核红细胞:见于3月龄之前的幼犬,贫血的恢复期(伴有多染性红细胞)、铅中毒、骨髓增殖性疾病(不伴有多染性红细胞)。

(6)红细胞内寄生虫。

①巴贝斯虫寄生于红细胞内,是犬的地方病(图2-4-2B)。

②犬巴尔通体呈线状寄生于红细胞表面。并发于脾摘除、肿瘤及长期投予抑制性药物或抗癌药物时。

(7)血红蛋白结晶样物质,见于各种贫血及白血病化疗时。

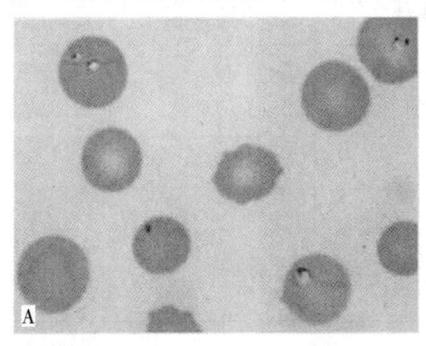

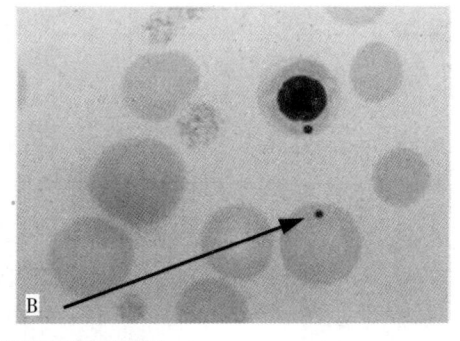

(摘自《动物医院基础临床技术》)
A.海恩茨小体;B.巴贝斯虫

图2-4-2　红细胞内的包涵物和寄生虫

4. 白细胞检查

先在低倍镜视野下观察血片上白细胞的分布情况,一般是粒细胞、单核细胞及体积较大的细胞分布于血片的上缘、下缘及尾端,淋巴细胞多在血片的起始端。滴加显微镜油(香柏油),在油镜下进行分类计数。计数时,为避免重复和遗漏,可用四区、三区或中央曲折计数法推移血片,记录每一区的各种白细胞数。连续观察2~3张血片,最少计数100个细胞,计算出各种白细胞的百分比。记录时,可用白细胞分类计数器,也可事先设计一表格,用画"正"字的方法记录,以便于统计百分数。

各种白细胞的形态特征主要表现在细胞核及胞浆的特有形状上(见图2-4-3和表2-4-1),各种常见动物白细胞分类平均值(%)见表2-4-2。

嗜中性粒细胞　　　　嗜酸性粒细胞

嗜碱性粒细胞　　淋巴细胞　　单核细胞

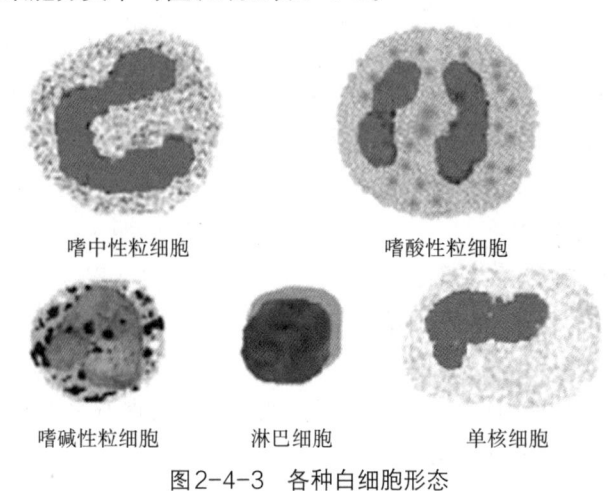

图2-4-3　各种白细胞形态

表2-4-1　各种白细胞的形态特征

白细胞分类	细胞核					胞浆			
	位置	形状	颜色	核染色质	细胞核膜	数量	胞浆颜色	透明带	颗粒
嗜中性幼年型	偏心性	椭圆形	红紫色	细致	不清楚	中等	蓝色、粉红色	无	红或蓝,细致或粗糙
嗜中性杆状核	中心或偏心性	马蹄形、腊肠形	淡紫蓝色	细致	存在	多	粉红色	无	—
嗜中性分叶核	中心或偏心性	3~5叶者居多	深蓝紫色	粗糙	存在	多	浅粉红色	无	粉红色或紫红色
嗜酸性粒细胞	中心或偏心性	2~3叶者居多	较淡,紫蓝色	粗糙	存在	多	蓝色、粉红色	无	深红,分布均匀,马的最大,其他动物次之

续表

白细胞分类	细胞核					胞浆		
	位置	形状	颜色	核染色质	细胞核膜	数量	胞浆颜色	透明带	颗粒

白细胞分类	位置	形状	颜色	核染色质	细胞核膜	数量	胞浆颜色	透明带	颗粒
嗜碱性粒细胞	中心性	叶状核不太清楚	较淡,紫蓝色	粗糙	存在	多	淡粉红色	无	蓝黑色,分布不均匀,大多在细胞的边缘
淋巴细胞	偏心性	圆形或微凹入	深蓝紫色	大块、中等块,致密	存在	少	天蓝色、深蓝色或淡红色	胞浆深染时存在	无或极少数
大单核细胞	偏心或中心性	豆形、"山"字形或椭圆形	淡紫蓝色	细致网状,边缘不齐	存在	很多	灰蓝色或天蓝色	无	很多,非常细小,淡紫色

表2-4-2 各种常见动物白细胞分类平均值

项目	犬	猫	马	项目	犬	猫	马
嗜中性分叶粒细胞/%	60~70	35~75	30~75	嗜酸性粒细胞/%	2~10	2~12	1~10
嗜中性杆状粒细胞/%	0~3	0~3	0~1	淋巴细胞/%	12~30	20~55	25~40
嗜中性晚幼粒细胞/%	—	—	0~1	单核/%	3~10	1~4	1~8
嗜碱性粒细胞/%	0	0	0~3				

注:"—"表示不存在。

【课后思考题】

(1)小动物临床上哪些病症建议检测血常规?

(2)小动物临床上哪些病症建议检测凝血?

(3)纤维蛋白原在凝血中的临床意义是什么?

(编者:杨凌宸、封海波)

实习五

血气及电解质检查

【实习目的】

(1)掌握小动物常用的采血方法。

(2)掌握小动物血气及电解质检查的临床意义。

(3)掌握动物血气及电解质检查的基本操作技术及判读标准,对结果进行准确解读。

(4)让学生在动物保定、采血的实习过程中,巩固自身的理论知识,提升实践操作能力,形成较强的实验室检测能力。

【知识准备】

复习犬猫常规生理指标,了解犬猫临床保定方法。

【实习用品】

1. 实习动物

到动物医院就诊的犬或猫。

2. 实习设备与材料

保定绳、伊丽莎白项圈、猫袋、保定台、血气检测仪、试管等。

【实习内容】

1. 实验分组与动物准备

学生分为6组,每组4~5人。首先由教师讲述此次实习的主要内容、实习流程、注意事项等,然后学生根据实习教材轮流进行操作。先对实习动物进行采血,按照规定步骤进行检测,获得检测结果后,进行分析,并与教师进行讨论,最后由教师进行总结。采样时动物要保定确实,防止人被咬伤。

2. 血气检测的仪器及操作

血气分析及电解质检查是用于动物疾病诊断、治疗和预后判断等必不可少的实验室检验项目，也是宠物医生助理必须掌握的操作之一。血气分析仪可分为单独的血气分析仪、血气电解质分析仪，以及血气电解质联合葡萄糖和乳酸等多参数模块的组合式分析仪。根据检测原理的不同，血气分析仪分为干式分析仪和湿式分析仪两种，动物医院常用干式分析仪。血气检测项目包括酸碱度(pH)、二氧化碳分压(PCO_2)、血浆二氧化碳总量(TCO_2)、氧分压(PO_2)、血氧饱和度(SpO_2)、碳酸氢根离子(HCO_3^-)和剩余碱(BE)。电解质检测项目包括Na^+、K^+、Cl^-和Ca^{2+}。检测人员应熟练掌握血气分析仪的操作方法，定期做好仪器维护与校准。仪器厂家不同，检测指标参考值会稍有差别。犬猫血气和电解质分析正常参考范围见表2-5-1所列。在测定动脉血气之前，应对患病动物的身体状况进行评估，了解动物的呼吸状况，若对正在吸氧的动物或需要呼吸机支持呼吸的动物的状况进行评估，则需要先了解吸氧机或呼吸机设置的参数；另外，还需评估患病动物穿刺部位皮肤及动脉搏动情况。血气分析一般检测动脉血全血，检测结束后，打印检测结果或将结果上传至病历管理系统中，并清洁工作区域。图2-5-1所示为全自动血气检测仪。

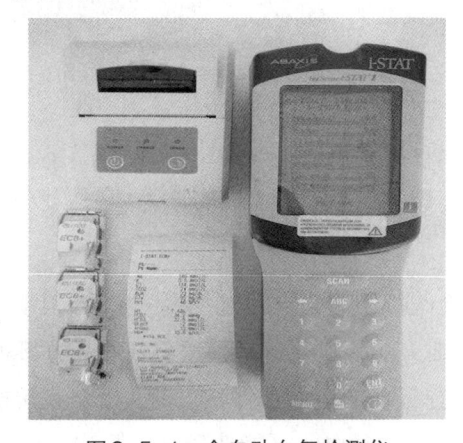

图2-5-1 全自动血气检测仪

3. 血气检测的操作步骤

检测步骤如下(图2-5-2)：

①实验动物采血；

②放入含有肝素锂的采血管；

③血样灌入试剂盘；

④插入分析仪，自动分析。

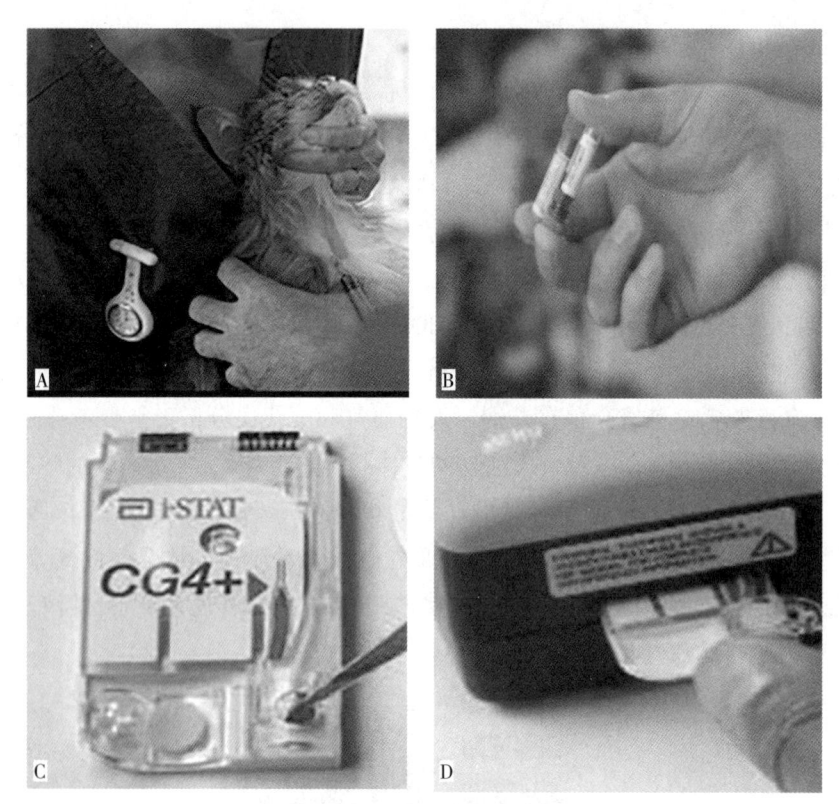

A.实验动物静脉采血;B.将血样放入含有肝素锂的采血管;C.血样灌入试剂盘;D.插入分析仪自动分析

图 2-5-2 血气检测的操作流程及结果

4. 血气检测注意事项

目前,小动物临床检测血气都使用全自动血气检测仪器,但动物采血需要人工采血,可参考前面小动物血液检测的采血方法。血气分析采血有一些注意事项,如下。

(1)在采集血样之前,选择正确的注射器针号。针头规格视患病动物体型而异,使用静脉管径大小允许的最大直径针头,将溶血的可能性降至最低(图2-5-3)。采集患病动物的血样时要格外小心,因为它们的红细胞比较脆弱。

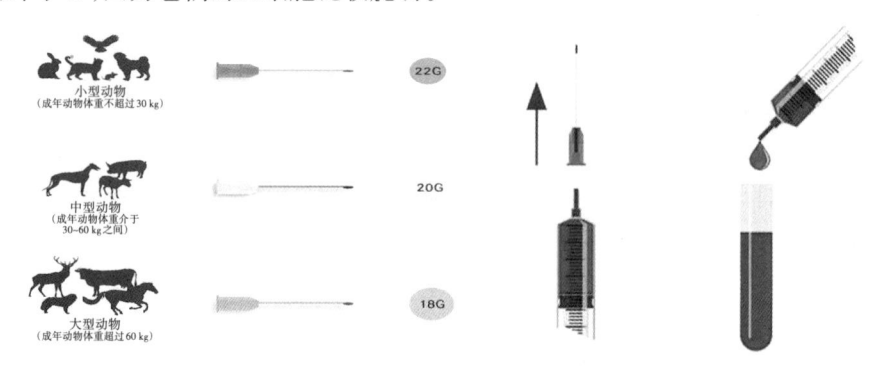

图2-5-3 采血针的选择图和采集的血样加入检测管的方法

(2)使用注射器采集血样后,将血样转移到适当的采血管中,或者直接将血样抽入适当的采血管中。在将血样注入采血管之前,请确保取下了采血管的管帽和注射器的针头,避免发生溶血现象(图2-5-3)。

①血气分析原则上应采用动脉血,但在小动物临床上,动脉血采集困难,可采集静脉血进行血气分析,注意应对照静脉血的相关测定值进行分析。

②不同动物的采血部位不同。大中体型的犬,可在前肢臂头静脉、后肢的跖背侧静脉和隐外侧静脉采血;猫和体型较小的犬,可在颈静脉和后肢内侧的隐静脉采血。

③采血部位的皮肤应完整,无刀伤、咬伤、发绀、水肿、炎症及严重的皮肤病等。

④应使用肝素(锂)抗凝的血样进行血气分析,并保证血液量与抗凝剂的比例合适,血液比例过高,易出现微凝块,导致生化检验结果不准确。

⑤若血样中混入组织液,检测出来的参数,并不能反映机体的真实水平。这种情况下,建议重新采集血样进行生化检验/血气测定。

⑥尽量减少血样与空气接触的时间,采样后10 min内进行测定。

⑦市面上大多数血气检测仪需要在一定温度下才能正常运行(16~30 ℃)。

5. 血气分析及电解质检查各个指标的临床意义及判读

正常犬、猫血气和电解质分析正常参考范围见表2-5-1。

表2-5-1 正常犬、猫血气和电解质分析正常参考范围

指标	单位	犬	猫
pH	—	7.36~7.44	7.36~7.44
PCO_2	mmHg	36.00~44.00	28.00~32.00
TCO_2	mmol/L	25.00~27.00	21.00~23.00
PO_2	mmHg	90.00~100.00	90.00~100.00
SpO_2	%	>95.00	>95.00
HCO_3^-	mmol/L	24.00~26.00	20.00~22.00
BE	mmol/L	-5.00~0.00	-5.00~2.00
Na^+	mmol/L	144.00~160.00	150.00~165.00
K^+	mmol/L	3.50~5.80	3.50~5.80
Cl^-	mmol/L	109.00~122.00	122.00~129.00
Ca^{2+}	mmol/L	1.25~1.50	1.13~1.38

（1）pH：注意血液pH正常并不代表能排除酸碱平衡紊乱，因为代偿性单纯型或复合型酸碱平衡紊乱时血液pH都可能在正常范围内。因此，只有结合其他酸碱指标、生化检验结果及病史，才能正确判断酸碱失衡情况。温度对pH结果有一定影响，患畜体温每升高1 ℃，pH就升高0.0147。但是，多数血液气体分析仪都已经作了自动校正。

（2）二氧化碳分压（PCO_2）：指血浆中物理溶解的二氧化碳所产生的压力，反映酸碱平衡中的呼吸因素。PCO_2轻度增加可刺激呼吸中枢，当达到一定分压时，有抑制呼吸中枢导致呼吸衰竭的危险。

（3）氧分压（PO_2）：指血浆中物理溶解的氧气产生的压力，是反映气体运输的参数。动脉血氧分压（PaO_2）可提示肺部的氧交换能力，静脉血氧分压（PvO_2）可以提示外周组织利用氧的情况。

（4）血浆二氧化碳总量（TCO_2）：指血浆中以各种形式存在的二氧化碳的总和，包括碳酸氢根（HCO_3^-，95%）、少量物理溶解的二氧化碳及极少量的以其他形式存在的二氧化碳。在体内受呼吸与代谢（主要因素）两个因素的影响。

（5）碳酸氢根（HCO_3^-）：是反映代谢方面的指标。实际碳酸氢根（AB），指实际血浆中HCO_3^-的含量，受代谢和呼吸双重影响[当动脉血二氧化碳分压（$PaCO_2$）升高时，HCO_3^-升高]。

（6）剩余碱（BE）：反映总的缓冲碱的变化，只反映代谢变化，不受呼吸因素影响。

（7）血氧饱和度（SpO_2）：监测动脉血氧饱和度可以对肺的氧合和血红蛋白携氧能力进行估计，血液携带、输送氧气的能力用血氧饱和度来衡量。

（8）血清钠（Na^+）：血清钠含量升高多见于肾上腺皮质功能亢进或原发性醛固酮增多症、失水性脱水、过多输入高渗盐水及食盐中毒。血清钠含量降低，见于胃肠道失钠，例如幽门梗阻、呕吐、腹泻、引流等。钠排出量增多，可见于严重肾盂肾炎、肾小管严重损害、肾上腺皮质功能不全、糖尿病、服用利尿剂、皮肤失钠等，也见于抗利尿激素过多、肾病综合征的低蛋白血症、肝硬化腹水等。

（9）血清钾（K^+）：血清钾含量增高，见于肾上腺皮质功能减退症、急性或慢性肾功能衰竭、休克、组织挤压伤、严重溶血、口服或注射含钾液过多等。血清钾含量降低，常见于钾盐摄入不足，严重腹泻、呕吐，肾上腺皮质功能亢进、服用利尿剂、胰岛素作用等。

（10）血清氯（Cl^-）：血清氯含量增高，见于高钠血症、呼吸碱中毒、高渗性脱水、肾炎少尿及尿道阻塞。血清氯含量降低，见于低钠血症，严重呕吐、腹泻，胃液、胰胆汁液大量丢失，肾上腺皮质功能减退症。

（11）血清钙（Ca^{2+}）：血清钙含量升高，见于甲状旁腺功能亢进症、内服和注射维生素D过量、多发性骨髓瘤、胃肠炎和由于脱水而发生酸中毒时。血清钙含量降低，见于甲状旁腺功能减退症、维生素D缺乏、软骨病、产后低钙血症、慢性肾炎及尿毒症等。

【课后思考题】

(1)小动物出现哪些临床症状建议检测血气?

(2)剩余碱(BE)测定的临床意义是什么?

(编者:吴柏青)

实习六

血生化与血凝检查

【实习目的】

(1) 掌握血生化、血凝检查的临床意义。

(2) 掌握动物血生化、血凝检查的基本操作技术及判读方法。

(3) 学生通过动物保定、采血及血生化、血凝检测实习,巩固自身的理论知识,提升实践操作能力。

【知识准备】

(1) 复习犬猫保定及采血方法。

(2) 复习血生化指标的生理意义。

(3) 了解凝血的生理过程、影响机体血液凝固的因素,以及血液凝固对机体的生理意义。

【实习用品】

1. 实习动物

动物医院中就诊或预约手术的犬或猫。

2. 实习设备与材料

保定绳、伊丽莎白项圈、猫袋、保定台、全自动干式生化仪、凝血检测仪、抗凝管、离心机等。

【实习内容】

1. 实验分组与动物准备

学生分为6组,每组4~5人。先由教师讲述此次实习的主要内容、实习流程、注意事项等,然后学生根据实习教材轮流进行操作。学生对实习动物进行采血,按照规定步骤进行检测,获得检测结果后进行分析,并与教师进行讨论,最后由教师进行总结。采样时动物要保定确实,防止有人被咬伤。

2. 生化分析仪的认识与使用

血液生化检查是指用生物或化学的方法对动物的健康状况进行评估的方法,生化检查项目一般包括血糖、血脂、肝功能、肾功能、离子、淀粉酶和心肌酶等。根据样品与试剂发生的化学反应是否为固相化学反应,可以将生化分析分为干化学式和湿化学式生化分析。干化学式生化分析是将液体样品直接加到已固化于特殊结构上的试剂载体(即干式化的试剂)中,以样品中的水为溶剂,将固化在载体上的试剂溶解后,再与样品中的待测成分进行化学反应,从而进行分析测定。湿化学式生化分析是在反应容器中加入液态试剂和样品,混合后发生化学反应。不论是干化学式还是湿化学式生化分析仪,仪器负责人都必须熟练掌握仪器的操作方法,经常检查试剂的有效期,定期做好仪器维护与校准。仪器不同,检测指标参考值会稍有差别。

3. 生化检查样品的准备

生化检查通常是检测血清,采血时可选用无抗凝剂采血管或含促凝剂采血管,采血后颠倒混匀,让血液与促凝剂充分混合后,在室温下或37 ℃水浴20 min,待血清析出,3000~3500 r/min离心10~15 min,取血清检测生化指标。根据不同生化分析仪的功能特点,也可以使用肝素抗凝的采血管,颠倒混匀,离心,吸取血浆上机检测。如果4 h后才能检测,需将血浆/血清样品保存于2~8 ℃冰箱中。如超过48 h才能检测,需要将血浆/血清样品冻存于-20 ℃以下的冰箱中。

4. 检测步骤

各种生化分析仪的功能特点不同,检测的操作各有差异,以SMT-120V兽用全自动生化分析仪的检测为例。SMT-120V能够检测常见的14个生化项目(综合诊断、健康检查、急重症、肝功能、肾功能、电解质能、术前检测等),同时还能进行C反应蛋白(CRP)和血凝四项检测。现在,市面上有很多常见的生化指标试剂盘和CRP试剂盘、含血凝四项的试剂盘。操作者只需将90~120 μL血液样本(肝素钠抗凝全血、血浆、血清)加入事先选定的试剂盘加样孔内,然后将试剂盘放入分析仪的托盘里即可自动完成检测,约12 min自动显示分析结果并打印出来(图2-6-1)。

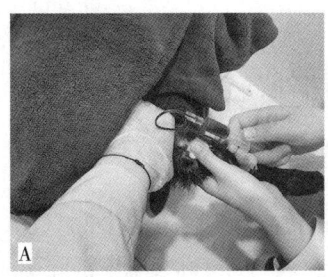

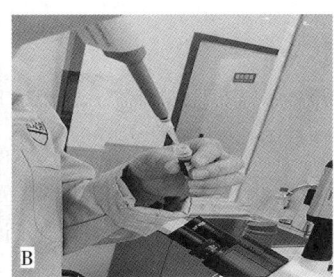

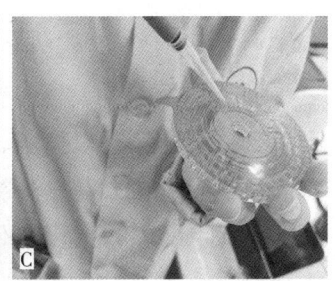

A.待检动物采血;B.血样加到含柠檬酸钠的抗凝管中;C.样品放入凝集试剂盒进行自动检测

图2-6-1 小动物血凝及生化检测的操作流程

5. 血液生化检查常见检测指标的临床意义及判读

血液生化检查是动物临床上一个非常重要的诊断手段,对于疾病的诊断和治疗具有重要的意义。血液生化分析仪在临床上应用比较广泛,具有操作简单、方便的优点。犬猫血液生化检查结果的判读主要依据犬猫血生化的正常参考值,仪器根据设定的正常参考值自动给出检测结果,在检测报告上提示正常、升高或降低,各年龄段犬猫血生化的正常值略有变化。兽医根据检测结果及各个指标的临床意义对动物疾病的诊断及治疗做出判断。

(1)评估各个器官系统功能的常见生化指标。

肝功能:白蛋白、总蛋白、总胆红素、总胆汁酸、直接胆红素、天冬氨酸转氨酶、丙氨酸转氨酶、γ-谷氨酰转移酶、胆碱酯酶、碱性磷酸酶。

肾功能:尿素氮、肌酐、尿酸、血磷、尿蛋白-肌酐比值。

心功能:乳酸脱氢酶、血钾、血钙、肌酸激酶。

血糖血脂:葡萄糖、甘油三酯、酮体、胆固醇、高密度脂蛋白胆固醇、低密度脂蛋白胆固醇。

电解质:钾、钠、氯、碳酸氢盐、镁、无机磷、钙。

胰腺:淀粉酶。

内分泌:碱性磷酸酶、肌酸激酶、葡萄糖、胆固醇、钙、磷、钠、钾、镁、总蛋白、甲状腺素。

(2)各个检测指标的临床意义。

①血糖:

血糖增高。生理性高血糖:餐后。病理性高血糖:糖尿病、颅外伤、颅内出血、脑膜炎。

血糖降低。生理性低血糖:饥饿。病理性低血糖:胰岛 B 细胞增生或胰岛 B 细胞瘤、垂体前叶功能减退、肾上腺功能减退、严重肝病。

②血清总蛋白、白蛋白及球蛋白:

总蛋白增高:重症脱水、水分摄入障碍的失水、糖尿病、酸中毒和休克。

总蛋白减少:长时间重度蛋白尿的各种肾病、肝硬化、营养不良、重度甲状腺功能亢进、中毒、大量出血及贫血。

白蛋白增高:严重腹泻、呕吐、饮水不足、烧伤造成的脱水及大出血,致使血浆浓缩从而白蛋白相对增高。

白蛋白减少:见于以下几种情况。

a.白蛋白丢失过多:动物患肾病综合征时,由于大量蛋白排出导致白蛋白极度减少。另外,严重出血,大面积烧伤,胸腔、腹腔积水也可使白蛋白减少。

b.白蛋白合成功能不全:慢性肝脏疾病、恶性贫血和感染。

c.蛋白质摄入量不足:营养不良、消化吸收功能不良、哺乳期蛋白质摄入量不足。

d.蛋白质消耗过大:糖尿病及甲状腺功能亢进,各种慢性、热性、消化性疾病,感染和外伤等。

e.球蛋白增高：肝硬化、丝虫病、肺炎、结核病等。

③肌酸磷酸激酶：对心肌、骨骼肌损失及肌营养不良的诊断有特异性。肌酸磷酸激酶增高，常见于进行性肌萎缩、脑损伤，以及不适当地注射抗生素。肌酸磷酸激酶数值降低，无临床意义。

④谷草转氨酶：血清谷草转氨酶活性升高，见于急性肝炎、肝硬化、心肌炎及骨骼肌损伤。血清谷草转氨酶活性降低，见于吡哆醇缺乏和大面积肝坏死。

⑤丙氨酸转氨酶：犬类许多组织、器官中含有丙氨酸转氨酶，以肝脏中的含量最高。血清丙氨酸转氨酶活性升高，见于犬传染性肝炎、猫传染性腹膜炎、肝脓肿和胆管阻塞、甲状腺功能降低、心脏功能不足、严重贫血和休克等。

⑥γ-谷氨酰转移酶：增高，见于肝癌、阻塞性黄疸、胰腺疾病、肝损害。

⑦血清乳酸脱氢酶：血清乳酸脱氢酶存在于肝脏、心肌、骨骼肌、肾脏等组织、器官中。肌肉损伤、患肝脏疾病、贫血或急性白血病时，血液中血清乳酸脱氢酶含量会升高。

⑧血清胆红素：胆红素增高，见于溶血性黄疸及各种溶血性疾病、胆道阻塞、肝脏疾病、各种中毒性肝炎、传染性肝炎、肿瘤、肝胆寄生虫病等。胆红素降低，见于再生障碍性贫血及各种继发性贫血。

⑨血清直接和间接胆红素：有溶血性黄疸，但无肝细胞损害时，直接胆红素一般正常或低于间接胆红素的25%。胆汁滞留时，直接胆红素较间接胆红素常常先升高后恢复正常。直接和间接胆红素，用于轻微肝损害的检查较敏感，但对鉴别肝或肝外阻塞性黄疸并不十分可靠。

⑩肌酐：是肾脏潴留含氮废物的血清生化指标，测定血清肌酐通常用于评估肾小球的功能。

⑪尿素氮：增高，见于急性肾小球肾炎、肾病晚期、肾衰、慢性肾炎、中毒性肾炎、前列腺肿大、尿路结石、尿路狭窄、膀胱肿瘤。降低，见于严重的肝病。

⑫尿蛋白/肌酐比值：尿液中的白蛋白和肌酐比值（尿蛋白/肌酐）用于监测尿蛋白的排出情况，是一种简便的检测肾小球损伤的指标。比值升高提示肾小球损伤。

⑬血磷：增高，常见于肾功能不全、甲状旁腺功能低下、淋巴细胞白血病、骨质疏松症、骨折愈合期。降低，常见于呼吸性碱中毒、甲状腺功能亢进、溶血性贫血、糖尿病酮症酸中毒、肾衰、长期腹泻、吸收不良。

⑭淀粉酶：增高，常见于急慢性胰腺炎、胰腺癌、胆道疾病、胃穿孔、唾液腺炎等。降低，常见于肝脏疾病，如肝癌、肝硬化。

⑮肌酸激酶：增高，常见于心肌梗死、皮肌炎、营养不良、肌肉损伤、甲状腺功能减退等病症。

⑯碱性磷酸酶：增高，常见于骨折愈合期、转移性骨瘤、阻塞性黄疸、急性肝炎或肝癌、甲亢、佝偻病。降低，常见于重症慢性肾炎、甲状腺功能不全、贫血。

⑰甲状腺素:增高,常见于甲亢、急性甲状腺炎、急性肝炎、肥胖病。降低,常见于甲状腺功能减退、全垂体功能减退症、下丘脑垂体病变等。

⑱胆固醇:增高,常见于甲状腺毒症、糖尿病。降低,常见于甲状腺功能亢进、营养不良、慢性消耗性疾病。

6. 凝血相关指标的临床意义及判读

凝血四项是在术前了解宠物的止凝血功能有无缺陷、评估手术是否能够开展、防止术中大出血的重要检测项目,是动物手术前必须要进行检测的项目。凝血四项需要抽取动物全血或血清进行检测,包括凝血酶原时间(PT)、活化部分凝血活酶时间(APTT)、凝血酶时间(TT)、纤维蛋白原(FIB)四个部分。

(1)凝血酶原时间(PT)。

凝血酶原时间是在待检血浆中加入钙离子和组织因子,观测到的血浆的凝固时间。报告形式为秒数和国际标准值(INR)。

凝固时间延长:多见于先天性的凝血因子缺乏、严重的肝脏疾病、维生素K缺乏、弥散性血管内凝血、使用过抗凝血药物、纤溶亢进症。

凝固时间缩短:提示血液处于高凝状态,多见于弥散性血管内凝血高凝期、血栓类疾病、心肌梗死、多发性骨髓瘤等。

正常参考范围:犬,5~15 s;INR为0.5~1.6。猫,6~15 s;INR为0.6~1.6。

(2)活化部分凝血活酶时间(APTT)。

APTT是在待检血浆中加入活化的部分凝血活酶试剂和钙离子后,血浆凝固所需要的时间。APTT反映血浆中凝血因子Ⅻ、Ⅷ、Ⅸ、Ⅺ水平,是目前判断内源性凝血因子缺乏最可靠、最常用、最敏感的检测项目。

凝固时间延长:见于凝血因子以及纤维蛋白缺乏,血友病,口服抗凝剂后,血液中抗凝物质如肝素增多,肝脏疾病,肠道灭菌综合征等。

凝固时间缩短:见于高凝状态、血栓性疾病。

正常参考范围:犬为15~45 s,猫为15~43 s。

(3)凝血酶时间(TT)。

TT是在待检血浆中加入标准凝血酶以后,血液凝固所需的时间。

凝固时间延长:见于血浆纤维蛋白原减少或结构异常,临床应用肝素,或在患肝病、肾病及系统性红斑狼疮时的肝素样抗凝物质增多,纤溶蛋白溶解系统功能亢进。

凝固时间缩短:见于血液中有钙离子存在或血液呈酸性等。

正常参考范围:犬为8~20 s,猫为9~19 s。

(4)纤维蛋白原(FIB)。

FIB是由肝细胞合成和分泌的一种糖蛋白,是参与凝血和止血过程的重要蛋白。FIB是在凝血过程中,凝血酶切除血纤蛋白原中的血纤肽A和血纤肽B后而生成的单体蛋白质。

浓度升高:见于应激状态、妊娠后期、手术后、肝脏疾病、急性心肌梗死、急性传染病、结缔组织病、急性肾炎、多发性骨髓瘤、休克、急性感染、恶性肿瘤。

浓度降低:见于无纤维蛋白原或低纤维蛋白原血症、感染、休克、手术后、慢性肝炎、肝硬化、弥散性血管内凝血。

正常参考范围:犬 1~3 g/L,猫 1~2.5 g/L。

【课后思考题】

(1)反映肝功能的生化指标主要包括哪些?
(2)反映肾功能的生化指标主要包括哪些?
(3)小动物临床上出现哪些病症建议检测凝血?
(4)纤维蛋白原在凝血中的临床意义是什么?

(编者:吴柏青、封海波)

实习七

尿液化验技术

【实习目的】

（1）掌握犬猫尿液理化性状的相关知识，以及犬猫尿液的采集和保存方法。
（2）掌握尿的物理学检查方法和尿常规检查的方法。
（3）掌握尿沉渣显微镜检验方法。
（4）学生通过尿液收集、检查以及判读的实习，巩固自身的理论知识，提升实践操作能力。

【知识准备】

复习犬猫泌尿系统的相关疾病及病理特征，掌握犬猫尿液的相关理化性质，了解病理状态下犬猫尿液的变化。

【实习用品】

1. 实习动物

患有泌尿系统疾病的犬或猫。

2. 实习设备与材料

保定绳、伊丽莎白项圈、猫袋、保定台、一次性纸杯、巴氏吸管、细胞计数器、细胞计数板、载玻片、盖玻片、洗耳球、光学显微镜、手持式尿比重计、尿常规分析仪、生理盐水、Diff-Quik染液、蒸馏水。

【实习内容】

实验分组与动物准备：学生分为6组，每组4~5人，轮流进行操作。采样时动物确实保定。

1. 尿液物理学检查

（1）病料采集。在实验前给实验犬猫饲喂大量水，原则上不采用注射利尿剂和静脉滴注大容量生理盐水的方法。当实验动物产生尿意，表现出排尿动作时，将一次性纸杯放置在尿道口下方盛装尿液。

(2)尿量。各种动物每昼夜的排尿量变化很大,体重、年龄、饮水量、运动量都会影响排尿量,犬的尿量通常在 0.25~1.00 L 之间,猫的尿液相对较少,在 0.05~0.30 L 之间。通过尿比重和尿渗透压也可以大概估测尿量。

(3)尿色。正常尿液中含有尿色素、尿胆素、尿红质等,颜色呈淡黄色、黄色和深黄色等,尿色随尿液稀释程度而改变。尿液病理颜色通常为红色或粉色、褐色等。

(4)透明度。正常新鲜尿液清亮,放置一段时间后因 pH 和温度改变或尿液盐分饱和析出结晶而变浑浊。因泌尿系统疾病或其他系统异常(如饲喂洋葱导致犬溶血的高胆红素血症,通过肾脏排泄不清亮的深黄色尿液)而导致的尿液浑浊才是病理性尿液浑浊。

(5)气味。正常尿液因含有各种挥发性有机酸(盐),会产生特殊的气味。当尿液储存不当会因细菌脲酶作用,产生氨臭味。病理情况下,尿液会有尿浓缩的刺鼻氨味、脓性的恶臭味或酮病的烂苹果味。

(6)比重。犬尿液的比重为 1.001~1.065,猫尿液的比重为 1.001~1.080。常用的手持式尿比重计,其外形与结构如图 2-7-1 所示。尿比重计使用方法如下:打开盖板,用软布擦拭检测棱镜;取待测尿液数滴,置于检测棱镜上,轻轻合上盖板避免产生气泡,使待测液铺满棱镜表面;将棱镜对准光源进行读数。

注意事项:每次使用前确保仪器已校正,两次测样之间应用蒸馏水擦洗棱镜。

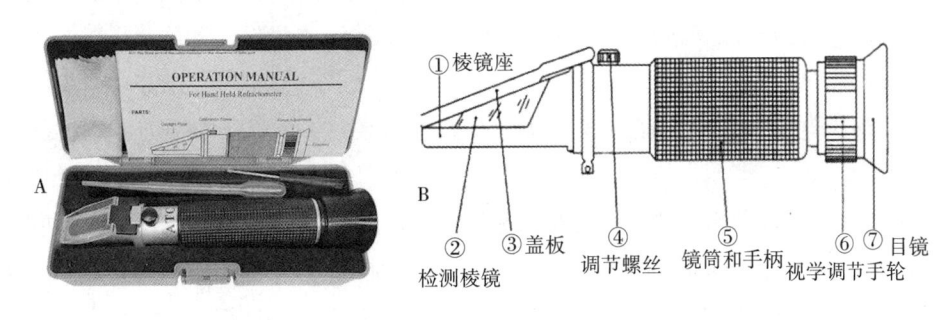

A. 尿比重计;B. 尿比重计结构

图 2-7-1　手持式尿比重计及其结构图

2. 尿常规检查

临床常用的尿常规指标已经可以通过一体机进行检测(图 2-7-2)。常用的尿常规指标有:葡萄糖(GLU)、蛋白质(PRO)、胆红素(BIL)、尿胆原(URO)、pH、比重(S.G.)、尿隐血(BLD)、酮体(KET)、亚硝酸盐(NIT)和白细胞(LEU)。

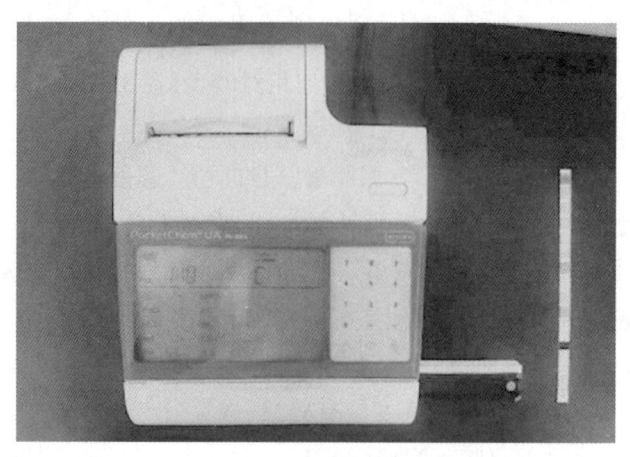

图2-7-2 尿常规分析仪

（1）葡萄糖。正常动物尿液中只含有微量葡萄糖，一般不能检出，临床常用两种试纸条来检测糖类是否存在。一种是DIASTIX试纸条，可以检测1 g/L浓度以上的葡萄糖；另一种是CLINITESI试纸条，可以检测最低浓度为2.5 g/L的任何糖类。

（2）蛋白质。尿液蛋白质是检查和判断肾小球或肾小管损伤的重要指标，实验室常用的方法为半定量或定量试纸带法。半定量试纸带法是用检验试纸条带和已知的标准彩色图谱进行肉眼比对，从而推算出大概的含量，+、++、+++、++++含量分别为0.3 g/L、1 g/L、3 g/L、10 g/L。定量试纸条带法是将检测试纸条带插入尿液分析仪中，自动检测尿蛋白含量。

（3）胆红素。大多数健康动物尿液中没有胆红素，犬因肾阈值低，尿液中含有一定量的胆红素。尿液胆红素也可采用试纸条带法进行检测，+、++、+++含量分别为3 mg/L、5 mg/L和10 mg/L。

（4）尿胆原。正常动物尿液中含有少量尿胆原，可使用试纸条带法进行检测。共有6个级别，分别是0.01 mg/L、0.10 mg/L、0.20 mg/L、0.40 mg/L、0.60 mg/L、1.20 mg/L，0.01 mg/L、0.10 mg/L为正常值，其余4个为增高值。

（5）pH。pH是反映肾脏调节体液酸碱平衡能力的指标之一。尿液中的酸碱物质会影响尿液的pH，犬猫的正常范围为5.5~7.5。

（6）比重。见物理学检查中比重的相关测定方法。

（7）尿隐血。正常动物尿液中不含红细胞、血红蛋白和肌红蛋白，尿液中不能用肉眼直接观察出来的红细胞或血红蛋白叫作隐血。该指标同样可用试纸条带法检测，方法：将试纸条插入尿液中，取出40 s后观察颜色变化，从而测出尿液中血红蛋白的含量。尿液中能检出的血红蛋白含量可分为非溶血性微量、溶血性微量、少量(+)、中等量(++)和大量(+++)五个级别。试纸条带法的检测能力为0.0015~0.0060 mg/L游离血红蛋白，或每微升5~20个完整的红细胞。

（8）酮体。尿酮体包括乙酰乙酸、丙酮和β-羟丁酸。正常动物血液中酮体含量为0.15~

0.20 mg/L,而尿液中几乎不存在酮体。该指标同样可以用试纸条带法检测,尿液中能检出的酮体含量可分为微量(0.5 mg/L)、少量(1 mg/L)、中量(4 mg/L)、大量(8~16 mg/L)四个级别。

(9)亚硝酸盐。当尿路出现感染时,细菌会将尿液中的硝酸盐还原成亚硝酸盐。因犬猫尿液含维生素C,会对普通试纸条带的检测结果产生干扰,故犬猫尿液亚硝酸检测要使用专用的试纸条带。

(10)白细胞。正常尿液中不应含有白细胞,只有在特殊情况下允许有少量白细胞存在。当肾脏功能出现问题或尿路出现感染时,尿液中白细胞含量就会增加。

3. 尿沉渣显微镜检验

尿沉渣检验主要是检测尿液中的有形成分,如白细胞、红细胞、管型、上皮细胞、结晶和盐类等(图2-7-3、2-7-4)。

Diff-Quik染色:用蜡块对待测区域进行划分,涂片完全干燥后滴加A液2~3滴(不可过多,否则染色过深),染液充分浸没待测区域后固定5~10 s,然后将玻片上的A液倒掉;再滴加相同体积的B液染色5~10 s,将玻片上的B液倒掉;最后滴加相同体积的C液,染色5~10 s,将C液倒掉,用蒸馏水冲洗掉多余染色液。风干后,放置于显微镜下观察。

Diff-Quik A液:甲醇固定液,用来固定样本,使样品不易被液相冲脱。

Diff-Quik B液:曙红G染色液。

Diff-Quik C液:噻嗪染色液。

常见的尿沉渣图像如图2-7-5、2-7-6所示。

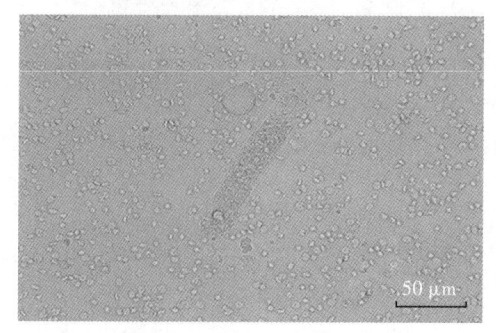

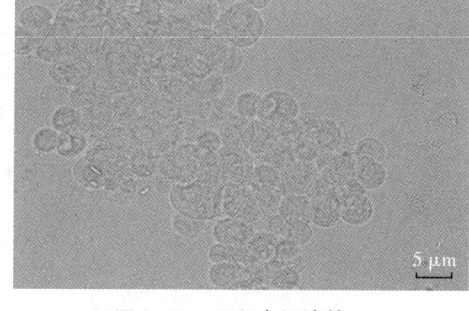

图2-7-3　颗粒管型　　　　　　　　图2-7-4　上皮细胞簇

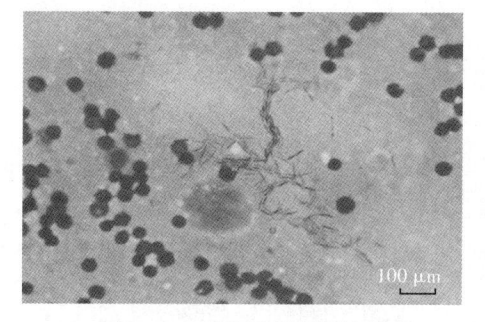

图2-7-5　尿沉渣图像(杆菌)　　　　图2-7-6　尿沉渣图像(球菌)

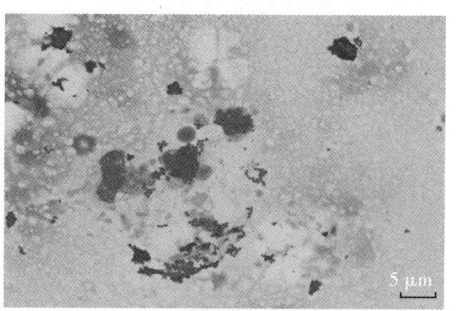

【课后思考题】

(1)除了本实验中的尿液采集方法,是否有其他采集尿液的方法?

(2)尿液理化性状的临床诊断学意义是什么?

(3)如何对尿液检查的各项指标进行判读?

(编者:常广军)

实习八

粪便化验技术

【实习目的】

(1) 掌握犬猫消化系统的相关知识,以及粪便样品的采集方法。
(2) 掌握常见粪便样品显微镜检查方法及如何判读。
(3) 了解粪便中常见寄生虫虫卵的形态结构。
(4) 学生在粪便收集、检查以及判读的实习中,巩固自身的理论知识,提升实践操作能力。

【知识准备】

复习犬猫消化系统的相关疾病以及病症,掌握犬猫粪便的采集方法,掌握粪便中常见成分的相关镜像,了解犬猫常见的消化道寄生虫及虫卵的形态结构。

【实习用品】

1. 实习动物

患有消化系统疾病的犬或猫。

2. 实习设备与材料

伊丽莎白项圈、保定绳、猫袋、保定台、一次性纸杯、头皮针、石蜡油、2.5 mL 注射器、细胞计数器、细胞计数板、载玻片、盖玻片、洗耳球、光学显微镜、生理盐水、Diff-Quik 染液、蒸馏水、碘液。

【实习内容】

实验分组与动物准备:学生分为6组,每组4~5人,轮流进行操作。采样时动物确实保定。

1. 粪便样品的采集

保定犬猫,用装有1.0 mL生理盐水的2.5 mL注射器连接头皮针,头端针头剪掉留下软管,涂抹石蜡油。将软管通过肛门伸入直肠,缓慢推入生理盐水,再缓慢抽吸,直至针筒内样品浑浊。

2. 粪便样品的显微镜检查

(1)玻片的制作。临床上常用粪便样品的湿片和干片进行观察。湿片是将粪便样品溶液直接滴两滴在载玻片上,再盖一张盖玻片,放置于光学显微镜下直接观察。干片则需要风干后用Diff-Quik染液染色后再进行显微镜观察。

(2)Diff-Quik染色。使用蜡块对待测区域进行划分,涂片完全干燥后滴加A液2~3滴(不可过多,否则染色过深),染液充分浸没待测区域并固定5~10 s后,将玻片上的A液倒掉;再滴加相同体积的B液染色5~10 s,将玻片上的B液倒掉;最终滴加相同体积的C液,染色5~10 s,将C液倒掉,用蒸馏水冲洗掉多余染色液。风干后,放置于显微镜下观察。

Diff-Quik A液:甲醇固定液,用来固定样本,使样本不易被液相冲脱。

Diff-Quik B液:曙红G染色液。

Diff-Quik C液:噻嗪染色液。

3. 粪便样品中常见寄生虫、虫卵

动物粪便中常见的寄生虫、虫卵的形态结构见图2-8-1、图2-8-2、图2-8-3、图2-8-4、图2-8-5。

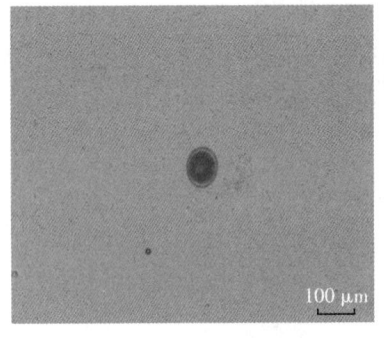

图2-8-1 犬蛔虫虫卵

图2-8-2 犬球虫虫卵

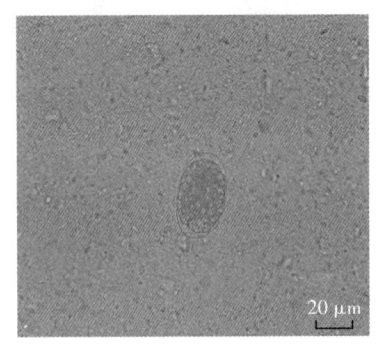

图2-8-3 犬钩虫虫卵

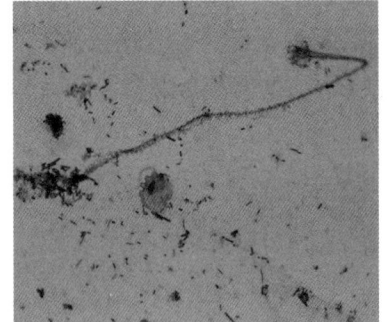

图2-8-4 猫胎儿三毛滴虫

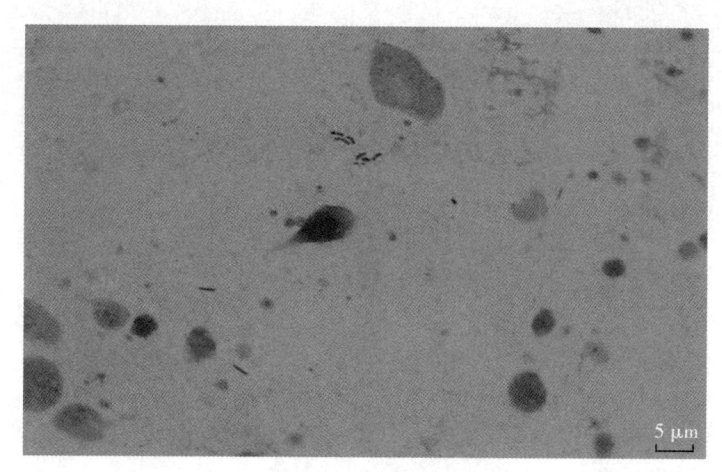

图2-8-5　犬贾第鞭毛虫

【课后思考题】

(1)本实验中镜检的各种物质,如何对它们进行判读?

(2)本实验中常见的粪便寄生虫的生活史是怎么样的?

(编者:常广军)

实习九

皮肤刮取物检查

【实习目的】

(1)了解皮肤刮取物检查的临床意义。
(2)掌握螨虫检查技术。
(3)掌握真菌性皮肤病的皮肤刮取物检查技术。
(4)掌握细菌性皮肤病的皮肤刮取物检查技术。

【知识准备】

复习犬猫皮肤螨虫、真菌、细菌感染后的症状、诊断及治疗,了解犬猫皮肤病病原的生物学特征。

【实习用品】

1. 实习动物

患有皮肤病的犬或猫。

2. 实习设备与材料

保定绳、伊丽莎白项圈、猫袋、保定台、一次性钝头手术刀片、组织分离针、接菌环、载玻片、凸刃小刀、棉签、培养皿、酒精灯、离心机、试管、盖玻片、显微镜、恒温培养箱、真菌培养箱、伍德氏灯、生理盐水、乳酸酚棉蓝染色液、10%氢氧化钾(或氢氧化钠)琼脂培养基、60%的硫代硫酸钠溶液、甘油、沙氏葡萄糖琼脂培养基、血琼脂培养基。

【实习内容】

实验分组与动物准备:学生分为6组,每组4~5人,轮流进行操作。采样时动物确实保定。

1. 螨虫检查

(1)蠕形螨。检查皮肤蠕形螨时,可在患病犬皮肤病变部与健康部交界处采集病料,刮皮前剃毛有助于刮取样本。在刮取样本前,将矿物油滴加到要刮取的皮肤处、手术刀片上,有助于刀片粘附刮取物。可使用10号灭菌钝头手术刀片蘸少量20%矿物油,与皮肤呈45°~90°夹角,用中等力量刮取样品。逆着毛发生长的方向刮取病变皮肤的皮屑、组织渣、脓血或分泌物等。要求始终沿同一方向运刀,不得有切割运动,力量均匀柔和。为刮取更深的皮肤,一般要求刮皮操作重复进行一直刮到毛细血管渗血为止。可在患部用食指和中指挤压受损的皮肤,挤出皮脂腺的分泌物、脓汁等再进行刮取。沙皮等犬种即使进行正确的刮皮操作,也可能出现假阴性结果。将刮取的病料置于载玻片上,滴加2~3滴矿物油,将油与刮取物混合均匀。在刮取物上放置盖玻片,压成均匀的一层薄膜,便于检查。当观察到多个螨虫成虫,或多个部位发现螨虫成虫,或观察到不成熟阶段的虫体即可做出诊断(图2-9-1A)。

对于性格凶猛的动物,可以拔取病变部位的毛发。收集病变毛发时,可使用灭菌无齿手术镊拔取患部毛发3~4根。要求拔取整根毛发,最好连带部分毛囊结构。将毛发置于载玻片上,滴加矿物油后检查。拔毛检查阴性的病例,并不能排除蠕形螨感染的可能。

(2)耳痒螨。耳痒螨(图2-9-1B)通常寄生于犬和猫的外耳道,也会分布于头部、颈部、臀部和尾部周围。通过浅层刮皮进行检查。收集耳道分泌物时,可将灭菌棉拭子深入耳道深处,蘸取耳垢与分泌物。要求动作柔和,不可粗暴操作。

(3)疥螨。犬疥螨,寄生在浅层表皮内,螨虫量很少,很难被发现。检查时要进行多次浅层刮皮,重点是耳廓和肘部。应刮取没有擦伤的皮肤,皮肤刮样检查的次数越多,检出虫体的可能性越大,但是即使进行了多次检测,阴性结果也不能排除疥螨感染的可能性。刮皮过程中应收集大量刮取物,并将其散布在显微镜载玻片上。可用另一张载玻片代替盖玻片,以盖压刮取物。应检查所有的样品,并检查每个视野,提高螨虫检出率;如果发现深棕色、圆形或椭圆形的粪便或虫卵,也可以做出诊断。还可收集刮取物中的大量毛发和角质碎屑,并将其放置在温热的10%氢氧化钠(或氢氧化钾)溶液中作用20 min以消化角质,然后晃动混合物并离心。这样可浓缩螨虫,将盖玻片放置在浓缩液表面以粘住螨虫,并在显微镜下仔细检查(图2-9-1C)。

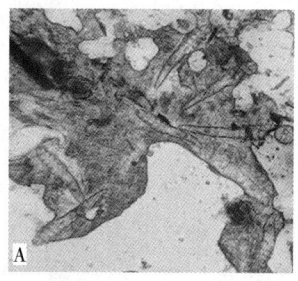

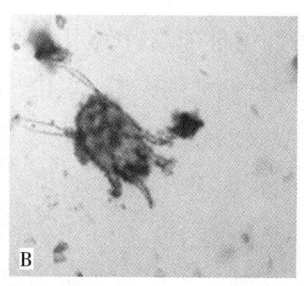

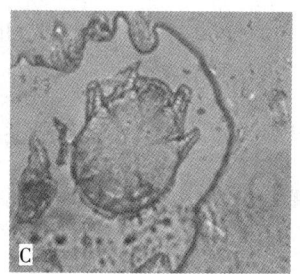

A.蠕形螨;B.耳痒螨;C.疥螨
图2-9-1 显微镜下几种螨虫的形态

2. 皮肤真菌检查

(1)伍德氏灯检查。取病料在暗室里用伍德氏灯照射检查。伍德氏灯应该于检查前5~10 min打开预热,得到稳定波长以后再使用,照射时灯应距皮肤10 cm以上。在伍德氏灯照射下,犬小孢子菌感染病灶发出黄绿色的荧光(图2-9-2),石膏样小孢子菌感染病灶则少见到荧光,须发毛癣菌感染病灶则无荧光。一些菌株在伍德氏灯的照射下显示出苹果绿、黄绿色所需要的时间较长,为了达到比较好的检查效果,应照射毛发3~5 min。感染的毛发有可能藏于痂皮下,因此,检查前应轻柔地移除所有痂皮。

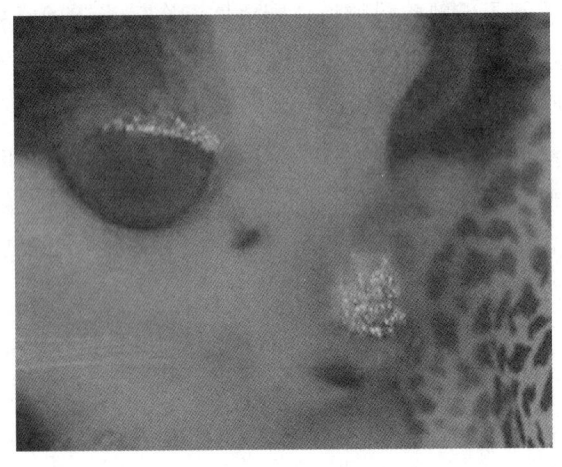

图2-9-2 伍德氏灯下犬小孢子菌感染病灶显示黄绿色荧光

(2)皮肤刮取物检查。

①样本采集:通常采集的样本是毛发或者浅层刮皮样本。采集病变毛发时,一种方法是用伍德氏灯照射,挑选发荧光的毛发并用手术钳或止血钳拔下。另一种方法是牙刷法,用无菌的牙刷轻轻地刷动物的被毛,收集毛发和角质碎屑,然后轻轻将牙刷按压在培养基的表面。毛发也可以从病灶的边缘收集。我们尽量选择新形成的或正在扩散而没有用过药物的病灶。采用牙刷法时,在犬猫患部以及患部与健部结合处用力刷梳,总体方向是从前到后,从上到下,直到牙刷上粘有被毛和皮肤碎屑。刷梳结束后,再用塑料外罩将牙刷封好,送至实验室检验。采集病灶边缘的样本时,要寻找破坏或畸形的毛发以及与炎症、鳞屑或皮痂有关的毛发。长毛的动物可以剃毛,只留0.5~1.0 cm的毛,轻柔地使用浸润有70%酒精的纱布或棉签清洁病灶,自然风干,这样将会降低污染菌的生长速度。

爪部和爪垫采样之前应使用70%酒精消毒,采集爪部或凹陷处的样本。一种方法是移动并分开爪部远端,采集爪部的样本。另一种方法是抽出或举起爪部,刮取爪部的凹陷处以获得样本。从头部、鳞屑和爪部的疑似病灶收集的样本可以放在真菌培养基中,也可以将样本放置在显微镜载玻片上滴加矿物油或透明化液体后直接镜检。

为了发现皮肤癣菌感染的毛发,应寻找断裂的毛发,其特征是直径大于大部分毛发。皮肤癣菌感染的毛发表现为肿胀和磨损、不规则或轮廓模糊，以及角质层、皮质和髓质之间的清晰界线丢失。伍德氏灯检查可以用于定位毛发，关闭显微镜灯和房间里所有的灯，将伍德氏灯放置在显微镜的旁边。用伍德氏灯检查时，一旦发现发荧光的毛发，应移动载玻片，使发光的毛发位于视野的中心，然后可以打开显微镜灯继续镜检。组织中的皮肤癣菌不形成大分生孢子。

②直接镜检：从患病皮肤边缘采集的被毛、皮屑和爪部样本可以放置在显微镜载玻片上，并滴加几滴10%~20%的KOH，盖上盖玻片。对载玻片稍微加热15~20 s，但要避免样本过热或煮沸。样本也可以室温静置30 min。将载玻片放置在载物台上利用显微镜灯温和加热15~20 min至样本软化透明后，覆以盖玻片，在低倍镜或高倍镜下观察。犬小孢子菌感染，可见到许多呈棱状、厚壁、带刺、多分隔的大分生孢子。石膏样小孢子菌感染，可看到呈椭圆形、壁薄、带刺、含有达6个分隔的大分生孢子。须发毛癣菌感染，可看到毛干处呈链状的分生孢子。亲动物型的须发毛癣菌产生圆形小分生孢子，它们沿菌丝排列成串状；而大分生孢子呈棒状、壁薄、光滑。有的菌种会产生螺旋菌丝。

③真菌培养：将样本接种于沙氏葡萄糖琼脂培养基，于28 ℃恒温培养3周。培养期内逐日观察，并挑取单个菌落接种于沙氏葡萄糖琼脂斜面培养基上进行纯培养。石膏样小孢子菌接种在培养基上培养一段时间后，可见到中心隆起一小环，周围平坦，上覆有白色绒毛样气生菌丝，菌丝整齐，菌落初呈白色渐变为棕黄色粉末状，并凝成片。犬小孢子菌接种在培养基上培养一段时间后，可见到培养基中心无气生菌丝，覆有白色或黄色粉末，周围为具白色羊毛状气生菌丝的菌落。须发毛癣菌在沙氏葡萄糖琼脂培养基上生长极为缓慢，分离阳性率很低，用添加盐酸硫胺-肌醇酪蛋白琼脂培养基或添加硫酸铵-脑心浸液琼脂培养基于37 ℃分离培养效果良好。图2-9-3为犬小孢子菌、犬石膏样小孢子菌、犬须发毛癣菌的菌落和孢子特征图。

用透明醋酸胶带有黏性的一面收集大分生孢子。然后将采集的样本放置在显微镜载玻片上并滴加几滴乳酸酚棉蓝，放置盖玻片，置于显微镜下观察。

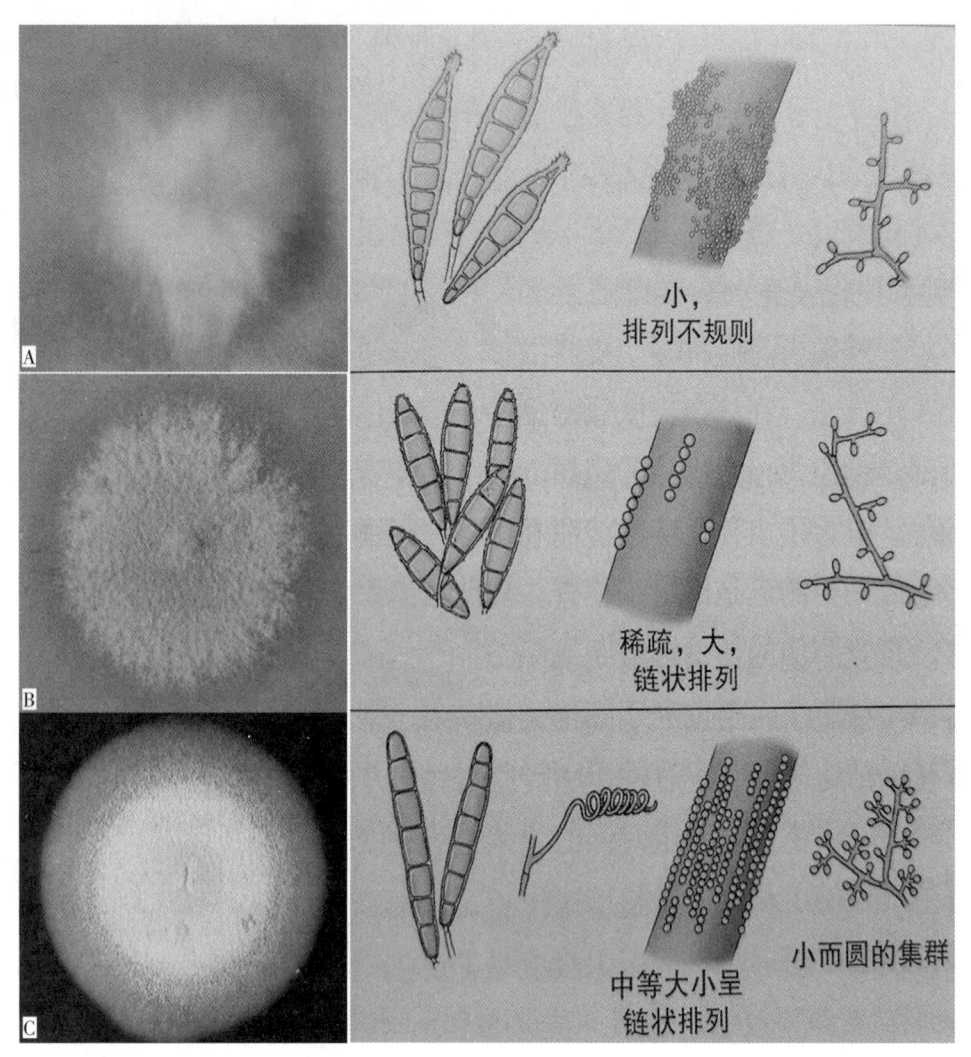

A.犬小孢子菌菌落与孢子特征;B.犬石膏样小孢子菌菌落与孢子特征;C.犬须发毛癣菌菌落与孢子特征

图2-9-3　犬常见皮肤真菌病病原的菌落和孢子特征

3. 细菌性皮肤病皮肤刮取物检查

（1）病料采集。用灭菌手术刀片刮取皮肤病变部位与健康部位交界处,直至有血液渗出,然后用灭菌棉拭子蘸取皮肤刮取物,并放回试管中(试管内事先放入1 mL生理盐水)。选择合适的病灶采集的样本进行细菌培养至关重要。如果存在脓疱,可使用无菌细针刺破完好的脓疱,再收集细针上的脓汁,转移至无菌拭子的顶端。如果是丘疹,可能也要刺破其表面,以获得比较稀薄的液体。如果皮肤表面没有脓疱或丘疹,样本可从痂皮下获取或采集皮肤的细针抽吸物。培养前不应进行脓疱或丘疹病灶的表面皮肤消毒,因为消毒后采样可能得到假阴性结果。假如存在疖,应采用细针抽吸并培养。对斑块、结节和瘘进行采样时,应对皮肤表面进行消毒,无菌采集皮肤活组织样本。

(2)分离鉴定。取样后,将样本充分振荡、摇匀;然后将菌液接种于血琼脂培养基上进行分离培养,置37 ℃恒温培养箱培养24~48 h后,根据菌落形态、颜色和溶血情况,挑取不同的单个菌落再接种于血琼脂培养基上进行纯培养24~48 h;然后涂片、革兰染色、镜检,根据菌体形态、溶血情况及染色特性初步判定细菌种属。也可通过细菌的16S rRNA进行鉴定。

【注意事项】

(1)病料的采集部位必须在皮肤病变部位与健康部位的交界处。
(2)采集的病料用于培养时,必须保证无菌操作。

【课后思考题】

(1)对皮肤刮取物进行真菌检查的方法有哪些?
(2)检查皮肤螨虫时,样本采集的操作要点有哪些?
(3)简述细菌性皮肤病皮肤刮取物检查的操作过程。

(编者:封海波)

实习十

细菌检查及药敏试验技术

【实习目的】

(1) 了解病料的采集与保存。
(2) 掌握细菌的培养方法及细菌形态学检查方法。
(3) 掌握细菌生化性状的检查方法及细菌的种属鉴定方法。
(4) 掌握药敏试验的相关步骤。
(5) 让学生在细菌培养、鉴定及药敏试验的实习中，巩固自身的理论知识，提升实践操作能力。

【知识准备】

复习各种常见病原细菌的生活环境、理化特性，掌握各种常用抗生素的作用机理以及抗菌谱，掌握药敏试验的方法以及细菌敏感性判读方法。

【实习用品】

1. 实习动物

患有脓皮病的犬或猫。

2. 实习设备与材料

保定绳、伊丽莎白项圈、猫袋、保定台、23号手术刀片、组织分离针、接菌环、载玻片、凸刃小刀、棉签、培养皿、酒精灯、离心机、试管、盖玻片、显微镜、恒温培养箱、直尺、记号笔、生理盐水、甘油、血琼脂培养基、抗生素纸片(氨苄青霉素、阿米卡星、头孢喹肟等)。

【实习内容】

实验分组与动物准备：学生分为6组，每组4~5人，轮流进行操作。采样时动物确实保定。

1. 皮肤病料采集

用灭菌手术刀片刮取皮肤病变部位与健康部位的交界处，直至有血液或脓液渗出，然后用灭菌棉拭子蘸取皮肤刮取物,并放回试管中(试管内含1 mL生理盐水)。

2. 细菌的培养方法

取样后,将样本充分振荡、摇匀;然后将菌液按照浓度梯度1∶100、1∶1000、1∶10000加水稀释,接种于血琼脂培养基上进行分离培养,置于37 ℃恒温培养箱培养24~48 h,根据菌落形态、颜色和溶血情况,挑取不同的单个菌落再次接种于血琼脂培养基上进行纯培养24~48 h;最后涂片、革兰氏染色、镜检,根据菌体形态、溶血情况及染色特性初步判断细菌种属。

3. 细菌形态学检查

引起脓皮病的常见病原微生物有金黄色葡萄球菌、绿脓杆菌等。根据镜检下细菌的不同形态,将其分为球菌和杆菌。

4. 细菌培养基上菌落的观察

细菌菌落一般较湿润、较光滑、质地均匀,且菌落正反面与中央部位的颜色一致。

5. 细菌的鉴定

可以通过选择性培养基及检测细菌的生化性状对细菌种类进行初步鉴定。也可通过分子生物方法对细菌的16S rDNA进行检测及鉴定。

6. 药敏试验

实验室中常采用纸片扩散法。该法是将含有定量抗菌药物的纸片贴在已接种测试菌的琼脂表面上,纸片中的药物在琼脂中扩散,随着扩散距离的增加,抗菌药物的浓度呈对数降低,从而在纸片的周围形成浓度梯度。纸片周围抑菌浓度范围内的菌株不能生长,而抑菌范围外的菌株则可以生长,从而在纸片的周围形成透明的抑菌圈,不同的抑菌药物的抑菌圈直径受药物在琼脂中扩散速度的影响而不同。抑菌圈的大小可反映测试菌对药物的敏感程度,并与该药物对测试菌的最低抑菌浓度(MIC)呈负相关。相关步骤如下。

(1)制作普通肉汤琼脂糖培养基:略。

(2)将细菌接种在培养基上,于37 ℃恒温培养24 h。

(3)在长满菌落的培养基上放置含有抗生素的纸片,37 ℃恒温培养24 h,次日用直尺测量抑菌圈直径。根据美国临床实验室标准化协会(CLSI)药敏试验标准判定细菌是敏感(S)、中介(I)还是耐药(R)的。

【课后思考题】

(1)常见的病料采集方法都有哪些?

(2)不同的细菌鉴定培养基有哪些?举出几例说明。

(3)细菌菌液稀释浓度的意义是什么?

(编者:常广军)

实习十一

动物B超检查

【实习目的】

(1)了解动物B超的工作原理。
(2)掌握动物B超的检查流程及检查方法。
(3)掌握腹腔、胸腔内器官的B超检查方法。
(4)掌握B超检查结果的判读方法。

【知识准备】

复习犬猫的解剖结构,掌握各个器官系统的具体解剖位置。预习动物B超检查的临床应用情况,预习动物B超的工作原理和操作方法。

【实习用品】

1. 实习动物

健康的犬或猫。

2. 实习设备与材料

保定绳、伊丽莎白项圈、保定架、剃毛器、超声诊断仪、耦合剂、酒精。

【实习内容】

实验分组与动物准备:学生分成6组,每组4~5人,轮流进行操作。操作前对动物进行保定。

超声,即超声波的简称,是指振动频率在20000 Hz以上,超过人耳可听范围的声音。人耳能听见的声波称为可听声或声波,其振动频率在20~20000 Hz,低于20 Hz的声音称为次声波或次声。用于兽医超声诊断的超声波是连续波(如D型)或脉冲波(如A型、B型和M型),其频率多在2~10 MHz。

(1)B超检查的原理:物体振动可产生声波,振动频率超过20000 Hz时可产生超声波,能振动产生声音的物体称为声源,能传播声音的物体称为介质。在外力作用下能发生形态和体积变化的物体称为弹性介质,振动在弹性介质内传播称为波动或波(wave)。

超声波的发生:超声波是超声诊断仪中的换能器产生的。压电晶片置于换能器中,由主机发生变频交变电场,并使电场方向与压电晶片电轴方向一致,压电晶片就会在交变电场中沿一定方向发生强烈的拉伸和压缩,即机械振动(电振荡所产生的效果),于是就产生了声波。在这一过程中,电能通过电振荡转变为机械能,继而转变为声能,因此,把这一过程称为负压电效应。如果交变电场频率大于20000 Hz,所产生的声波即为超声波。

超声波的接收:超声在介质中传播时,遇到声阻抗相差较大的界面时即发生强烈反射,反射波被超声探头接收后,就会作用于探头内的压电晶片。

超声波是一种机械波,超声波作用于换能器中的压电晶片,使压电晶片发生压缩和拉伸,于是改变了压电晶片两端表面电荷(异名电荷),即声能转变为电能,超声转变为电信号,这就是正压电效应。主机将这种高频变化的微弱电信号进行处理、放大,以波形、光点、声音等形式表示出来,产生影像、波形或音响。

(2)兽用超声诊断仪的种类很多,不论什么样的超声诊断仪都是由探头、主机、显示和记录系统组成。图2-11-1所示为两款常用的超声诊断仪。

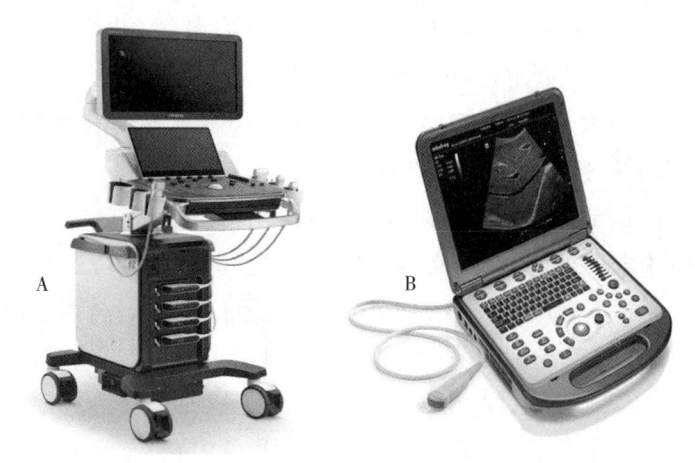

A. 迈瑞台式多普勒彩色超声;B. 迈瑞便携式彩色超声

图2-11-1 常用的超声诊断仪

①探头:探头是用来发射和接收超声的结构,是进行声电信号转换的部件,故又称作换能器,由压电晶片、背衬、外套、压电晶体片电极导线、触座、插孔组成。超声诊断仪的灵敏度、分辨率等与探头密切相关,探头是超声诊断仪重要的组成部件。探头主要通过压电晶体产生压电效应,发射和接收超声,功能为换能、定向、集束、聚焦和定额。图2-11-2所示为几种常见的探头。

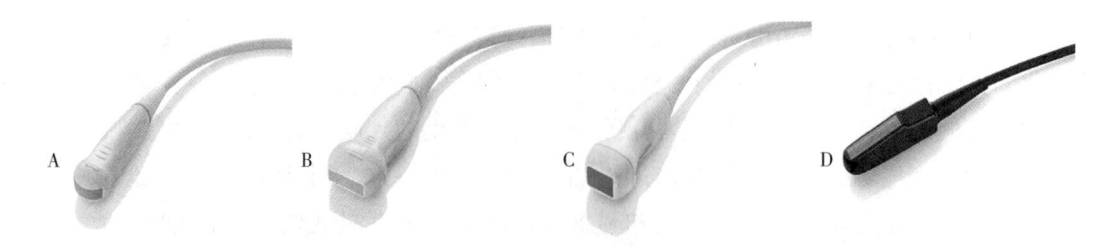

A.微凸腹部探头；B.高频线阵探头；C.宽频相控阵探头；D.直肠探头

图2-11-2　超声诊断仪的探头

②主机：超声诊断仪的主体结构主要由电路系统组成。电路系统主要包括主控电路（触发电路，以前称为同步信号发生器）、高频发射电路、高频信号放大电路、视频信号放大器和扫描发生器这几个部分。超声回声信号经处理后，以声音、波形或图像等形式显示出来。回声经换能器转化为高频电信号，再通过高频信号放大电路放大。放大的电信号再经视频信号放大器放大处理，然后加到显示器的Y轴偏转板产生轨迹的垂直偏移（A型）或加至显示器的阴极进行亮度调制（B型和M型）。最后，扫描发生器按一定规律扫描电子束，在显示器上显示曲线的轨迹或切面图像。通常把视频信号放大器和扫描发生器合称为显示电路。超声主机面板上常显示有可供选择的技术参数，如输出强度、增益、延时、深度、冻结等。

③显示和记录系统：显示系统主要由显示器、显示电路和有关电源组成。B型、M型回声信号以图像形式表示出来，A型主要以波形表现出来，而D型则以可听声表现出来。超声信号可以通过记录器记录并存储下来。D型可以录音或存储图像（彩超多普勒）；A型可以拍照；B型和M型可以存储图像、打印、录像、拍照等。

(3) 常见器官B超（腹部B超和胸部B超）检查的操作流程如下。

①肝脏和胆囊：采取各种体位（立位、仰卧位及坐位）对动物进行保定。局部剪毛（或剃毛）、消毒、涂耦合剂。探头选用3~5 MHz线阵或扇扫探头，与皮肤保持垂直并充分密合。记录断层像时，应注意避免人为造成探头活动及动物的干扰，待图像冻结时，再行拍照，或以影像打印机直接打印、输入录像机录像、输入计算机存储处理等。

②脾脏：犬的脾脏长而狭窄，下端稍宽，上端尖而稍弯，位于左侧最后肋骨及左侧胁部。仪器参数及探查方法与肝脏类似，但更宜用高频率探头探查，如5~10 MHz。脾脏离体表较近，因探头近场回荡效应导致近侧脾表显示不清，这时可在探头和皮肤间加以透声垫块。

③肾脏：犬肾呈蚕豆形，表面光滑，大部分被脂肪包围。右肾较固定，位于前3个腰椎体的下方，前部在肝尾叶的深压迹内，腹侧面接十二指肠、胰腺右叶等。左肾偏后，位置变化大，与2~4腰椎相对，腹侧面与降结肠和小肠祥为邻，前端接胃和胰脏的左端。仪器参数及探查方法与肝脏类似。检查时，要对动物进行立位、卧位或坐位保定。探查部位为左、右12肋骨上部及最后肋骨上缘。

④膀胱：膀胱的大小、形状和位置随尿液的多少而异。中小型动物一般采用体表探查法，

取站立或仰卧保定位,于耻骨前缘后腹部进行纵切面和横切面扫描。

⑤子宫:动物的子宫通过子宫阔韧带悬垂于骨盆腔入口附近,耻骨前缘上下,随着胚胎的发育,位置逐渐前移。在探查犬猫等中小型动物的子宫时,多取仰卧位,探查部位在耻骨前缘。局部除毛,涂耦合剂,使用5 MHz探头进行扫查,扫查方位有横向和纵向。正常、未怀孕的母犬,其子宫一般不显像。用高分辨率探头探查时,子宫颈显示为卵圆形低回声团块。有时在膀胱背侧、结肠腹侧能见到子宫角的管状结构。通常子宫角很难与肠袢区别,在膀胱充满的情况下,膀胱可作为声窗利于扫查子宫角。

(4)临床超声诊断声像图如图2-11-3所示。

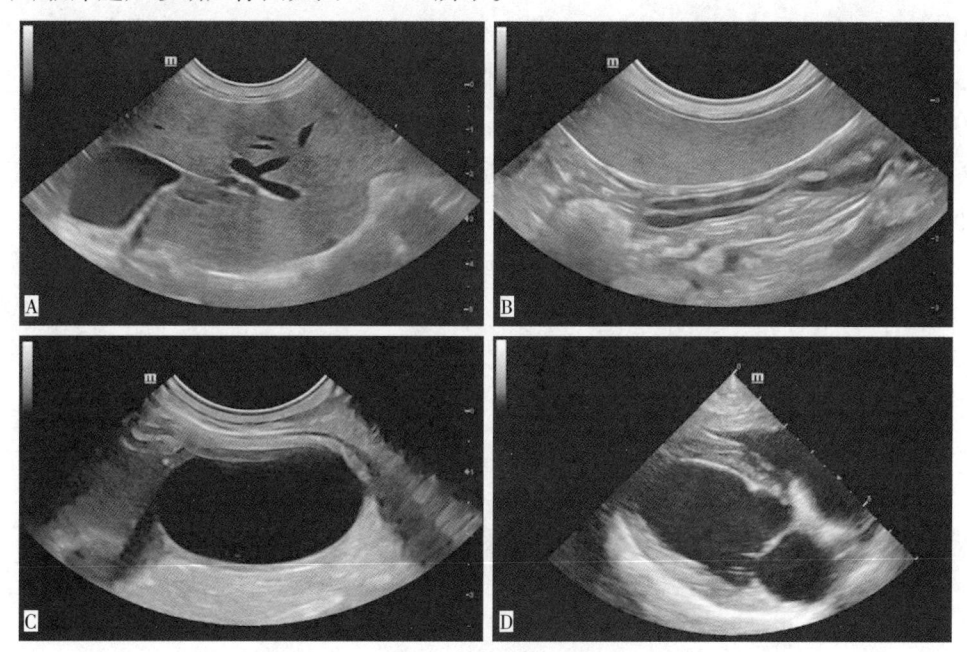

A.猫肝脏;B.犬脾脏;C.猫膀胱;D.犬心脏长轴切面

图2-11-3 临床超声诊断声像图

(5)使用超声诊断仪要注意以下几点。

①提前把超声诊断仪打开,进行机器预热,调整适当的增益及灰度;

②根据需要进行超声检查的器官,在相应的部位进行备皮和消毒,并在检查部位涂耦合剂;

③在探头上涂适量的耦合剂,对相应区域进行检查;

④对获得的图像进行冻结、存贮、编辑、打印;

⑤关机、断电源,将操作键复位。

【注意事项】

(1)仪器使用过程中应轻拿轻放。

(2)在正确的区域进行相应器官的检查。

【探头养护】

(1)保养探头护套。在探头与电缆线的连接处,都有一个起加固作用的胶套,它是用来防止电线出现直角折压的,脱落会导致电缆线折断。

(2)使用过程中轻拿轻放。使用后必须用软纸将探头擦干净,一定要将耦合剂擦干净,以防老鼠、蟑螂咬坏电缆线。探头保护盒必须一直保持干燥、清洁。

(3)严禁使用带腐蚀性的或自配的耦合剂,必须使用正规厂家生产的合格产品。

(4)探头为普通防浸型部件,禁止浸入任何导电液体,以免腐蚀探头,探头浸入水中的位置不得超过声窗5 mm。

(5)探头与主机一经连接,不得随意拆卸,以免接触不良。

(编者:董海聚)

实习十二

X线检查

【实习目的】

(1)让学生掌握X线检查的原理、设备使用方法及安全防护措施。

(2)熟悉X线拍片的操作流程及常见摆位。

(3)熟悉不同拍摄部位的摆位要求和投射范围,了解X线片的基本判读方法。

(4)学生在学习拍摄X线片的过程中,巩固自身的理论知识,提升实践操作能力,具备较强的影像学检测与诊断能力。

【知识准备】

复习犬猫的四肢、各器官系统解剖结构;预习X线的发现历史,X线在医学上的应用进展及X线在兽医临床上的发展历程;了解X线成像的原理。

【实习用品】

1. 实习动物

健康的犬或猫。

2. 实习设备与材料

保定绳、伊丽莎白项圈、猫袋、保定台、头皮针、真空采血管、输液袋、肝素钠、0.9%氯化钠溶液。

【实习内容】

实验分组与动物准备:学生分为6组,每组4~5人,轮流进行操作。操作前将动物保定确实。

1. X线检查的原理

X线是在真空条件下,由高速运行的成束电子流撞击钙或钨制成的阳极靶面所产生的。电子流撞击阳极靶面后,其大部分能量(99.8%)转化为热能,仅有0.2%转化为X线。X线的理化作用主要包括穿透作用、荧光作用和感光作用等。X线影像是机体不同密度和厚度的组织使射线发生不同衰减的结果,某些组织比其他组织能衰减更多的射线,这种差别就形成了X线影像的对比度。传统的X线检查就是利用X线的荧光屏和胶片显现动物体不同组织的影像,以观察动物体内部器官的解剖形态、生理功能与病理变化。

动物体组织器官按密度大致分为骨骼、软组织与体液、脂肪组织和气体四类。骨骼密度最高,X线不易穿透,所以骨骼的X线片感光最弱而呈现透明的白色,在荧光屏上因荧光最暗而呈现黑色阴影。软组织与体液密度中等,包括皮肤、肌肉、结缔组织、软骨、腺体和各种实质性器官,以及血液、淋巴液、脑脊液和尿液等。由于X线较易穿透软组织,所以软组织与体液的X线片感光较多而呈现深灰色,在荧光屏上则呈现暗灰色。脂肪组织的密度略低于软组织与体液,但又高于气体,脂肪组织在X线片上呈灰黑色,在荧光屏上则较亮。呼吸器官、鼻旁窦和胃肠道内都含有气体,X线最容易透过,因此在X线片上呈现最黑的阴影。

除骨骼、含气组织器官与周围组织存在天然对比外,动物体内的大多数软组织和实质器官密度差异不大,缺乏天然对比,所以其X线影像不易分辨。如果将高密度(阳性)或低密度(阴性)造影剂灌注器官的内腔或周围,通过人工形成对比而显示器官内腔或外形轮廓,即可扩大检查范围和提高诊断效果,称为造影检查技术。阳性造影剂如硫酸钡和碘制剂等的原子序数大,吸收X线能力强。阴性造影剂如空气、二氧化碳和氧化亚氮等的原子序数小,吸收X线能力弱。两者均与软组织器官形成强烈对比,让被检器官的X线影像更加清晰。目前,投服硫酸制剂行食管和胃肠造影(图2-12-1为猫肠道造影X线片),硫酸钡灌肠造影,静脉注射泛影葡胺行排泄性肾盂尿路造影,膀胱注入空气造影,椎间隙注射碘海醇行脊髓造影等,已成为宠物临床进行疾病检查的常用方法。

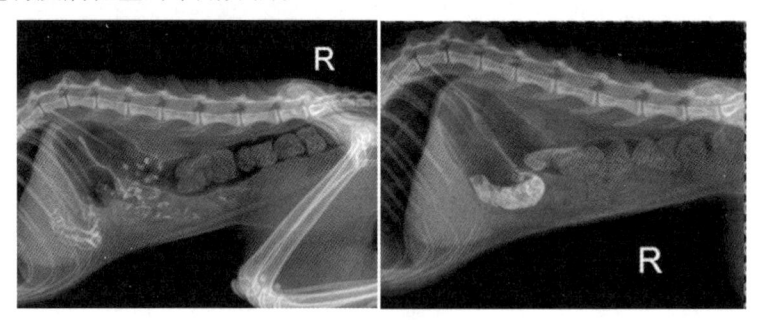

图2-12-1 猫肠道造影X线片

2.X线机组成及分类

X线机由X线发生装置和辅助设施两大部分组成,其中发生装置包括控制器、高压发生器和X线管三部分,辅助设施是为满足诊疗需要而设计的机械装置(天轨、地轨、立柱、吊架、"U"形或"C"形臂)与检查台等。

X线机的简单分类方法是,按照曝光时X线管允许通过的电流大小,将其分为小型机(最大管电流在100 mA以下)、中型机(最大管电流为200~500 mA)和大型机(最大管电流在

500 mA 以上)三种类型。

按照X线机的结构形式,将其分为便携式(最大管电流为10~100 mA)、移动式(最大管电流为30~100 mA)和固定式(最大管电流在200 mA以上)三类。

按照高压发生器的工作频率,又可将其分为工频机(50~60 Hz)、中频机(400~20000 Hz)和高频机(>20 kHz)三类。高频机是将直流逆变技术引入X线机中,使高压发生器输出波形近似于恒定直流,提高了输出X线的能量单一性,克服了工频机曝光参数的准确性和重复性差、X线剂量不稳定的弱点,同时可实现超短时曝光,这些对提高成像质量非常有利。而且在胶片获得同样黑化度的情况下,其毫安秒(mAs)值相当于工频机的60%,对成像没有任何帮助的软射线量减少,使皮肤吸收剂量降低。所以,近年来在宠物诊疗领域,以往所用的小型移动式或固定式工频机正在被高频机逐步替代。

目前,从使用范围看,X线机的机型基本都属于综合性X线机,即适合于多种疾病和多个部位的检查。若配备荧光屏,除了摄片功能以外还能发挥透视作用。人类医学临床为适应某些专科疾患检查,研制了专用X线机,如牙科X线机、心血管造影X线机、胃肠造影X线机、乳腺摄影X线机和床边"C"形臂X线机等,其中牙科X线机和床边"C"形臂X线机已在国内宠物医疗领域得到了较广泛的应用。

3. X线检查技术

(1)X线检查技术包括常规X线检查技术和数字化X线摄影技术两种,常规X线检查技术包括X线透视和X线摄影两种。

X线透视是利用X线的荧光作用,在荧光屏上显示被照动物体组织器官的影像,其最大的优点是按照检查需要,透视中可以随时改变动物体位或方向,直接观察被检器官的活动状态,而且简便、经济。但由于荧光屏亮度较低,透视一般需在暗室内进行,且影像的对比度和清晰度不甚理想,组织器官的细微变化无法识别,更无法留下客观记录以便治疗前后进行对照。当前,人类医院和许多知名的宠物医院已经使用"C"形臂X线机,整机包含X线球管、采集图像的影像增强器、电荷耦合器件(CCD)摄像机以及图像处理工作站几个部分,原理是利用影像增强器将不可见的X线转换为亮度很高的可见光影像,再通过摄像机转换成电信号,经过放大处理后传输到显示器,在明室内即可观察到相应部位的组织结构或植入材料。

X线摄影利用X线的感光作用,将被检动物体的组织器官拍摄到X线胶片上,然后再对X线胶片上的影像进行分析研究,具有对比度与清晰度较好、微小结构显像清晰、病变记录可以保留及方便治疗前后对照或会诊等优点。由于X线胶片仅显示一个平面,通常须在互相垂直的两个方位(侧位、背腹位或腹背位)摄影,形成动物影像后紧闭暗盒送往摄影。接着将拍照过的暗盒送回暗室,在暗室中将暗盒开启,轻拍暗盒使X线胶片脱离增感屏,以手指捏住胶片一角轻轻提出。切忌用手指在暗盒内挖取胶片或用手指触及胶片中心部分,以免胶片或增感屏受到污损。将胶片取出后夹于洗片架上进行人工冲洗,或放入自动洗片机里冲洗。

(2)数字化X线摄影技术主要包括计算机X线摄影和直接数字X线摄影两类。

计算机X线摄影(computed radiography,CR)：与常规X线摄影使用X线胶片作为载体不同，CR使用可记录并由激光读出X线成像信息的影像板(imaging plate,IP)作为载体，经X线曝光和激光扫描后读出影像信息，经25~50 s在计算机内形成数字或平面影像。CR的影像板是用一种含有微量元素铕(Eu^{2+})的钡氟溴化合物结晶($BaFX:Eu^{2+}$，X为Cl、Br、I)所制成，代替X线胶片接受透过机体组织器官的X线，使IP感光形成潜影。IP可重复使用，一般可达2万~3万次。IP上的潜影经激光螺旋扫描系统(影像板阅读器)读取后转换成数字信号，具体是由激光束对匀速移动的IP整体进行精确而均匀的扫描，在IP上由激光激发出的辉尽性荧光由自动跟踪的集光器收集，经光电转换器转换成电信号，放大后由模拟/数字转换器转换成数字化影像信息。之后可根据图像质量及临床诊断要求，使用图像处理软件对数字化影像进行后期处理。从国内部分宠物医院采用CR系统拍摄的影像效果看，实际上许多图像无须处理就非常优良，与传统X线摄影的影像质量相比有显著提高。

直接数字X线摄影(digital radiography,DR)：是在具有图像处理功能的计算机控制下，采用一维或二维的X线探测器直接把X线影像信息转化为数字信号的技术。X线探测器可分为电荷耦合器件(CCD)探测器和平板探测器(FPD)两种，其中CCD探测器是DR产品采用的主流技术之一，由闪烁屏、反射镜面、镜头和CCD感光芯片构成，闪烁屏将X线转化为可见光，可见光被镜面反射，然后通过镜头聚焦投射到CCD芯片上。由于CCD芯片只需要感测可见光，使用寿命很长，价格和维护成本较低。有的CCD探测器可达1700万像素(4096×4199)的超高分辨率，是当今DR的最高分辨率水平。平板探测器常见的有非晶硒型和非晶硅型两类。非晶硒平板探测器是直接将X线转化为电信号，然后采样；而非晶硅平板探测器则是将闪烁体和感光体集成在一起，闪烁体将X线转化为可见光，感光体再将可见光转化为电信号，然后采样。两者工作原理虽有不同，但都是将微小的探测单元直接排列在平板上，将电离辐射的强度转换为数字信号，具有信噪比高、结构简单、外形紧凑的优点。图2-12-2所示为直接数字X线摄影设备。

图2-12-2　直接数字X线摄影设备(DR)

DR与传统的胶片相比,空间分辨率要低一些,但却具有传统胶片无可比拟的多种优势。①极高的密度分辨率:即影像拥有很好的对比度,不但影像清晰,还可以显示出传统显示屏-片系统无法显示的细节内容。②低辐射剂量:数字探测器的高敏感性使同一对比下需要的X线剂量更少,只有屏-片系统的30%以下。③成像快捷:DR影像形成快捷,医生或助理在曝光后3~5 s即可在显示器上观察影像,必要时可连续操作以获得多幅影像,且省去了重装胶片、摄片和洗片的工作。④便于储存、传输、复制及后处理:与CR的图像采集及处理软件相似,数字化的影像可以存储在硬盘、U盘等介质上,或在网上传输,使远程会诊变为可能。同时医生也能方便地调节窗宽、窗位、直方图、曲线等参数,并调节对比度及局部放大等,以满足诊断要求。⑤自动化程度高:现代化的DR还具有自动曝光、自动跟踪、自动对比度、错误提醒与纠正等功能,不但降低了操作者的工作强度,提高了工作效率,也使摄片成功率大大提升,减少了对被检动物的辐射剂量。

4. 设备使用方法与防护

为了充分发挥X线机的效能,拍出较满意的X线片,必须掌握所用X线机的特性。同时,为了保证机器的安全及延长其使用寿命,还必须严格按照操作规程使用X线机。

(1)X线机的使用原则。①要对X线机有基本认识,了解机器的性能、规格、特点、各部件的使用方法及注意事项;②严格遵守操作规程,正确而熟练地操作,以保证机器的安全;③工作人员在操作过程中,认真负责,耐心细致;④使用过程中,必须严格防止过载。

(2) 操作技术。①闭合外接电源总开关;②将X线管交换开关或按键调至需用的台次位置;③根据检查方式进行技术选择,如是否用滤线器、点片等;④接通机器电源,调节电源调节器,使电源电压表指示针在标准位置上;⑤根据摄片位置、被照动物的情况调节电压(千伏,kV)、电流(毫安,mA)和曝光时间(s);⑥曝光完毕,切断电源。

(3)X线防护。X线穿透机体会产生一定的生物效应。如果使用的X线剂量过大,超过允许剂量范围就可能产生放射反应,严重时会造成不同程度的放射损害。但是,如果X线的使用剂量在允许范围内,并对机体进行适当的防护,一般对机体的影响很小。在操作X线机时,工作人员应采取以下防护措施。

①工作之中,除操作人员和辅助人员外,闲杂人员不得在工作现场停留,特别是孕妇和儿童。检查室门外应设警示标志。

②在符合检查要求的情况下,可对动物进行镇静或麻醉,利用各种保定辅助器材进行摆位保定,尽量减少人工保定。

③参加保定和操作的人员尽量远离机头和源射线以减小射线的影响。

④参加X线检查的工作人员应穿戴防护用具,如铅围裙、铅手套,透视时还应戴铅眼镜。利用检查室内的活动屏风遮挡散射线。

⑤为减少X线的用量,应尽量使用高速增感屏、高速感光胶片和高千伏摄影技术。正确使用投照技术条件表,提高投照成功率,减少重复拍摄次数。

⑥在满足投照要求的前提下,尽量缩小照射范围,并充分利用遮线器。

5. X线拍片的操作流程及常见摆位

(1)操作流程如下所述。

①确定投照体位。根据检查目的和要求,选择正确的投照体位。

②测量体厚。测量投照部位的厚度,以便查找和确定投照条件,需要测量所拍摄部位的最厚处。

③选择适当的遮线器、胶片尺寸。根据投照范围选用适当的遮线器和胶片尺寸。

④安放照片标记。诊断用X线片必须进行标记,否则容易出现混乱造成事故。X线片用铅字号码标记,将号码按顺序放在片盒的边缘。

⑤摆位置,对中心线。按照投照部位和检查目的摆好体位,使X线管、被检机体和片盒三者在一条直线上,X线束的中心应在被检机体和片盒的中央。

⑥选择曝光条件。根据投照部位的位置、体厚、生理情况、病理情况和机器条件,选择大小焦点、电压(kV)、电流(mA)、时间(s)和焦点到胶片的距离(FFD)。

⑦在动物安静不动时曝光。

⑧曝光后的胶片送暗室冲洗,晾干后剪角装套。

(2)头部的摄影技术。头部正位:头与摄影台保持垂直,左右呈对称状(图2-12-3)。头部侧位:头部与摄影台保持水平,犬牙齿、头骨重叠(图2-12-4)。

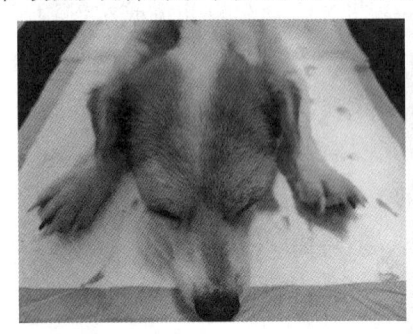

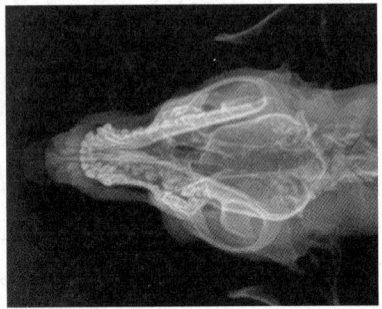

图2-12-3 头部正位摆位(左)与正位X线片(右)

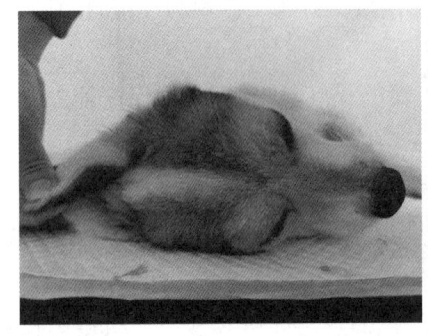

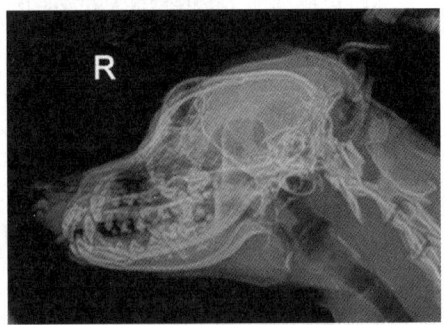

图2-12-4 头部侧位摆位(左)与侧位X线图片(右)

(3)颈部摄影技术。颈部是头部和胸部之间夹着的部位,因此,只是侧卧保定的话,在头尾方向进行牵引,为了将颈部伸直向前方牵引,为了使颈椎不重合将前肢向侧方牵引。水平影像:第2颈椎翼状突以及第5、第6颈椎横突重合,从正横向照相,可明显显现椎间腔。背侧影像:左右构造呈对称状。图2-12-5为颈椎正位、侧位X线片。

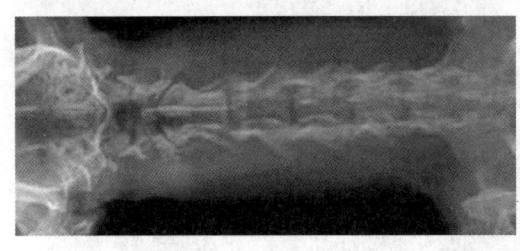

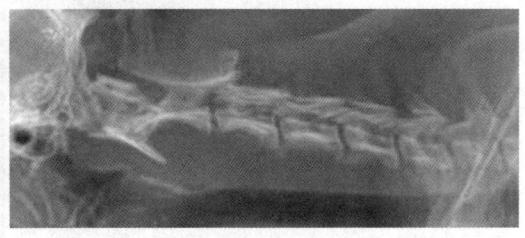

图2-12-5　颈椎正位(左)、侧位(右)X线片

(4)胸椎的摄影技术。背腹侧影像:在左右构造(骨骼)对称状态下照相,在椎体中部可见棘突影像。水平影像:左右肋骨重合在一起,从正横向照相,可明显显现椎间腔。图2-12-6为胸椎正位、侧位X线片。

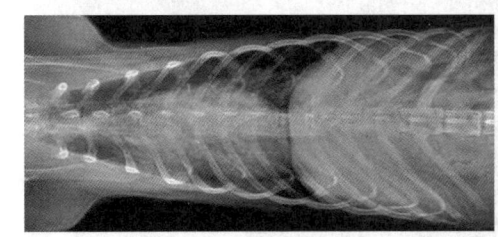

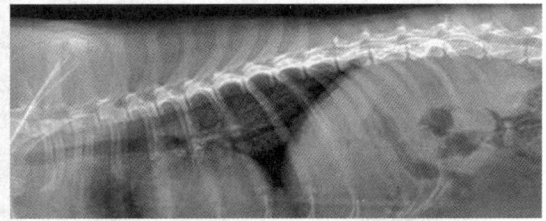

图2-12-6　胸椎正位(左)、侧位(右)X线片

(5)腰椎摄影技术。水平影像:左右横突、骨盆重合在一起。腹背位影像:可明显显现椎间腔。图2-12-7为腰椎侧位和正位的X线片。

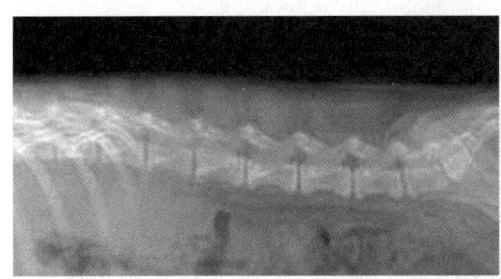

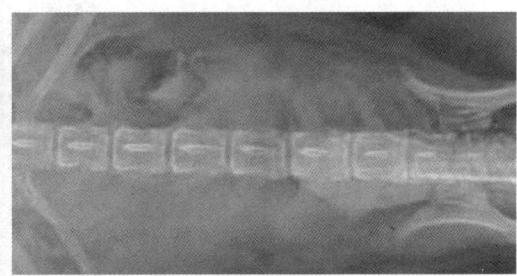

图2-12-7　腰椎侧位(左)和正位(右)X线片

(6)骨盆的摄影技术。后肢伸展,将膝关节向内侧扭曲保定,要在好的保定条件下照相。水平影像:左右骨骼重合在一起拍照。腹背位侧影像:在左右骨骼对称状态下照相,在左右大腿骨平行状态下照相,在大腿骨中央部位可见膝盖骨影像。图2-12-8为骨盆正位摆位与X线片。

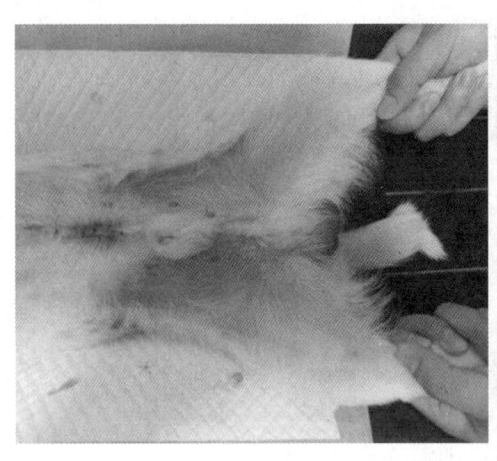

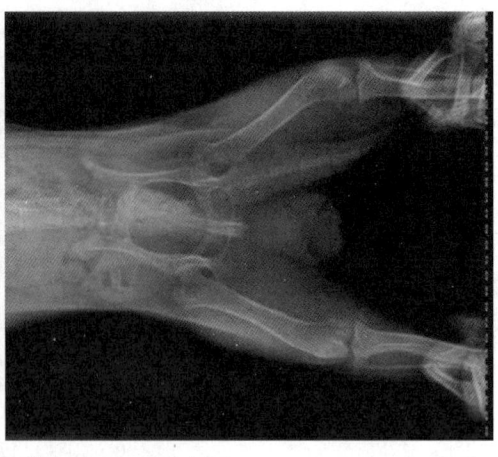

图2-12-8　骨盆正位摆位(左)及X线片(右)

(7)四肢的摄影技术。图2-12-9为右前肢的摆位和侧位X线片,图2-12-10为右后肢摆位及股骨X线片。

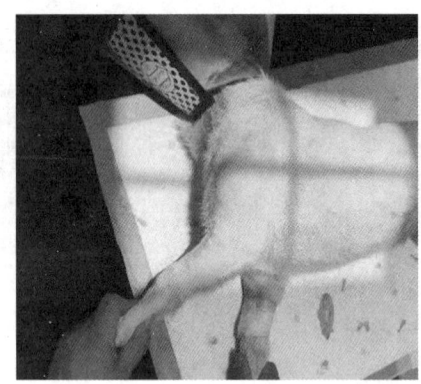

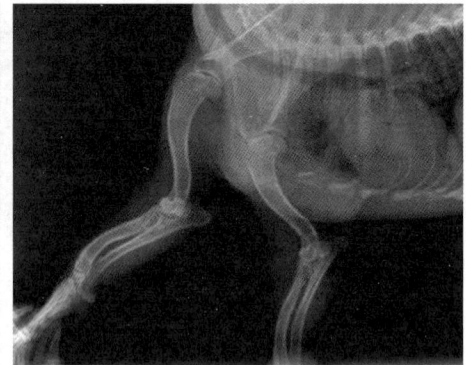

图2-12-9　右前肢的摆位(左)和侧位X线片(右)

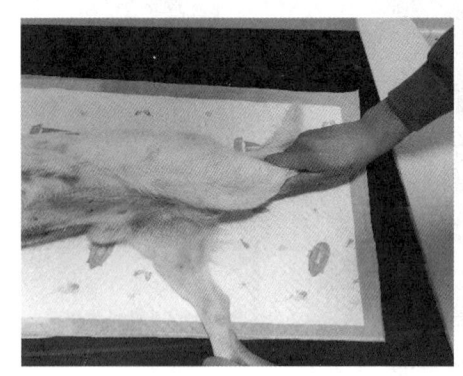

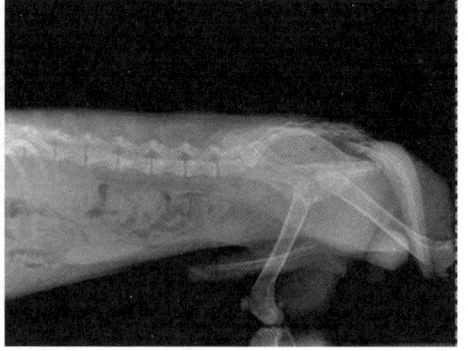

图2-12-10　右后肢摆位(左)及股骨X线片(右)

(8)胸部摄影技术。图2-12-11和图2-12-12分别为胸部腹背位摆位及X线片,胸部右侧摆位及X线片。在胸部摄影时,摄影条件和摄影技术非常重要,采用高电压、低电流条件。

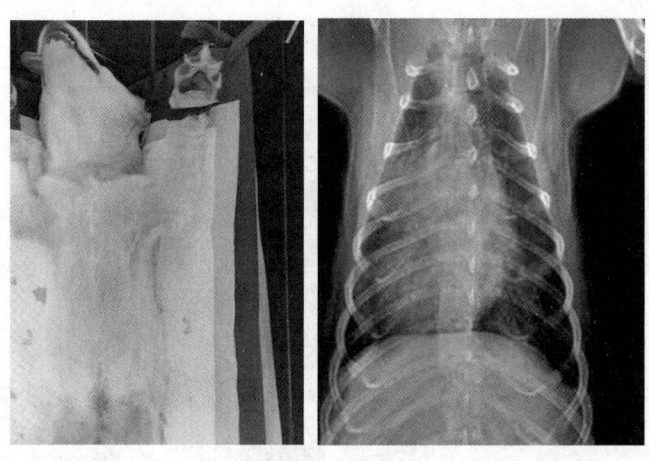

图2-12-11　胸部腹背位摆位(左)及X线片(右)

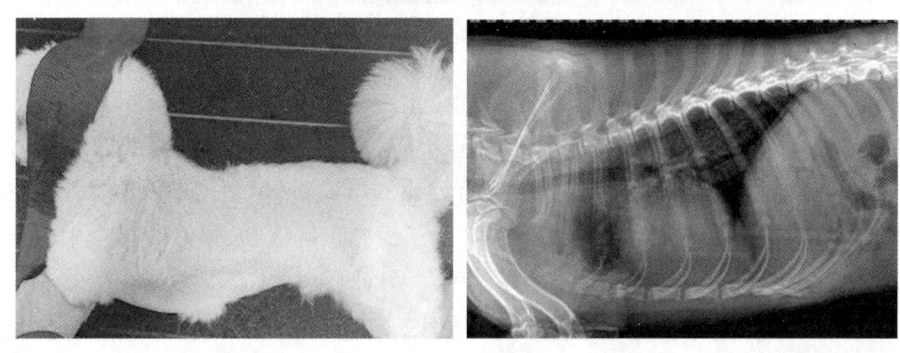

图2-12-12　胸部右侧摆位(左)及X线片(右)

(9)腹部摄影技术。在水平影像中,把肋软骨结合部、腰椎横突、骨盆重合起来进行拍摄,叫完全横位摄影。如图2-12-13和图2-12-14分别为犬腹部侧卧摆位与X线片,犬腹背位摆位与正位X线片。

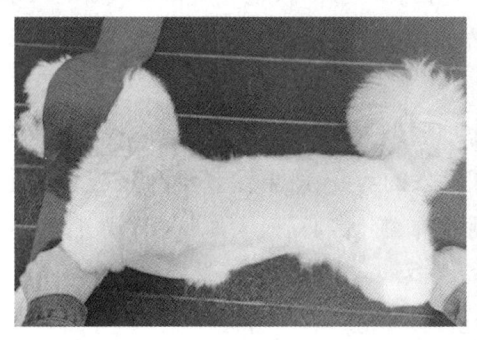

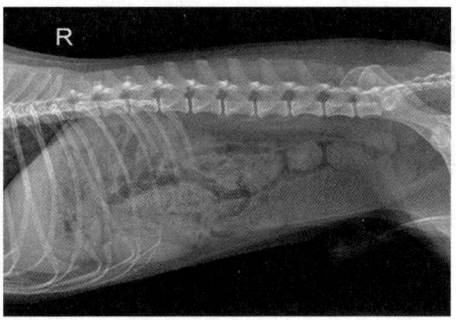

图2-12-13　犬腹部侧卧摆位(左)与X线片(右)

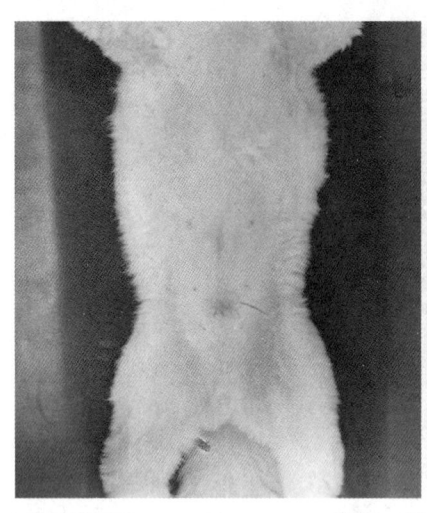

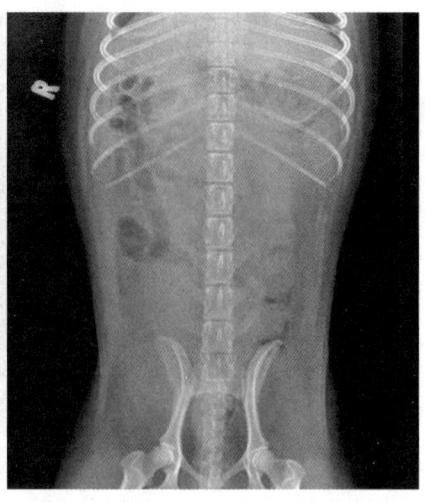

图2-12-14　犬腹背位摆位(左)与正位X线片(右)

6. X线片的判读

X线诊断是重要的临床诊断方法之一。X线诊断是以X线检查所发现的阴影为主要依据,结合解剖、生理、病理和临床资料,进行综合分析和研究,得出结论的过程。X线诊断的准确性在相当程度上与观察者的思维方法有关。为了做到正确诊断,在诊断过程中应遵循一定的诊断原则和程序。

X线诊断以X线影像为基础,因此,需要对X线影像进行认真、细致的观察,分辨正常与异常,并恰当地解释影像所反映的病理变化,综合所见,以推断疾病的性质。然后,与临床资料以及其他临床检查结果进行对照分析,这样才有可能得到比较正确的X线诊断结果。

在进行X线诊断时应注意以下几点。

(1)对X线片的整体质量进行评价。在观察分析X线片时,首先应对X线片的质量进行评价,包括投照条件是否准确,摆位及特殊体位的摆放是否正确,X线片上是否有伪影,以免影响诊断。

(2)全面观察。按一定顺序进行系统的观察,既要仔细地观察病变局部,也不要忽略其他部位;既要注意主要病变,也不要忽略次要的或续发的病变;既要注意解剖形态上的改变,也不能忽略功能方面的变化。观察胸片时应包括胸廓、肺脏、心脏、大血管及胸段食管;观察肺脏时应按顺序分别观察每一个三角区。骨骼的观察应包括骨皮质、骨松质、骨髓腔和骨膜。在初步观察的基础上,再根据临床检查所见,着重仔细观察某一局部。

(3)掌握正常X线解剖和了解可能的变异。掌握正常的X线解剖,并注意因动物种类、品种不同而出现的解剖变异。同时应注意区分正常与异常影像。

(4)具体分析。运用所掌握的解剖、生理、病理及X线诊断的知识,对所观察到的X线影像进行具体分析。观察异常X线影像的表现,认识影像的病理学基础。对于异常X线影像,应注意观察它的部位和分布、数量多少、形状、大小、边缘是否锐利、密度是否均匀。

(5)X线诊断是一种重要的辅助诊断方法,但也有一些不足之处。如一些疾病的早期或很小的病变,利用X线可能检查不出,以至不能做出诊断,需辅助其他方法加以弥补,临床资料中动物的年龄、性别、品种对确定X线诊断结果具有重要意义。

【注意事项】

(1)操作X线仪器时,要严格按照操作规范进行,防止仪器损伤。

(2)拍摄X片时,需要做好个人防护,尽量避免受到X线辐射。如必须进行动物保定,则必须穿铅防护服戴防护眼镜。

【课后思考题】

(1)X线成像的原理是什么?

(2)如何进行X线辐射的防护?

(3)通过X线诊断的常见疾病有哪些?

(编者:杨凌宸)

实习十三

临床常用给药技术

【实习目的】

(1) 掌握犬猫的经口给药方法。
(2) 掌握犬猫注射给药及雾化给药技术。
(3) 了解犬猫的直肠、眼耳给药方法。
(4) 让学生在给药实习中，巩固自身的理论知识，提升实践操作能力。

【知识准备】

复习犬猫的接近与保定技术；预习常见犬猫给药方法，如经口给药、直肠给药、眼耳给药、注射给药、雾化给药等。

【实习用品】

1. 实习动物

犬、猫每组各1只。

2. 实习设备与材料

保定绳、伊丽莎白项圈、猫袋、保定台、犬粮或猫粮、投药器、弯止血钳、注射器、木片(中央带孔)、胃导管、一次性手套、凡士林、输液器、留置针、尿管、棉签或者酒精棉球、止血带、止血钳、无菌持物钳、2%碘酊、75%乙醇、生理盐水、驱虫药(口服)、眼药水。

【实习内容】

实验分组：学生分为6组，每组4~5人，轮流进行操作。

一、经口给药法

经口给药法有自食法、投喂法、灌服法,投给动物的药物是通过胃吸收的药物。

1. 自食法

(1)适用情况:此法适用于尚有食欲的犬猫。

(2)适用药物:所投药物无异常气味,无刺激性,且用量少;胶囊剂尽量不要使用这种方法;为使药物与食物更好混合,可将片剂碾成粉末拌入食物中。

(3)方法:投药之前最好先让犬猫饿一顿,这样能使犬猫更顺利地吃完拌药的食物;投药时,把药物与犬猫最爱吃的食物拌匀(或藏进食物里),让犬猫取食。

2. 投喂法

(1)适用情况:犬猫无论有无食欲均可使用该方法,但是投喂手法需按情况而定。

(2)适用药物:除水剂、油剂药物外,其他药物均可使用此方法(膏状也可)。

(3)方法:犬猫均取坐姿保定。

犬:①当犬温顺时,将片剂或者胶囊剂药物用右手的食指和中指指尖夹持,左手掌心横越鼻梁,以拇指和食指握住鼻梁,让上颚两侧的皮肤包住上齿列,打开口腔,右手的拇指放在下颌切齿处向下压下颌,将药片、胶囊送向咽的深部,并迅速抽出手,关闭口腔。②轻轻拍打下颌,当犬用舌舔鼻,证明已将药物吞入。

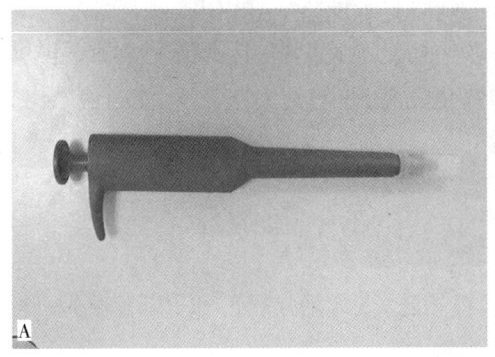

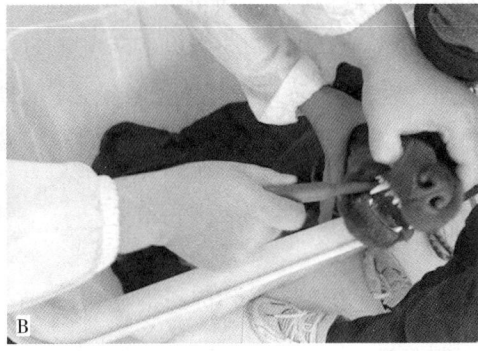

暴躁且牙关紧闭的犬,在应用上述方法打开口腔后,用特制的投药器或用15 cm长的弯止血钳将药物送至舌根部(图2-13-1)。

A.经口投药器;B.经口给药

图2-13-1 通过投药器经口给药

猫:①投药时将猫头抬高,将右手的拇指和食指从两侧犬牙后方伸入口腔(注意不要压住猫的胡子),并用右手中指和无名指抵压口角协助开口。②然后用特制的投药器或弯止血钳夹持药品送入咽喉部,也可以用带橡皮的铅笔投药,用铅笔橡皮端的铝槽将药品送入口腔。用手也可以,但医生容易受伤,可让主人学习。③迅速关闭口腔,轻拍下颌,当猫用舌舔鼻端时,表明已经将药品吞入。

3. 灌服法

(1)适用情况:对犬猫均可使用该方法,是液体药物的给药方法。

(2)适用药物:少量刺激性小的水剂、油剂药物或者中药煎剂,采用类似投喂法的方法喂药。大量的药物则需要胃导管。

(3)方法:

①不使用胃导管的少量投喂方法。犬猫采取坐立保定,头稍向上仰(头部吊起或仰起的高度以口角与眼角呈水平线为宜,但不宜过高),一手将嘴角上下唇撑开,另一手持注射器或药瓶将药液注入或倒入口角,迅速将口角合拢,药液进入口腔后咽下。

②胃导管给药方法。犬猫均取坐立保定或者站立保定,插胃管前:a.应选择合适的胃管尺寸,对于幼龄犬猫应选择直径0.4 cm柔软的导管,成犬猫可以根据犬猫体格选择直径0.7~1.2 cm的导管。b.为使插管顺利,可以在插管的前端涂上凡士林软膏或液体石蜡,起到润滑作用。c.用胃导管测量鼻端到第8~9肋骨的距离后,在胃导管上做好记号。

插胃管的步骤:a.首先将犬猫的口腔打开,在打开的口腔内插入木片(中央带孔)或胶布圈,并令其咬合而将木片或胶布固定。b.从木片或胶布圈的中央孔将导管经咽腔插入食道(插入口腔后,从舌面上缓缓地向咽部推进),并插入至第8肋骨处。(在插入导管时,可能误入气管,需要进行判断。方法如下:观察导管外端是否有与呼吸节律相同的气流存在,如果存在则表明胃导管误入气管了;用注射器从导管外端抽吸,观察导管是否可以抽至真空,如果是真空且动物可持续呼吸一次以上,则表明胃导管是在食管或胃内,可以进行投药;或注射器抽吸时有胃液抽出也可判断导管进入胃中)c.然后用注射器将药液注入。d.灌药结束后,向导管内注入少量温生理盐水,保证所有药物均进入胃内,然后缓慢将导管拔出。

(4)采用灌服法时,需注意以下两点。①一次给药量不宜过多,待药液完全咽下再重复灌入。②灌药时,病犬猫如发生剧烈咳嗽,应立即停止灌药,并使其头部低下,使药液咳出,待犬猫安静后再灌药。

二、直肠给药法

直肠给药法常用于动物因严重呕吐,不宜经口给药,或者治疗肠部和胃部疾病时。

1. 投给栓剂

(1)适用情况:需要药物停留在肠道持续发挥作用,如需要给直肠消炎等情况。

(2)适用药物:膏状药物。

(3)方法:①用戴有一次性手套的左手执尾根部向上拍举,使肛门显露。②用右手的拇指、食指及中指夹持药栓。③按入肛门并用食指向直肠深部推入,暂停片刻。④待患犬猫不再用力时,轻轻滑出食指。⑤禁止再次刺激肛门。

2. 投给水剂

(1)适用情况:通便驱气、清洁肠道、输入治疗药物、补充营养物质或软化硬结的粪便。

(2)适用药物:投给的药液温度应与体温一致,且无刺激性。

(3)方法:

①准备:取空输液瓶1个,内装温热(35 ℃左右)的灌肠溶液,安装上输液器。把输液器下方的连接头剪去,将塑料管的断端插入14号硅胶导管中。打开输液开关,检查插头处是否漏水,如有漏水,可将塑料管再向内插紧,并关闭输液开关。

②将宠物俯卧保定于治疗台上,如治疗台可调节台面角度,可将犬猫调节至前低后高的体位。如动物较为温顺,可令其站立进行灌肠。

③剪去宠物肛门周围的污浊被毛。

④把导尿管的圆头端从肛门插入,边插边放液体,以润滑肠道使导管易于插入肠道深部。

⑤如发现阻塞,可来回抽动导管,或让宠物将积粪排出后再继续灌肠。

(4)灌肠法可分为不留置灌肠法和留置灌肠法两种。

①不留置灌肠法的作用是通便驱气和清洁肠道。此法的灌肠溶液用量较大,一般一次用量为250~1000 mL。将溶液瓶抬高,使灌入压力增大,灌肠速度加快,灌完后立即让宠物排泄。常用不留置灌肠溶液有以下几种。

a.5%~10%大蒜浸出液或抗菌消炎药物的溶液,可治疗慢性肠炎或配合治疗急性肠炎。每次灌入50~100 mL,每日1~2次。

b.冰硼散3份、锡类散1份,加1%普鲁卡因25~50 mL,再加淡盐水至100~200 mL,可治疗慢性结肠炎。

c.云南白药1~2 g、中药制剂犬痢康或增效泻痢宁胶囊2~4粒,将药粉加入至100 mL温水中搅匀,再灌肠,每日1~2次,可治疗出血性肠炎。

d.5%葡萄糖氯化钠或口服补液盐溶液,可用于无法经口进食的患病犬猫补充水分和营养,每次200~300 mL,每日2次。

e.30~60 mL甘油或植物油,加温水至100~200 mL;用5%硫酸镁30 mL、甘油60 mL,加入90 mL温水配制成1∶2∶3灌肠液;用食盐10 g溶于100 mL温水中,配制成10%高渗盐水,可以用来软化粪便,滑润肠道,促使积粪排出。

②留置灌肠法的作用是输入治疗药物、补充营养物质或软化硬结的粪便。此法的灌肠速度不宜过快,溶液量不宜过大。灌完后,仍让宠物保持前低后高体位,并用宠物尾根堵肛门一段时间。如需输入药物或补充营养物质,在灌肠之前宜先用温水进行洗肠,将积粪排出。常用留置的灌肠溶液有以下几种。

a.温开水或冷开水,可起清肠、降温作用。

b.生理盐水,刺激性较轻,可用于肠道有疾患者的清肠通便。

c.0.1%~0.2%肥皂水(在开水中加入肥皂至水呈乳白色为止),用于手术前清肠或分娩前催产,同时可起驱气作用。

d.松节油溶液(松节油4 mL加入500 mL肥皂水中搅匀),可以驱除肠内积气,减轻腹胀。

三、眼耳给药法

1. 眼药给药法

(1)适用情况:用于麻醉后犬猫无法闭眼时防止眼睛干燥、治疗眼部疾病等情况。

(2)适用药物:水性或者软膏类眼药。

(3)方法:

①水性眼药:如图2-13-2操作。从内眼角点眼,但药瓶口不能触及眼球、眼睑等。滴入眼药水后,停留30 s至1 min再松开保定。每侧结膜囊最多可维持2滴眼药水,滴多则会流出而不起作用。大多数的眼药水仅可维持2 h,故应以2 h为间隔进行点眼。

②软膏类眼药:长度以3 mm为宜,大多数软膏类眼药最多可持续作用4 h。将眼药涂于下睑缘,之后将上下眼睑闭合,轻轻按摩使眼药分布均匀。

图2-13-2 水性眼药给药法

2. 耳药给药法

(1)适用情况:治疗耳部疾病或清洁耳道。

(2)不适用药物:水剂和粉剂药物不要投入耳内。

(3)方法:将动物头部固定。如果耳内分泌物较多,应先清理耳道,方法是将洗耳液滴入耳道,用手轻轻地按摩1 min,然后松开手任其自然甩头将耳道分泌物甩出。耳道清理之后,将治疗用的油剂或膏剂药物点入患耳内(图2-13-3),膏剂涂后要轻轻地按摩。

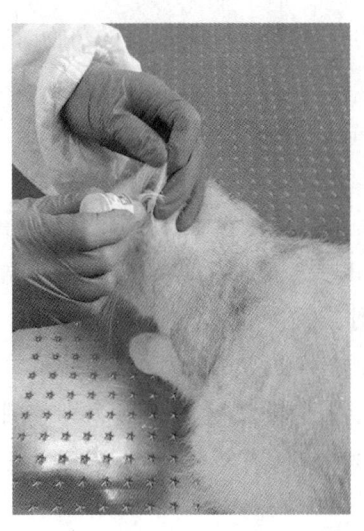

图 2-13-3　耳部投药法

四、注射给药法

注射给药法是使用无菌注射器或输液器将药液直接注入动物体组织内、体腔或血管内（包括皮下、皮内、肌肉内、静脉、胸腹腔、心脏、气管内及眼球结膜）的给药方法，是临床上最常用的技术。具有给药量小、疗效好、见效快等优点。

（一）注射给药法须知

（1）注射原则。严格遵守无菌操作原则，防止感染；注射前须洗手、戴口罩；对被毛浓厚的动物，可先剪毛；用1%碘伏消毒注射部位，以注射点为中心向外螺旋式旋转涂擦，碘伏干后再用75%乙醇以同法脱碘，待干后方可注射。

（2）注射前要对药液进行检查。检查药液质量，如药液变色、有沉淀、混浊，药物有效期已过或安瓿瓶有裂缝时均不能使用；多种药物混合注射时须注意配伍禁忌；注射药物按规定时间现配现用，以防药物效价降低或污染。

（3）选择合适的注射器和针头。根据动物体格选择针头；根据药液量、黏稠度及刺激性选择注射器和针头；注射器须完好无损，注射器和针头衔接须紧密。

（4）选择合适的注射部位。进针时应防止损伤神经和血管，不能在炎症、硬结、瘢痕及患皮肤病处进针。

（5）注射前须排尽注射器内空气，以防空气进入体内形成空气栓子。

（6）进针后需注意回血情况。注入药液前应抽动活塞，检查有无回血。静脉注射须见有回血方可注入药液；皮下、肌肉注射发现回血时，应拔出针头重新进针，不可将药液注入血管内。

（7）根据药物的性质、用药量等因素决定注射手法和注射顺序。对刺激性强的药物，针头宜粗长，进针宜深，以防疼痛和形成硬结；同时注射多种药物时，先注射无刺激性或刺激性弱的药物,后注射刺激性强的药物;注射一种用药量大的药物时,应采取分点注射。

(8)注射用品,包括注射盘、注射器和针头、药物等。

①注射盘常规放置下列物品:无菌持物钳、皮肤消毒液(1%碘伏和75%乙醇)、棉签、乙醇棉球、静脉注射用的止血带和止血钳。

②注射器和针头。注射器:由空筒和活塞两部分组成。注射器按材料可分为玻璃、金属、塑料等类型,按其容量分为 1 mL、2.5 mL、5 mL、10 mL、20 mL、30 mL、50 mL、100 mL 等规格。此外,还有特殊用途的连续注射器、远距离吹管注射器等。注射枪:适用于野生动物饲养场、动物园。注射针头:根据其内径大小及长短可以分为不同型号。

③药物。常用药物有溶液、油剂、混悬剂、结晶和粉剂等剂型,根据实际处方准备。

(9)药液抽吸法。吸取药液的方法有多种,可按盛装药物的容器和药物的剂型进行总结分类。

①自安瓿瓶内吸取药液的方法:将安瓿瓶尖端药液弹至体部,用乙醇棉球消毒安瓿颈部,折断安瓿。将针头斜面向下放入安瓿内液面之下,抽动活塞吸药;针栓不可进入安瓿瓶内;吸药到最后可以倾斜安瓿瓶。吸药时手持针栓柄,不可触及针栓其他部位。抽毕,将针头垂直向上,轻拉针栓,使针头中的药液流入注射器内,使气泡聚集在乳头处,轻推针栓,排出气体;如注射器乳头位于一侧,排气时将乳头稍倾斜,使气泡集中在乳头根部,用上述方法排出气体。将针头套套在针头上备用。

②自密封瓶内吸取药液的方法:除去铝盖中心部分,用1%碘伏、75%乙醇消毒瓶盖,待干。将针头插入瓶内,注入所需药量等量的空气(增加瓶内压力,避免形成负压)。倒转药瓶及注射器,使针尖在液面以下,吸取所需药量的药液;针尖尽量不要插入过深,这样可以防止药液没被吸干净。以食指固定针栓,拔出针头,排尽空气。

③吸取结晶、粉剂或油剂药物的方法:用无菌生理盐水或注射用水(或专用溶媒)将结晶、粉剂溶解,待充分溶解后吸取,如为混悬液,应先摇匀再吸药。油剂可先用双手对搓药瓶后再抽吸。油剂及混悬剂抽吸时应选用稍粗的针头。

(二)常见的注射给药法

1. 皮内注射

皮内注射是将药液注入表皮与真皮之间的注射方法,多用于诊断。

(1)适用情况:主要用于某些疾病的变态反应诊断(如结核病),或做药物过敏试验。一般仅在皮内注射药液或疫(菌)苗 0.1~0.5 mL。

(2)方法:①注射部位剪毛,常规消毒(注射部位一般选择在肩胛部、颈侧中部上 1/3 处,大耳犬也可在耳部)。②排尽注射器内空气。③左手绷紧注射部位,右手持注射器,针头斜面向上,与皮肤呈 30°角刺入皮内(进针约 0.5 cm)。④针头斜面全部进入皮内后,左手拇指固定针栓,右手推注药液,局部可见一半球形隆起。⑤注毕,迅速拔出针头,术部轻轻消毒,但应避免挤压局部。⑥注射后根据不同的注射目的,按照规定的时间观察局部反应。

(3)注意事项。①注射进针不可过深,以免刺入皮下,应将药物注入表皮和真皮之间。②拔出针头后注射部位不可用棉球按压揉擦。

2. 皮下注射

皮下注射是将药液注入皮下结缔组织内的注射方法。注射入皮下结缔组织内的药液,经毛细血管、淋巴管吸收进入血液发挥药效,从而达到防治疾病的目的。

(1)适用情况:凡是易溶解、无强刺激性的药品及疫苗、菌苗、血清、抗蠕虫药(如伊维菌素)、某些局部麻醉剂等,不能口服或不宜口服的药物要求在一定时间内发生药效时,均可做皮下注射。皮下注射的药液要求等渗且无刺激性。

(2)方法:①准确抽取药液(根据注射药量多少,可用 1 mL、2.5 mL、5 mL、10 mL 的注射器及相应针头),而后排出注射器内混有的气泡。此时注射针要安装牢固,以免脱落。②注射局部,首先进行剪毛、清洗、擦干,除去体表的污物,注射者的手指及注射部位须消毒。③注射时,多选择皮肤较薄、富有皮下组织、活动性较大的背胸部、股内侧、颈部和肩胛后部等部位。(犬猫具有疏松的皮下结缔组织,很易贮存大量的药物,但也可因消毒不到位而引发感染,或刺破血管、淋巴管而导致血肿或淋巴外渗的发生。颈背部的皮肤厚,且发生上述事故时处置困难,故不要选择颈背部。皮下注射最适合的部位是肩至腰的背部。)术者左手中指和拇指捏起注射部位的皮肤,同时用食指尖下压使其呈皱褶陷窝。右手持连接针头的注射器,针头斜面向上,从皱褶基部陷窝处与皮肤呈30°~40°角,刺入针头的2/3(根据动物体格的大小,适当调整进针深度),此时如感觉针头无阻抗,且能自由活动时,左手把持针头连接部,右手抽吸无回血即可推压针筒活塞注入药液。如注射大量药液时,应分点注射。为防止动物注射时因疼痛而引起躁动,应在针刺与注射时用固定皮肤之外的手指刺激注射部位周围的皮肤。④注射结束后,左手持干棉球按住刺入点,右手拔出针头,局部消毒。必要时可对局部进行轻轻按摩,促进药液吸收。

(3)注意事项。①刺激性强的药品不能做皮下注射,特别是对局部刺激较强的钙制剂、砷制剂、水合氯醛及高渗溶液等。这些药品易诱发炎症,甚至组织坏死。②大量注射补液时,需将药加温后分点注射。注射后应轻轻按摩或进行温敷,以促进药液吸收。

3. 肌肉注射

肌肉注射是将药物注入肌肉内的注射方法。肌肉内血管丰富,药液注入肌肉内吸收较快。由于肌肉内的感觉神经较少,故注射疼痛感轻微。

(1)适用情况:刺激性较强和较难吸收的药液,进行血管内注射时有副作用的药液,油剂、乳剂等不能进行血管内注射的药液,及要延缓吸收使其持续发挥作用的药液等,均可采用肌肉注射。由于肌肉间结合比较紧密,注射大量药物时可引起损伤,故肌肉注射应少量投给。

(2)方法:①动物适当保定,局部常规消毒处理。②注射部位一般应选择在脊柱棘突两侧的背腰最长肌处，但应避开大血管及神经经过的部位。颈部由于肌肉存在腱鞘且并发症多，故很少选用此处作为注射部位。不要在膝腱附着部的肌肉处注射药物，因注射该部位易引起神经损伤导致动物疼痛和跛行，或引起腓肠肌的麻痹。③左手的拇指与食指轻压注射局部，右手持注射器，垂直进针，迅速刺入肌肉内。一般刺入1~2 cm（针头长度的2/3），而后用左手拇指与食指握住露出皮外的针头结合部分，以食指指节顶在皮上，再用右手抽动针管活塞，观察无回血后，即可缓慢注入药液。如有回血，可将针头拔出少许再行试抽，见无回血后方可注入药液。注射完毕，用左手持酒精棉球压迫针孔部，迅速拔出针头。

(3)注意事项。①针头刺入深度一般为1~2 cm（针头长度的2/3），切勿把针头全部刺入，以防针头折断。②强刺激性药物如水合氯醛、钙制剂、浓盐水等，不能采用肌肉注射方法。③注射针头接触神经时，动物会感觉疼痛不安，此时应变换针头方向，再注射药液。④万一针头折断，保持动物的局部和肢体不动，迅速用止血钳夹住针头断端拔出。如不能拔出，先将动物保定好，防止乱动，行局部麻醉后迅速切开注射部位，用小镊子、持针钳或止血钳拔出折断的针头。⑤长期进行肌肉注射的动物，注射部位应交替更换，以减少硬结的发生。⑥两种以上药液同时注射时，要注意药物的配伍禁忌，必要时在不同部位注射。

4. 静脉内注射

静脉内注射又称血管内注射。静脉内注射是将药液注入静脉内，治疗危重疾病的主要给药方法。

静脉内注射常会使用静脉留置针（又称套管针，图2-13-4），因为使用留置针能减少宠物因反复静脉穿刺而造成的痛苦及对打针的恐惧感，减轻主人的焦躁情绪，便于临床用药，便于急危重患者的抢救用药，减轻助理的工作量，减少宠物疼痛。

动物医院常用22 g、24 g、26 g三种型号。在不影响输液速度的前提下，尽量用细、短的留置针，因为相对小的留置针进入血管后漂浮在血液中，能减少机械性摩擦及对血管内壁的损伤，减少静脉炎的发生，并相对延长留置时间。

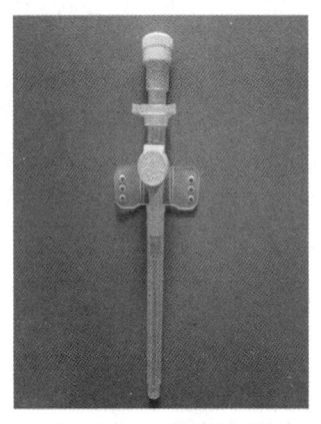

图2-13-4 静脉留置针

(1)适用情况：用于大量的输液、输血，急需马上起效的药物（如急救、强心等），或注射较强刺激性的药物。

(2)方法：

①静脉留置针使用方法（图2-13-5）：a.从包装中取出留置针。b.用拇指和食指握住留置针导管座和针管座，旋转松动并取下保护套。注意：取下保护套时，应避免仅持针管座，防止用力过度将导管拔出。c.右手持留置针呈15°~30°角缓慢直刺入皮肤和血管。d.平行皮肤进针2 mm，留置针透明针座见回血后，减小留置针进针角度，基本上与皮肤呈平行状态再进针2 mm。e.将针管从导管中回抽0.5~1 cm，见导管中有大量回血，将剩余导管送入血管中。注

意:针管从导管中回抽不能过多,导管进入血管时应用针管做牵引,防止导管折管。f.松开止血钳夹住的乳胶管,抽出针管座,旋紧肝素帽。g.捆扎纸胶带固定留置针。

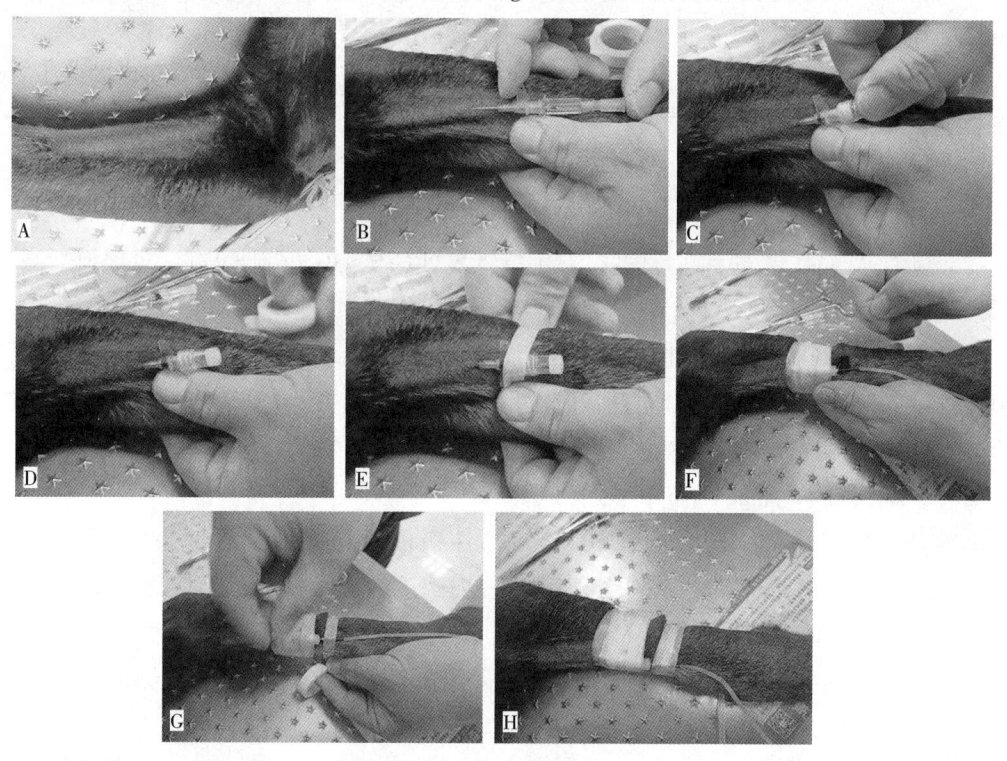

A.注射部位消毒;B.正确持留置针刺入静脉,并可见回血;C.抽出针芯,见到回血后,将外套管进一步推进到静脉里;D.将肝素帽置于留置针尾部,待血液接近留置针尾部旋紧肝素帽;E.胶布固定留置针头;F.插入输液针;G.胶布固定输液针;H.留置针装置完成

图2-13-5　静脉留置针的使用方法

静脉留置针使用注意事项:留置针在使用过后,用碘伏消毒,并封住封口,不可随意去打开封口,以免细菌进入。不要压迫留置针部位,更不可随意调节留置针。留置针保持在动物肢体上的时候,避免动物剧烈运动,防止回血或留置针松脱。保持留置针周围的清洁,避免动物随意抓挠、啃咬。如果留置针周围出现红肿、出血、发痒等现象要及时告知医师。留置针通常使用3~5 d,不能超过7 d。

②留置针的穿刺方法很多,常用的方法有五种,如下。

a.常规消毒,操作者右手拇指与中指捏住套管回血腔两侧,食指轻按在外套管上面,无名指、小指与患畜皮肤接触固定,以15°~30°角缓慢进针,直刺血管,见回血后,减小角度再进针1~2 mm。拇指、中指固定针芯,以食指背侧面轻轻弹送外套管,直至全部进入血管内。

b.常规消毒,右手食指和拇指持套管针针翼,左手转动针芯,使针尖斜面朝向右手大拇指后折叠针翼,左手食指固定和压迫静脉,拇指拉紧穿刺处皮肤,以15°~30°角进针,入皮后以10°~15°角沿静脉方向推进,见少许回血即减小穿刺针角度,沿血管前行1~2 mm,右手固定针芯，左手将外套管全部送入静脉内，右手缓缓抽出针芯，松开止血带，固定。

c.常规消毒，以15°~30°角进针，速度宜慢，见回血后降低穿刺角度再沿血管推进约2 mm，确保套管进入血管，左手固定外套管，右手持针头退出约2 mm，将套管针软管送入血管内。左手按住外套管，右手取出针芯，软管送入血管内的长度不少于软管长度的一半，固定留置针。

d.常规消毒，以15°~30°角进针，见回血后，右手固定内针不动，左手将外套管向前推进2 mm，再将针压低至约15°角，捻转外套管向前进入静脉。

e.常规消毒，操作者左手绷紧皮肤，右手持针翼，以15°~30°角刺入皮肤，见回血后减小角度继续进针2 mm左右，右手捏针翼将针芯全部退出，将套管完全送入血管，固定留置针。

动物在进行留置针穿刺时往往不配合，且动物大小各异，常伴有严重的脱水，使用不同的穿刺方法成功率大不相同。笔者通过临床应用认为方法d和方法e穿刺成功率非常高，方法d适合幼小、脱水严重的动物，方法e适合血管粗、直、充盈的动物。

③传统输液技术（图2-13-6）的操作步骤。

a.准备。根据注射用药量可备50~100 mL注射器及相应的注射针头（或连接乳胶管的针头），大量输液时则应使用一次性输液器；注射药液的温度要尽可能接近于体温；输液前排净输液器内的气体，拧紧调节器。

b.大型犬猫站立保定，使头稍向前伸，并稍偏向对侧；小型犬猫可行侧卧保定或俯卧保定。

c.犬猫的输液部位在前肢腕关节正前方偏内侧的前臂头静脉和后肢跗部背外侧的小隐静脉，也可在颈静脉。

d.助手或主人从犬猫的后侧握住肘部，使皮肤向上牵拉并让静脉怒张，也可用止血带（乳胶管）扎紧肘部使静脉怒张。

e.操作者位于犬猫的前方，注射针从近腕关节1/3处刺入静脉，当确定针头在血管内后，针头连接管处见到回血，再沿静脉管进针少许，以防犬猫乱动时针头滑出血管，再用胶布缠绕固定针头。

f.松开止血带或乳胶管，即可注入药液，并调整输液速度。

g.输液时，药瓶（生理盐水瓶）挂在输液架上，位置应高于注射部位。

h.在输液过程中，会有溶液不滴、药液外漏等情况，具体处理方式见下文的"（4）静脉输液故障及排除方法"。

i.注射完毕，以干棉签或棉球按压针眼，迅速拔出针头，局部按压或嘱咐宠物主人按压片刻，防止出血。

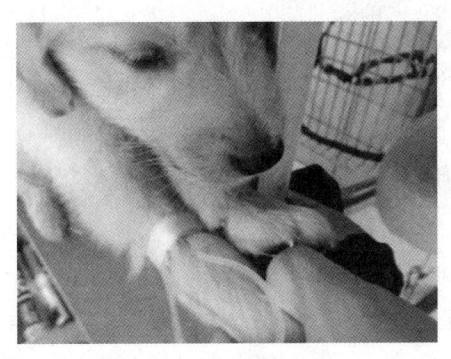

图2-13-6　传统输液

④注射部位的确定。

a.前臂头静脉。位于前肢小臂部的背面或背内侧面,是最常选用的静脉注射部位。给大型犬注射时,助手位于患犬的左侧,用左手从腹侧环抱患犬的颈部以固定头部,右手越过背部,于右侧肘关节的上部握紧注射肢,静脉怒张后便可进行注射。对于小型犬和猫,则应使用止血带于肘上部扎紧使血管怒张,以便于注射。注射前应对局部进行剪毛、消毒处理,注射者用左手握持注射肢,拇指平行于静脉并将静脉固定,右手拇指、食指夹持输液针柄,针头与静脉成45°角刺入静脉,见回血后沿血管方向进针,完成进针后松开手或解除止血带,点滴无误后用胶布固定注射针,进行输液。

当动物脱水严重或贫血、血液过于黏稠时,极可能见不到回血。这时,可以通过折捏输液管后松开看是否回血,也可以稍横向移动针头看血管是否跟随滚动,还可以试滴看针头部是否持续膨起来以判断进针是否正确。

b.股静脉。位于后肢股内侧面,用手指压迫近心端可使静脉怒张,小型犬和猫常在该部位注射。该部位用止血带阻血及固定针头比较困难,但昏迷、休克状态下的动物最适宜在此部位输液。

c.隐小静脉。位于后肢的膝关节与跗关节间,靠近跗关节,于肢外侧由后上方斜向前下。令患病犬俯卧,助手用右大臂压抵宠物头颈部,用双手手指合力压迫膝关节部,使静脉怒张,剪毛消毒后便可以进行注射。也可以令犬横卧,助手用左手下压颈部(注意不要影响宠物呼吸),右手置于膝关节下并压迫,使静脉怒张便可以注射。

后肢外侧小隐静脉注射:此静脉位于后肢胫骨下1/3处的外侧浅表皮下,由前斜向后上方,易于滑动。注射时,使犬侧卧保定,局部剪毛消毒。用乳胶带绑在犬股部,或由助手用手紧握股部,使静脉怒张。操作者左手从内侧握住下肢以固定静脉,右手持注射针由左手指端处刺入静脉。

d.颈静脉。主要是仔犬及仔猫在该部位注射。助手用左手托住宠物的后肢及臀部,右手把持颈部,并用中指和无名指于颈基部固定颈静脉,助手用左手拇指压迫颈静脉使之怒张,剪毛、消毒后,术者用右手拇指、食指持针与颈静脉成30°角向头部方向刺入,见回血后进行输液。颈静脉注射多用于休克的抢救、中毒与昏迷时的快速补液及采集供血动物的血液。静脉注射时多不必进行特殊的保定,只要投给的药物对机体无碍,动物均能在主人的陪伴下安静而顺利地进行。但对于不安的动物,要注意观察,如果出现不安、气喘、肌肉震颤、心搏异常(过快、过慢、节律不齐)、呕吐、眼睑或唇肿胀与瘙痒等症状时,应及时调节注射速度或立即停止滴注。

(3)静脉内注射的注意事项具体如下。

①严格遵守无菌操作规范,注射局部应严格消毒。

②注射时要注意检查针头是否畅通。

③注射时要看清血管路径,明确注射部位,刺入准确,一针见血,防止乱刺,以免引起局部血肿或静脉炎。

④针头刺入静脉后,要再沿静脉方向进针少许,连接输液管并固定针头。

⑤刺针前应排净注射器或输液器中的空气。

⑥注射对组织有强烈刺激的药物时,应防止药液外溢导致组织坏死。

⑦输液过程中,要经常观察动物的表现,如有乱动、出汗、气喘、肌肉震颤、皮肤丘疹(犬)、眼睑和唇部水肿等症状时,应及时停止注射。当发现输入液体突然过慢或停止以及注射局部明显肿胀时,应检查回血,如针头已滑出血管外,则应重新刺入。

⑧静脉注射时,宜从末端血管开始,以防再次注射时发生困难。

⑨注射速度过快、药液温度过低都可能产生副作用,同时有些药物可能引发过敏现象。

⑩对极其衰弱或有心机能障碍的患犬猫进行静脉注射时,尤应注意输液反应。对心肺机能不全者,应防止肺水肿的发生。

(4)静脉输液故障及排除方法。

①溶液不滴。a.针头滑出血管外,液体注入皮下组织,局部有肿胀、疼痛,应另选血管重新注射。b.针头斜面紧贴血管壁导致液体进入受阻,可调整针头位置或适当变换肢体位置。c.针头阻塞,折叠夹紧滴管下段输液管,近针头处输液管受到挤压,若感觉输液有阻力且无回血,表明针头阻塞,应更换针头重新注射。d.由于动物外周循环不良或输液瓶位置过低导致压力过低,可提高输液瓶位置。e.静脉痉挛,用热水袋或热毛巾敷于注射部上端,可解除静脉痉挛。

②静脉注射时药液外漏的处理。a.立即用注射器抽出外漏的药液。b.如系等渗溶液(如生理盐水或等渗葡萄糖),一般很快被机体自然吸收。c.如系高渗溶液,则应向肿胀局部及其周围注入适量的灭菌注射用水,以稀释溶液。d.如系刺激性强或有腐蚀性的药液,则应向其周围组织内注入生理盐水。如氯化钙液外漏,可注入10%硫酸钠或10%硫代硫酸钠10~20 mL,使氯化钙变为无刺激性的硫酸钙和氯化钠。e.局部可用5%~10%硫酸镁进行温敷,以缓解疼痛。f.如系大量药液外漏,应做早期切开,并用高渗硫酸镁溶液引流。

5. 皮下注射、肌肉注射及静脉注射的特点

（1）皮下注射特点：皮下注射的药液，可由皮下结缔组织内分布广泛的毛细血管吸收而进入血液。皮下注射药物的吸收速度比经口给药和直肠给药快，药效确实；与血管内注射相比，没有危险性，操作容易，大量药液也可注射，而且药效持续时间较长。皮下注射时，有些药物有时可引起注射局部的肿胀和疼痛。皮下有脂肪层，药物吸收较慢，一般经5~10 min才能出现药效。

（2）肌肉注射特点：肌肉注射时由于药物吸收缓慢，能长时间保持药效、维持血药浓度；肌肉比皮肤感觉迟钝，因此肌肉注射具有刺激性的药物，不会引起剧烈疼痛。

（3）静脉注射特点：药液直接注入静脉管内，随血液分布全身，见效快、作用强、注射部位疼痛反应较轻。但药物代谢较快，作用时间较短。药物直接进入血液，不会受到消化道及其他脏器的影响而发生变化或失去作用。采用静脉注射，病犬猫能耐受刺激性较强的药液（如钙制剂、10%氯化钠等），并能容纳大量的输液和输血。

五、雾化给药

（1）适用情况：此法尤其适用于清醒的幼犬或猫，患慢性肺部疾病或其他原因所引起的低氧血症需长期给氧治疗的小动物也可用此法。

（2）方法：将犬的头部或整体放入氧舱内。舱内氧气的浓度可根据病情的需要进行调节，一般舱内氧气浓度应保持在40%~60%，可同时混入1.2%以上的二氧化碳，这对兴奋呼吸中枢有明显作用。图2-13-7所示为超声雾化器以及猫的雾化给药法。

（3）注意事项：氧气是一种干燥气体，给氧前应进行湿化（湿度在35%~50%），如不经湿化直接进入呼吸道会使呼吸道黏膜干燥和分泌物黏稠，有损纤毛运动。输入纯氧的时间不能超过12 h，否则可引起氧中毒或氧烧伤，使肺泡膜受刺激和变厚，从而减弱氧和二氧化碳的正常弥散作用。

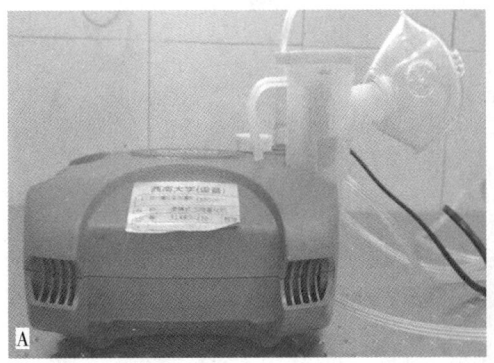

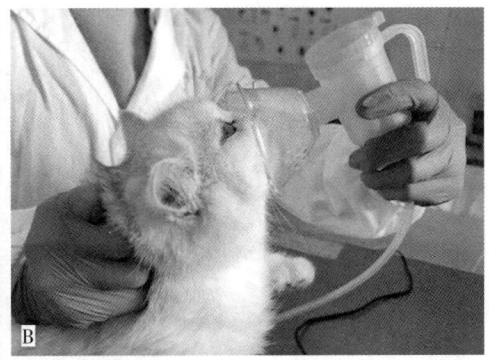

A.超声雾化器；B.猫的雾化给药

图2-13-7 超声雾化器及猫的雾化给药法

【注意事项】

严格按照正确方法进行给药,避免因不规范的操作导致不良影响。

【课后思考题】

(1)动物给药一般有哪些方法?

(2)口服给药和注射给药的操作要点各有哪些?

(编者:丁孟建)

实习十四

公猫导尿及导尿管留置

【实习目的】

（1）掌握公猫尿道解剖特征，以及公猫尿道堵塞原因。
（2）熟悉公猫常见膀胱疾病的诊断及治疗方法。
（3）学生能够掌握动物导尿的基本操作技术。
（4）学生能够在动物保定、麻醉的实习中，巩固自身的理论知识，提升实践操作能力。

【知识准备】

复习猫尿道解剖结构、猫的镇静及麻醉技术。预习猫自发性膀胱炎、猫尿石症的病因、症状、诊断及治疗。

【实习用品】

1. 实习动物

需要导尿的公猫。

2. 实习设备与材料

保定绳、伊丽莎白项圈、猫袋、保定台、猫用一次性导尿管、润滑剂、利多卡因凝胶、止痛/止血药品、麻醉药品、注射器、尿袋等。

【实习内容】

导尿的适应证：自发性膀胱炎和膀胱结石是成年公猫最常见的膀胱疾病，很容易导致公猫尿闭，如果发现不及时，很可能引发尿毒症并导致肾衰竭，目前最有效的处理方法就是导尿和放置导尿管。公猫导尿是小动物临床诊疗必须掌握的一项基础技能，由于母猫尿道构造与公猫尿道有差异，临床上母猫很少出现尿闭症状。图2-14-1所示为猫的尿道发生堵塞，图2-14-2所示为患尿闭的猫的膀胱充盈。

实验分组与动物准备：学生分为6组，每组4~5人。首先，由教师讲述此次实习的主要内容、实习流程、注意事项。然后,教师演示导尿的方法,并指导学生根据实习教材进行实习,轮流进行操作,强调实习中遇到问题要与教师进行讨论。最后,由教师进行总结。实习中动物要保定确实,防止人被咬伤,导尿时要对患猫进行镇静或确实麻醉。

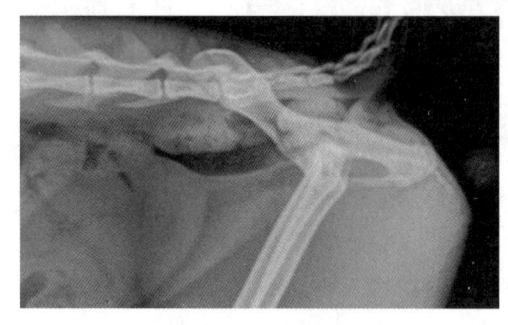

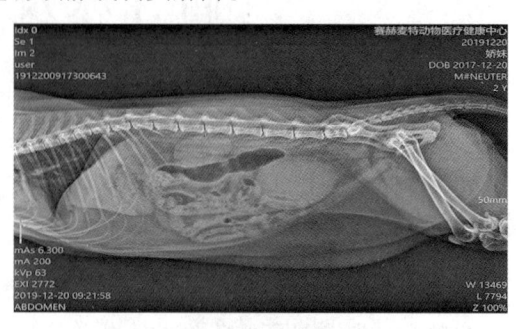

图2-14-1　猫尿道堵塞　　　　　　　图2-14-2　患尿闭的猫的膀胱充盈

实验步骤:用阿片类药物进行术前镇痛,右美托咪定镇静,丙泊酚诱导麻醉。把阴茎向上和向后拉向尾部,尽量将猫尿道拉直。水推法插入导尿管(可以使用留置针替代)→抽出膀胱中的尿液(部分尿液进行尿检)→拔出硬导尿管,置换留置的导尿管(这种导尿管很软)→缝合固定留置导尿管→接入封闭的尿液收集系统(如尿袋)(图2-14-3)。

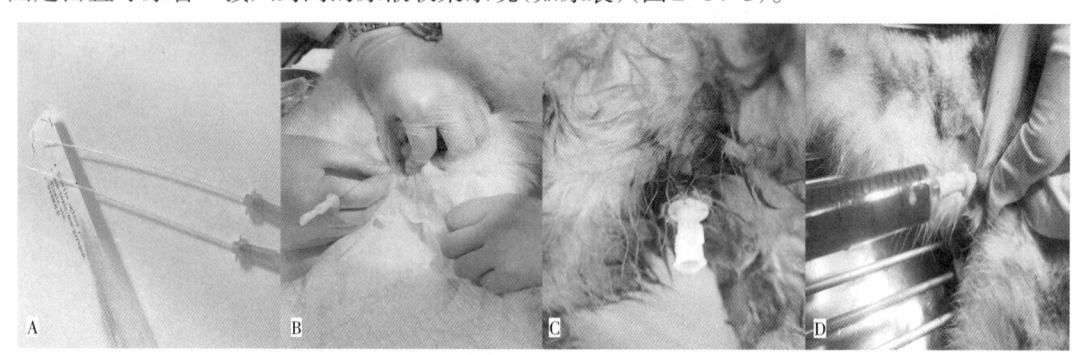

A. 一次性猫用导尿管;B. 插入导尿管;C. 抽出膀胱中尿液;D. 缝合固定导尿管

图2-14-3　猫导尿的操作过程

注意事项:导尿管一般留置时间为3~5天,不宜超过一周。不可以导完尿就拔管,因为要给尿道炎症康复时间,若插了导尿管没多久就拔出来,尿道很可能产生机能性梗阻,出现再次堵塞的概率较高。当排出的尿液逐渐清澈后可进行拔管。

【课后思考题】

(1)猫自发性膀胱炎如何进行治疗?

(2)为什么主要是公猫发生尿道堵塞?

(编者:吴柏青)

实习十五

犬猫输血技术

【实习目的】

(1)掌握犬猫输血的准备工作。

(2)掌握血液采集与保存方法。

(3)掌握犬猫输血的操作流程。

(4)掌握犬猫输血不良反应的处置方法。

【知识准备】

了解血液生理学的基本知识和采血部位局部解剖学结构。

【实习用品】

1. 实习动物

需要输血治疗的犬或猫。

2. 实习设备与材料

显微镜、离心机、保定绳、伊丽莎白项圈、猫袋、采血针、输液袋、采血袋、盖玻片、载玻片、10 mL试管。

【实习内容】

输血疗法是补充犬猫血液或血液成分的一种安全有效的疗法。通过输血,可以达到补充血容量、改善血液循环、提高血液的携氧能力、补充血红蛋白、维持渗透压、纠正凝血机制、增强机体的抗病能力等目的。

1. 采血前的准备

(1)供血动物的选择。

供血动物应该是成年、健康无病、营养良好、不肥胖、未曾输过血、按时注射疫苗和预防心丝虫感染,血细胞比容(犬>40%,猫>35%)和血红蛋白(犬>130 g/L,猫>110 g/L)正常,不贫血,凝血因子正常,无传染病的动物。另外,还应知道动物的血型。

供血犬应温顺,颈部瘦、易采血(大型犬前肢头静脉也可采血),如比格猎犬。个体要大,体重27 kg以上,这样的犬每隔2~3周可采血400 mL,采血量不超过总血量的20%,也就是犬每千克体重可采血15 mL,这样可连续采血2年以上。

供血犬应无犬布氏杆菌病、犬心丝虫病、犬埃立克体病、犬巴尔通体病、莱姆病、克氏锥虫病、巴贝斯虫病和血管性血友病。

较好的供血猫应温顺、颈长、易采血,体重4 kg以上,每隔2~3周,每千克体重可采血10~20 mL。

供血猫应无猫白血病、猫免疫缺陷病、猫传染性腹膜炎、巴尔通体病、弓形虫病和内外寄生虫病,因为有的寄生虫是疾病的传播媒介。

(2)交叉配血(凝集)试验。

①操作步骤如下。

a.取2支试管做好标记,分别从受血动物和供血动物的颈静脉各采血5~10 mL,于室温下静置或离心析出血清备用。紧急情况下可用血浆代替血清,先在试管内加入4%枸橼酸钠溶液0.5 mL或1.0 mL,再采血4.5 mL或9.0 mL,离心取上层血浆备用。

b.另取加抗凝剂的试管2支并做好标记,分别采取供血动物和受血动物血液各1~2 mL,振摇,离心沉淀(或自然沉降),弃掉上层血浆;各取压积红细胞2滴,各加生理盐水适量,用吸管混合,离心并弃去上清液后,再加生理盐水2 mL混悬,即成红细胞悬液。

c.取清洁、干燥载玻片2张,于一载玻片上加受血动物血清(或血浆)2滴,再加供血动物红细胞悬液2滴(主侧);于另一载玻片上加供血动物血清(或血浆)2滴,再加受血动物红细胞悬液2滴(次侧)。分别用火柴梗轻轻混匀,室温下静置15~30 min后观察结果。

试验时室温以15~18 ℃最为适宜;温度过低(8 ℃以下)可出现假凝集现象;温度过高(24 ℃以上)也会使凝集受到影响以致不出现凝集现象。观察结果的时间不要超过30 min,否则会因为血清蒸发而发生假凝集现象。

②试验结果的判定方法如下。

a.肉眼观察载玻片上主侧、次侧的液体均匀红染,无细胞凝集现象;显微镜下观察红细胞呈单个存在,表示配血相适应,可以输血。

b.肉眼观察载玻片上的红细胞凝集呈沙粒状团块,液体透明;显微镜下观察红细胞堆积在一起,分不清界线,表示配血不相适应,不能输血。

c.如果主侧不凝集而次侧凝集,除非在紧急情况下,最好还是不要输血。即使输血,输血速度也不能太快,且要密切观察动物反应,如发生输血反应,应立即停止输血。

2. 采血方法

采血最好在封闭的环境中进行,必须无菌操作,彻底消毒,以防细菌污染血液。采血部位要先剪毛再消毒。采血可利用重力或真空抽吸法,最好把血采入装有抗凝剂的专用塑料袋内或大号注射器内,这样可避免溶血过多。现在多采用人医的采血袋。

(1)犬的采血。

采血部位多选择颈静脉或股动脉,大型犬可在前肢头静脉采血,一般犬在采血时不需要镇静,个别凶猛的犬需镇静后采血。血液最好采入装有抗凝剂的专用采血袋内,袋上通常附有采血针头。

(2)猫的采血。

给猫采血时,多数需要先用镇静药物镇静,多选择在颈静脉采血。最简单的方法是使用装有抗凝剂的大号注射器,一般可采血30~60 mL。

采集的血液如果当时不用,在贮存前需标明动物品种、血型、采血时间、保存到期时间等信息。

3. 血液的保存

血液保存的目的是防止血凝,延长红细胞的体外保存时间,从而保持离体血的活力,保证血液内的成分、血细胞的形态结构基本无变化。为了保持血液稳定不至凝结,必须在采血瓶(或采血注射器)内加入某种抗凝剂,常用抗凝剂有以下几种。

(1)3.8%~4%枸橼酸钠溶液。

枸橼酸钠溶液的加入量与血液的比例是1∶9。枸橼酸钠的优点是抗凝时间长,在无菌条件下,加了枸橼酸钠的血液在4 ℃下保存,7天内其理化性质与生物学特性不会改变。枸橼酸钠的缺点是随同血液进入病犬、猫体内后,很快和钙离子结合,使血液的游离钙含量下降。因此,在大量输血后应注意补充钙制剂。

(2)ACD保存液。

配方为:枸橼酸0.47 g,水杨酸钠1.33 g,无水葡萄糖3.00 g,加注射用水至100 mL,灭菌后备用。ACD保存液的pH值为5.0,与血液混合后的pH值为7.0~7.2。每200 mL全血加ACD保存液50 mL,ACD保存液既能抗凝,又能供给能量。4 ℃时,红细胞在ACD保存液中能保存29天(血液的一般保存期是21天),存活率仍达70%。

(3)CPD保存液。

配方为:枸橼酸钠2.630 g,枸橼酸0.327 g,磷酸钠0.222 g,葡萄糖2.550 g,加注射用水至100 mL,灭菌后备用。CPD保存液14 mL可保存血液100 mL,但也有用CPD保存液10 mL保存动物血液60 mL的情况。红细胞在CPD保存液中的存活时间要比在ACD保存液中的存活时间长,存活率也更高。

(4)10%氯化钙溶液。

该溶液的加入量与血液的比例是1∶9,该溶液具有抗凝作用是由于提高了血液中钙离子的含量,阻碍了血浆中纤维蛋白原的脱出。10%氯化钙溶液的缺点是抗凝时间比较短,抗凝血必须在 2 h 内用完。此溶液还能抗休克,降低病犬猫的反应性。因此,有人认为用 10% 氯化钙溶液作抗凝剂可以不必考虑血液是否相合而直接进行输血。

（5）10%水杨酸钠溶液。

该溶液的加入量与血液的比例是 1:5,抗凝作用可保持 2 天。此溶液也有抗休克作用,用于患风湿病的病犬猫效果更好。

4. 全血输血

全血包括血细胞及血浆中的各种成分。将血液采入含有抗凝剂或保存液的容器中,不做任何加工,即为全血。

（1）全血的种类及适应证。

新鲜全血。血液采集 24 h 以内的全血称为新鲜全血,各种成分的有效存活率在 70% 以上。

保存全血。将血液采至含有保存液的容器后尽快放入 (4±2)℃ 冰箱内,即为保存全血。保存期根据保存液的种类而定。

适应证:大出血,如急性失血、产后大出血、大手术等;体外循环;换血,如新生儿溶血病、输血性急性溶血反应、药物性溶血性疾病;血液病,如再生障碍性贫血、白血病等。

（2）注意事项。

全血中含有白细胞、血小板,可使受血动物产生特异性抗体,当再次输血时,可发生输血反应。

全血中含有血浆,可能导致受血动物产生发热、荨麻疹等变态反应。

血量正常的患犬猫,特别是老龄或幼龄动物应防止出现超负荷循环。

烧伤、多发性外伤以及手术后体液大量丧失的病犬猫,往往是血容量和电解质同时不足,对其进行治疗时最好是输血与输晶体溶液同时进行。

5. 输血方法

（1）输血途径。

有静脉内、动脉内、腹腔内、骨髓内、肌肉或皮下等输血途径。犬猫最常用的是前、后肢静脉内输血,也可采用颈静脉输血。

（2）输血量。

一般为患病动物体重的 1%~2%。犬的输血量一般为 200~300 mL,猫的输血量一般为 40~60 mL。在重复输血时,为避免输血反应,应更换供血动物,或者缩短重复输血时间,在病犬尚未形成一定的特异性抗体前输血,一般均在 3 天以内。

（3）输血速度。

一般情况下,输血速度不宜太快。特别是在输血开始时,一定要慢,而且开始的输血量以少量为宜,以便观察患病动物有无输血反应。如果无反应或反应轻微,则可适当加快速度。

犬在开始输血的 15 min 内应当慢,以 5 mL/min 为度,以后可提高输血速度。猫输血的正常速度为 1~3 mL/min。动物患心脏衰弱、肺水肿、肺充血、一般消耗性疾病(如寄生虫病)以及长期化脓性感染等时,输血速度以慢为宜。

6. 输血反应

(1)发热反应。

在输血期间或输血后 1~2 h 内,动物体温升高 1 ℃以上并有发热症状称为发热反应。发热反应是由抗凝剂或输血器械含有致热原所致;有时也是由多次输血后产生的血小板凝集素或白细胞凝集素所引起的。动物表现为畏寒、寒战、发热、不安、心动亢进、血尿及结膜黄染等,症状一般发热会持续数小时。

处理方法:主要是严格执行无热原技术与无菌技术;在每 100 mL 血液中加入 2% 普鲁卡因 5 mL,或氢化可的松 5 mg;反应严重时应停止输血,同时给予对症治疗。

(2)过敏反应。

目前原因尚不很明确,可能是由于输入的血液中含致敏物质,或因多次输血后体内产生过敏性抗体。病犬猫表现为呼吸急促、痉挛、皮肤出现麻疹等症状,甚至发生过敏性休克。

处理方法:应立即停止输血,肌内注射苯海拉明等抗组胺制剂,同时进行对症治疗。

(3)溶血反应。

因输入错误血型或配合禁忌的血液所致;还可因血液在输血前处理不当,导致大量红细胞破裂,如血液保存时间过长、保存温度过高或过低,使用前室温下放置时间过长或错误加入高渗、低渗药物等。病犬猫在输血过程中若发生溶血反应,会突然出现不安,呼吸和脉搏频率异常,肌肉震颤,不时排尿、排粪,出现血红蛋白尿,可视黏膜发绀或休克。

处理方法:立即停止输血,改注生理盐水或 5%~10% 葡萄糖注射液,随后再注射 5% 碳酸氢钠注射液,并用强心利尿剂等抢救。

【注意事项】

(1)在输血过程中,一切操作均需按照无菌要求进行,所有器械、液体,尤其是留作保存的血液,一旦遭受污染,就坚决废弃。

(2)采血时需注意抗凝剂的用量。采血过程中,应注意将血液与抗凝剂充分混匀,以免形成血凝块或在注射后造成血管血栓。在输血过程中严防空气进入血管。

(3)输血过程中应密切注意病犬猫的动态。当出现异常反应时,应立即停止输血,经查明非输血原因后方能继续输血。

(4)输血前一定要做生物学试验。

(5)输血时血液不需加温,否则会造成血浆中的蛋白质凝固、变性或红细胞坏死,这种血液输入机体后可立即造成不良后果。

(6)用枸橼酸钠作抗凝剂进行大量输血后,应立即补充钙制剂,否则可因血钙骤降导致心功能障碍,严重时可发生心搏骤停而死亡。

(7)严重溶血的血液应弃之不用。

(8)禁用输血法的疾病不得使用输血疗法。患有严重的器质性心脏病、肾脏疾病、肺水肿、肺气肿、严重的支气管炎、血栓形成以及血栓性静脉炎等疾病的动物不能使用输血疗法。

【课后思考题】

(1)为什么要进行输血?

(2)输血的禁忌证有哪些?

(编者:杨凌宸)

实习十六

手术的准备及无菌术

【实习目的】

(1)培养学生严格的无菌观念,为兽医临床工作打下基础。

(2)使学生掌握手术器械以及敷料、动物术部、手术人员手臂和手术场地的准备与消毒技术,强化无菌概念。

(3)学生能够在无菌术的实习中,巩固自身的理论知识,提升实践操作能力。

【知识准备】

复习手术器械以及敷料、动物术部、手术人员手臂和手术场地的准备与消毒知识。

【实习用品】

1. 实习动物

实习用犬或猫4~6只。

2. 实习设备与材料

保定绳、保定台、剪毛剪、煮沸消毒器6具、高压蒸汽灭菌器2台、手术常规器械6套、橡胶手套6双、敷料剪6把、纱布2包、脱脂棉2包、贮槽6个、搪瓷盘6个、带盖搪瓷杯12个、手术巾6块、泡手桶6个、洗手盆12个、指甲剪和指刷各12个、术部常规处理器械6套、量杯6个、喷雾器3具、手术台6具、保定用具6套、75%酒精、5%碘酊、5%新洁尔灭和常用的防腐消毒液等。

【实习内容】

实验分组与动物准备:实训指导教师首先向学生介绍实习内容、实习目的以及要求,简述并亲自示范技能操作的具体步骤,提醒学生关注主要注意事项,或组织学生观看相关内容的录像,然后将学生分为6组,每组4~5人进行独立训练,教师巡视并指导学生操作。将动物保定确实,防止人被咬伤。

1. 手术室的清洁与消毒

(1)手术室的清洁。

手术室应严格遵守无菌操作和清洁消毒等规章制度,各手术小组每次手术前后应认真清洗手术台,冲刷手术室地面和墙壁上的污物,擦拭器械台,及时清洗手术各种用品并分类整理好摆放在固定位置。手术室被污染的地方,或污染后的器物都要用适当的消毒液浸洗或擦拭,术后经过清扫冲洗的手术室要及时通风进行干燥。在施行污染手术后,应及时进行消毒,并规定平时的清洁卫生要求和定期大清洁的制度。

(2)手术室的消毒。

化学药品消毒:可用0.1%新洁尔灭、3%苯酚、2%煤酚皂、百毒杀等溶液,对手术室的保定栏、手术台、地面、墙壁及空间进行喷洒或喷雾消毒。

紫外线灯光消毒:人工紫外线灯照射消毒可用于空气的消毒,能明显减少空气中细菌的数量,同时也可杀灭物体表面上附着的微生物。利用便携式消毒紫外灯或悬吊在手术室天花板上的紫外线灯照射2 h,有明显的杀菌作用,光线照射不到之处则无杀菌作用。

化学药物熏蒸消毒:消毒前将门窗关好,做好密封工作。①甲醛、高锰酸钾法:取含40%甲醛的水溶液,(1 m³的空间用2 mL),再称取高锰酸钾粉(1 m³空间用1 g),将甲醛溶液小心地加入高锰酸钾中,然后操作人员立刻退出手术室,数秒钟后可产生大量烟雾状的甲醛蒸气,持续消毒4小时。②乳酸熏蒸法:使用乳酸原液10~20 mL/100 m³,加入等量的蒸馏水加热蒸发,持续加热60 min,杀菌效果很好。

2. 手术器械的准备及消毒

(1)金属器械。

所有手术用器械都应清洁,不得有污物或灰尘等。不常用的器械或是新启用的器械,要用温热的清洁剂溶液除去表面的保护性油类或其他保护剂,再用大量清水冲去残存的清洁剂后备用。为保持手术刀片应有的锋利度,将手术刀片用小纱布包好,用化学药液浸泡法消毒(不宜高压灭菌)。将每次要用的手术器械包在一个较大的布质包单内,放进高压蒸汽灭菌器内进行灭菌。若无高压蒸汽灭菌器时,也可以采用煮沸法或化学药物浸泡消毒法。

(2)玻璃、瓷和搪瓷类器皿。

这些用品都应充分清洗干净,易损易碎者要用纱布适当包裹进行保护。体积较小的器皿,可采用高压蒸汽灭菌法、煮沸法或化学消毒药物浸泡消毒法进行消毒(玻璃器皿勿骤冷骤热,以免破损)。大件的器皿可放在干净的大型器皿(如大方盘、搪瓷盆等)内,倒入适量医用酒精(95%)并及时点火燃烧灭菌(使用酒精火焰烧灼灭菌法)。

(3)橡胶和塑料类用品的准备与消毒。

临床常用的大多数插管和导管、手套、橡胶布、围裙等用品不耐高温高压,这些用品都应在消毒前清洗干净,并用干净水充分漂洗后再用纱布包好。橡胶制品可以选用煮沸灭菌,也可以采用化学药物浸泡消毒法来消毒;插管和导管等可以在小的密闭容器(如干燥器)内用甲醛熏蒸法来消毒。

(4)敷料、手术创巾、手术衣帽和口罩等物品的准备与消毒。

止血纱布根据具体需要,先裁制成大小不同的方形纱布块,似手帕样,然后对折几次直到将边缘的毛边完全折在内部,再将若干块这种止血纱布用纯棉的小方巾包成小包,和手术创巾、手术衣帽及口罩等放入高压蒸汽灭菌器进行高压蒸汽灭菌。在没有高压蒸汽灭菌器的时候,也可以采用流动蒸汽灭菌法(使用普通的蒸锅,可以从水沸腾后并产生大量蒸汽时计算,经1~2 h灭菌)。手术器械或辅料包在灭菌前应贴上压力灭菌指示胶带,指示胶带在灭菌后颜色会发生变化,以便于与没有灭菌的手术器械包相区别。

3. 手术人员的准备与消毒

手术人员进入手术室前先剪短指甲,剔除甲缘下的污垢,有逆刺的也应事先剪除。手部有创口,尤其有化脓感染创口的人员不能参加手术。手部有小的新鲜伤口的人员如果必须参加手术,应先用碘酊消毒伤口,暂时用胶布封闭,再进行消毒,手术时戴上手套。手术人员的准备与消毒主要包括更衣、手臂的消毒以及穿无菌手术衣和戴手套等方面。

(1)更衣。

手术人员在准备室脱去外部的衣裤、鞋帽,换上手术室专用的清洁衣裤和胶鞋。手术帽应将头发全部遮住,口罩必须同时盖住口和鼻尖。

(2)手臂的消毒。

手臂消毒主要有两个步骤,即机械刷洗和化学药品浸泡。先进行手臂的机械刷洗,范围包括双手、前臂和肘关节以上10 cm的皮肤。刷洗前,应用肥皂和温水洗净双手和前臂,然后用软硬适度的消毒毛刷(指刷),蘸10%~20%肥皂水(最好用低碱或中性肥皂)刷洗,从手指开始逐步向上直至肘10 cm。双手刷洗完后,用流动清水将肥皂冲洗干净。如此反复刷洗2~3遍,历时5~10 min。刷洗完毕,双手向上,滴干余水,取无菌小毛巾将手臂、肘依次擦干,然后进行化学药品浸泡消毒,将双手及前臂置于0.1%新洁尔灭溶液中浸泡,范围应超过肘关节,以保证化学药品均匀且有足够的时间作用于手臂的各部分。常用于手臂皮肤消毒的药液及浸泡时间、浸泡前刷洗时间如表2-16-1所示。

表2-16-1　常用于手臂皮肤消毒的药液及浸泡时间、浸泡前刷洗所需时间

药品名称	浓度	浸泡时间/min	浸泡前刷洗时间/min
酒　精	75.00%	3	10
新洁尔灭	0.05%~0.10%	5	3
洗必泰	0.02%	3	3
聚维酮碘	0.50%~1.00%	3~5	3

(3)穿无菌手术衣和戴手套。

由器械助手打开手术衣包,术者提起衣领的两侧,抖开手术衣,在将手术衣轻抛向上的同时,顺势将两手臂迅速伸进衣袖中,并向前、向上伸展,由身后巡回助手牵拉手术衣后襟;然后术者交叉两臂,提起腰部衣带,以便巡回助手在身后系紧。进行胸、腹腔手术时,经常整个手臂进入腹腔,手术衣以短袖为好;进行体表手术时,以长袖手术衣为佳。图2-16-1所示为穿无菌手术衣的步骤。

手术人员按手的大小选择尺寸合适的手套。戴手套时,先穿好手术衣,后戴上手套。未戴手套的手不可触及手套外面,只能提手套翻折部分的内面;已戴手套的手不可触及手套的内面;最后,将手术衣袖口套入手套袖口内(图2-16-2)。手术人员准备结束后,如手术尚不能立即开始,应将双手抬举置于胸前,并用灭菌纱布遮盖,不可垂放。

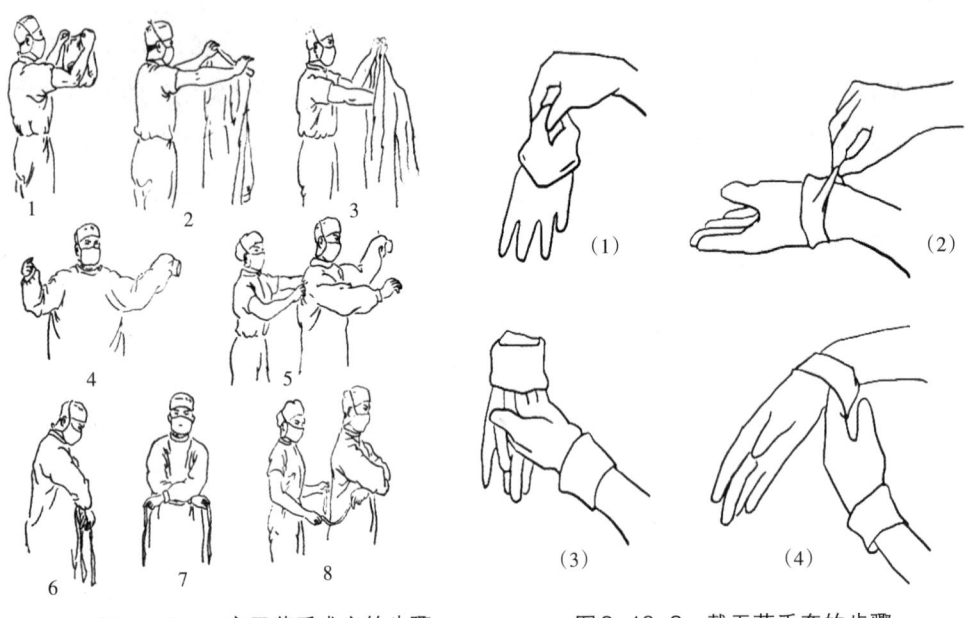

图2-16-1　穿无菌手术衣的步骤　　　　图2-16-2　戴无菌手套的步骤

4. 动物术部的准备与消毒

动物术部的准备与消毒分为三个步骤,即术部除毛、术部消毒和术部隔离。

(1)术部除毛。

将动物保定好,先用剪毛剪或电动剃毛器逆毛流剪除术部的被毛,并用温肥皂水反复擦洗毛发,去除油脂,再用剃刀顺着毛流方向剃毛。除毛的范围一般为手术区域的2~3倍。剃完毛后,用肥皂反复擦拭剃毛区并用清水冲净,最后用灭菌纱布擦干。为了减少对术部皮肤的刺激,术部除毛最好在手术前夕进行。

(2)术部消毒。

动物术部除毛并清洗后,操作人员在手、手臂消毒后尚未穿手术衣和戴手套前对动物术部进行消毒。操作人员用镊子夹取纱布球或棉球蘸5%碘酊涂擦手术区两遍,待完全干后,再用75%酒精擦两遍手术区去除皮肤上的碘酊,以免碘沾及手和器械,带入创内造成不必要的刺激(剃毛区都是需要消毒的区域)无菌手术由拟定手术区中心部向四周涂擦;已感染的创口,由较清洁处向患处涂擦(图2-16-3)。重复涂擦时,必须待前次药品干后再涂。注意:消毒时手不要触及动物被毛皮肤。

(3)术部隔离。

消毒完成后,用大块有孔手术巾进行术部隔离,仅在中间露出切口部位(图2-16-4),使术部与周围完全隔离。也可用四块小手术巾依次围在切口周围,只露出切口部位以隔离术部。手术区一般应铺盖两层手术巾,在铺手术巾前,先认定部位,一经放下,不要移动,如需移动只许自手术区向区外移动,不宜向手术区内移动。第一层铺毕,操作人员将双手臂再于消毒液中浸泡2~3 min,然后穿手术衣及戴手套,再铺盖第二层手术巾。

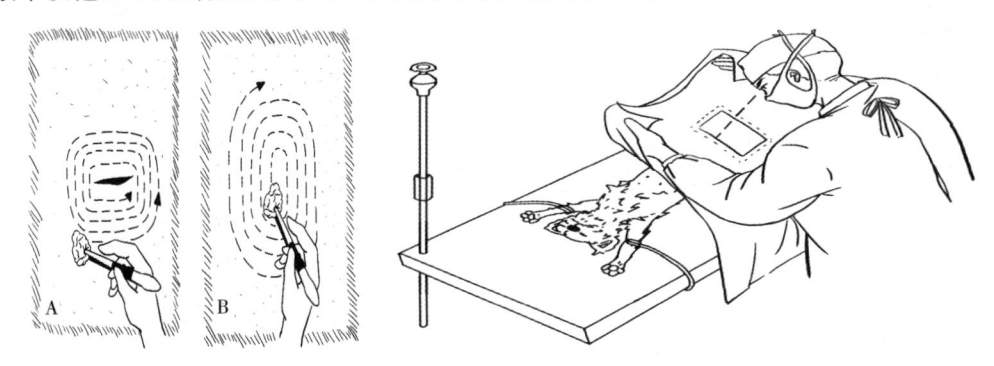

A.感染创口的皮肤消毒;B.无菌手术的皮肤消毒
图2-16-3 术部皮肤消毒

图2-16-4 铺设手术巾

【注意事项】

(1)新洁尔灭等药品,遇碱会导致杀菌效果降低,因此在用新洁尔灭浸泡手臂前,必须将手臂上的肥皂冲洗干净。

(2)浸泡后的手臂,应令其自干,不要用无菌巾擦干。特别是新洁尔灭类药物,自干后可在皮肤上形成一层薄膜,增强灭菌效果。

(3)严格遵守刷洗和浸泡时间,不得随意缩短。如果情况紧急,必要时用肥皂及水初步清洗手臂污垢,擦干,并用3%~5%碘酊充分涂布手臂,待干后,用大量酒精洗去碘酊,即可施行手术,还可以在充分洗手后,戴上灭菌的手套施行手术。

(4)手臂皮肤经消毒处理后,细菌数目虽大大减少,但仍不能认为绝对无菌,在未戴灭菌手套以前,不可直接接触已灭菌的手术器械或物品。

【课后思考题】

(1)如何进行手术室的消毒?

(2)如何进行手术器械的消毒?

(3)怎样进行手术人员的手臂消毒?

(4)怎样进行动物术部的准备与消毒?

(编者:邱世华)

实习十七

手术的基本操作技术

【实习目的】

(1)要求学生能够识别常用外科手术器械,学会使用与传递常用外科手术器械。
(2)掌握组织切开法、软组织分离法及手术过程中常用的止血方法。
(3)掌握常用外科缝合方法的种类与特点。
(4)掌握外科打结与拆线技术。
(5)熟悉组织分离与缝合的原则。

【知识准备】

复习组织分离技术、止血技术、缝合与打结技术的操作要点、遵循原则和注意事项,为实训操作做好知识准备。

【实习用品】

1. 实习动物

实习用犬或猫,每组1只。

2. 实习设备与材料

保定绳、保定台、剪毛剪、高压蒸汽灭菌器2台、手术常规器械6套、纱布2包、搪瓷盘6个、带盖搪瓷杯12个、手术巾6块、泡手桶6个、洗手盆12个、指甲剪和指刷各12个、术部常规处理器械6套、量杯6个、手术台6具、保定用具6套、外科基本操作模拟材料30套、带皮猪肉6块、75%酒精、5%碘酊、5%新洁尔灭和常用的防腐消毒液等。

【实习内容】

实验分组与动物准备:教师首先向学生介绍实习内容、实习目的以及要求,简述技能操作的具体步骤及主要注意事项,亲自示范某些步骤或让学生观看相关内容的录像。然后将学生分为6组,每组4~5人进行独立训练,先在模拟训练材料上练习切开、止血、缝合与打结,再在活体动物上实操,教师巡视并指导学生操作。注意将动物保定确实,防止人被咬伤。

1. 组织分离

(1)模拟材料与离体组织练习。

锐性分离:先在模拟材料上或带皮猪肉上用手术刀或剪进行切开或剪开等操作。用刀分离时,垂直进刀,然后以刀刃沿组织斜行运刀切开组织,最后垂直收刀。用剪刀时,以剪刀尖端进入组织间隙内,不宜过深,然后张开剪柄,分离组织,在确定没有重要的血管、神经后,再予以剪断。锐性分离对组织损伤小,术后反应也少,愈合较快,适用于比较致密的组织。

钝性分离:先在带皮猪肉上用刀柄、止血钳、剥离器或手指等进行练习。将这些器械或手指插入组织间隙内,用适当的力量分离周围组织。钝性分离时,组织损伤较重,术后组织反应较重,愈合较慢,适用于组织间隙或疏松组织,如正常肌肉、筋膜和良性肿瘤等的分离。

(2)活体动物实操。

①皮肤切开法。在此介绍紧张切开、皱襞切开两种方法,具体操作如下。

紧张切开:适用于活动性比较大的皮肤或比较长的皮肤切口。由术者与助手用手在切口两旁或上、下将皮肤展开固定,或由术者用拇指及食指在切口两旁将皮肤撑紧并固定,术者再将刀柄向上用刀刃尖部切开皮肤全层后,逐渐将手术刀放平至与皮肤成30°~40°角,用刀刃圆突部分进行切开(图2-17-1)。切至计划切开的全长时,将刀柄抬高,用刀刃部结束皮肤切口(图2-17-2)。切开时用力要均匀、适中,要求能一次将皮肤全层整齐、深浅均匀地切开。要避免多次切割,以免切口边缘参差不齐,出现锯齿状的切口,影响创缘对合和愈合。

皱襞切开:术者和助手应在预定切线的两侧,用手指或镊子提拉皮肤呈垂直皱襞,并进行垂直切开(图2-17-3)。此法可以使皮肤切口位置正确且不误伤其下层大血管、大神经、分泌管或其他重要组织或器官。

②皮下疏松结缔组织的分离。皮下疏松结缔组织多采用钝性分离,方法是先将组织刺破,再用手术刀柄、止血钳或手指进行剥离。

③筋膜和腱膜的分离。用刀在其中央做一小切口,然后用弯止血钳在此切口上、下将筋膜下组织与筋膜分开,沿分开线剪开筋膜,保持筋膜的切口与皮肤切口等长。若筋膜下有神经、血管,则用手术镊将筋膜提起,用反挑式执刀法做小孔,插入有沟探针,沿针沟外向切开。

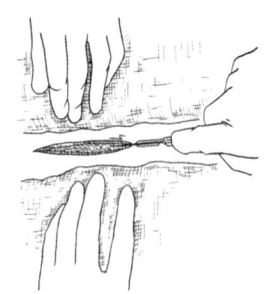

图2-17-1 皮肤紧张切开法图 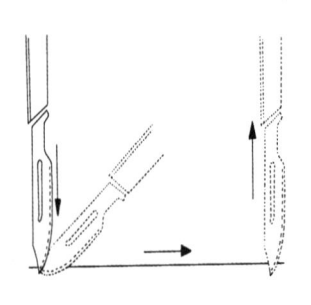　　图2-17-2 皮肤切开运刀方法图 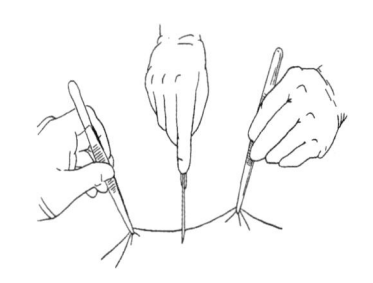　　图2-17-3 皮肤皱襞切开法

④肌肉的分离。先练习沿肌纤维方向做钝性分离,方法是顺肌纤维方向用刀柄、止血钳或手指剥离肌肉组织,扩大到所需要的长度(图2-17-4)。再进行锐性分离,横过切口的血管可用止血钳钳夹,或用细缝线从两端结扎后,从中间将血管切断(图2-17-5)。

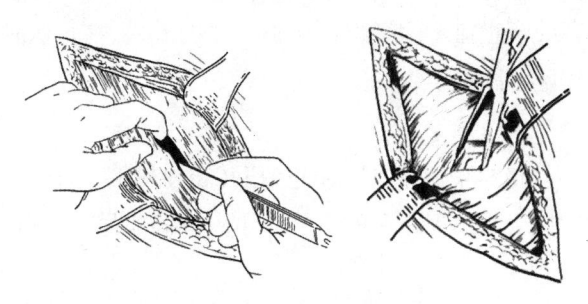

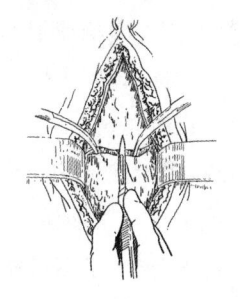

图2-17-4　肌肉的钝性分离　　　　图2-17-5　切断横过切口的血管

⑤腹膜的分离。切开腹膜时,为了避免伤及内脏,由术者用有齿镊或组织钳提起腹膜,助手用止血钳或有齿镊在距术者所夹腹膜对侧约1 cm处将腹膜提起,然后从中间做一小切口,术者利用食指和中指或有沟探针引导,再用手术刀或手术剪分割(图2-17-6)。

⑥肠管的切开。进行肠管侧壁切开时,一般于肠管纵带上纵行切开,并应避免损伤对侧肠壁(图2-17-7)。

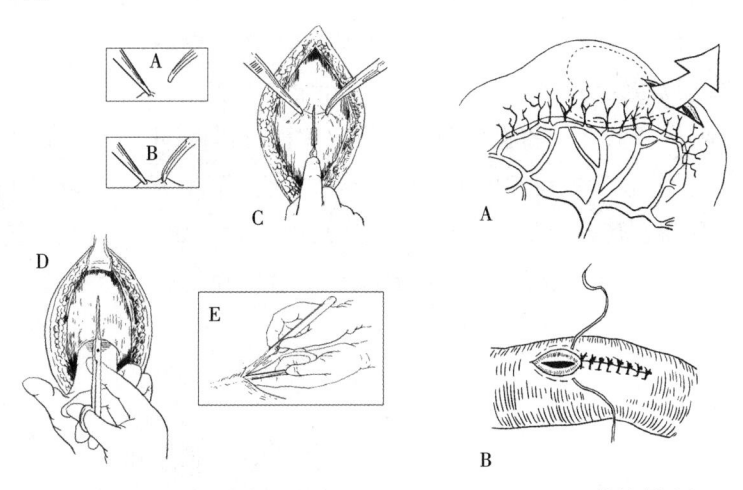

图2-17-6　腹膜切开法图　　　　图2-17-7　肠管的侧壁切开

⑦骨组织的分割。先分离骨膜,用手术刀切开骨膜(切成"十"字形或"工"字形),再用骨膜分离器分离骨膜,然后用骨剪剪断或用骨锯锯断骨组织。当剪(锯)断骨组织时,不应损伤骨膜。为了防止骨的断端损伤软组织,应使用骨锉锉平断端锐缘,并清除骨片,以免遗留在手术创内引起不良反应和阻碍愈合。

2. 术中止血技术

先在模拟训练材料上和离体组织上练习止血技术,然后再在活体动物上实操。

(1)压迫止血。

用纱布压迫出血的部位,使血管破口缩小、闭合,促使血小板、纤维蛋白和红细胞迅速形成血栓而止血。对于较大范围的渗血,用被温生理盐水、1%~2%麻黄素、0.1%肾上腺素等溶液浸湿再拧干的纱布块压迫出血部位,有助于止血。为了保证压迫止血的效果,在止血时,必须是按压,不能擦拭,以免损伤组织或使血栓脱落。

(2)钳夹止血。

利用止血钳最前端夹住血管的断端,并扣紧止血钳进行压迫,扭转止血钳1~2周,使血管断端闭合,或用止血钳夹住片刻,轻轻去钳,从而达到止血的目的。钳夹方向应尽量与血管垂直,钳住的组织要少,切不可做大面积钳夹。

(3)结扎止血法。

此法多用于明显且较大血管出血的止血,结扎止血法有单纯结扎止血法和贯穿结扎止血法两种。

单纯结扎止血法:先以止血钳尖端钳夹出血点,助手将止血钳轻轻提起,使之尖端向下,术者用丝线绕过止血钳所夹住的血管及少量组织,助手将止血钳放平,将尖端稍挑起并将止血钳侧立,术者在钳端的深面打结(图2-17-8)。在打完第一个单结后,由助手松开并撤去止血钳,再打第二个单结。结扎时所用的力量应大小适中,结扎处不宜离血管断端过近,所留结扎线尾也不宜过短,以防线结滑脱。

贯穿结扎止血法:用止血钳将血管及其周围组织横行钳夹,用带有丝线的缝针穿过断端一侧,绕过一侧,再穿过血管或组织的另一侧打结的方法,称为"8"字缝合结扎法。两次进针处应尽量靠近,以免将血管遗漏在打结处之外(图2-17-9A)。如将结扎线用缝针穿过所钳夹组织(勿穿透血管)后先打一结,再绕过另一侧打结,撤去止血钳后继续拉紧线再打结,即为单纯贯穿结扎止血法(图2-17-9B)。

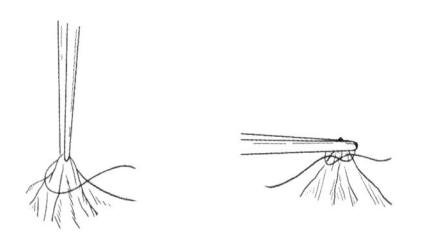

图2-17-8　单纯结扎止血法

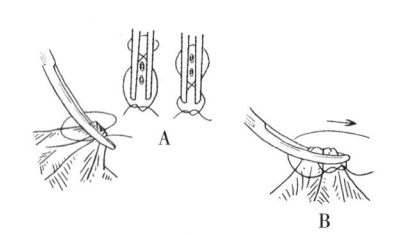

A."8"字缝合结扎法;B.单纯贯穿结扎止血法
图2-17-9　贯穿结扎止血法

3. 缝合技术

(1)单纯缝合法:缝合后切口两侧组织彼此平齐靠拢。

①结节缝合,又称单纯间断缝合。缝合时,将缝针引入15~25 cm缝线,于创缘一侧垂直

刺入，于对侧相应的部位穿出打结。每缝一针，打一次结(图2-17-10)。缝合时要求创缘密切对合。缝线距创缘的距离根据缝合的皮肤厚度来确定，小动物一般为0.3~0.5 cm，大动物一般为0.8~1.5 cm。缝线间距要根据创缘张力来决定，使创缘彼此对合，一般间距为0.5~1.5 cm。打结在切口同一侧，防止压迫切口。结节缝合适用于皮肤、皮下组织、筋膜、黏膜、血管、神经、胃肠道的缝合，优点是操作相对容易、迅速。在愈合过程中，即使个别缝线断裂，其他邻近缝线也不受影响，不致整个创面裂开。

②单纯连续缝合，先用一根长的缝线做一结节缝合，打结后剪去缝线短头，用其长线头连续缝合，以后每缝一针，对合创缘，避免创口形成皱褶，使用同一缝线以等距离缝合，拉紧缝线，最后将线尾留在穿入侧与缝针所带的双股缝线打结(图2-17-11)。此种缝合法具有缝合速度快、打结少、创缘对合严密、止血效果较佳等优点。若抽线过紧，可使缝合区缩小，且有一处断裂或因伤口感染而需剪开部分缝线引流时，均可导致伤口全部裂开。该法常用于具有弹性、无太大张力的较长创口的缝合，如皮下组织、筋膜、血管、胃肠道。

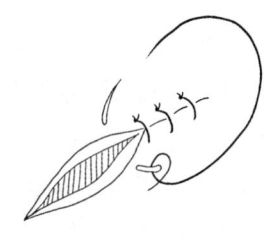

图2-17-10　结节缝合　　　　图2-17-11　单纯连续缝合

③"8"字形缝合法，又称为十字缝合法，可分内"8"字形和外"8"字形两种，如图2-17-12所示。内"8"字形缝合多用于数层组织构成的深创的缝合，在创缘的一侧进针，在进针侧的创面中部出针，第二针于对侧创面中部稍下方进针，方向向创底，通过创底出针后，再穿向第一针出针处的稍下方出针，最后于第二进针点的稍上方进针，于相对的创缘处出针。外"8"字形缝合时，第一针从一侧到另一侧出针后，第二针平行第一针从第一针进针侧穿过切口到另一侧，缝线的两端在切口上交叉形成"X"形，拉紧打结。外"8"字形缝合用于张力较大的皮肤和腱的缝合。

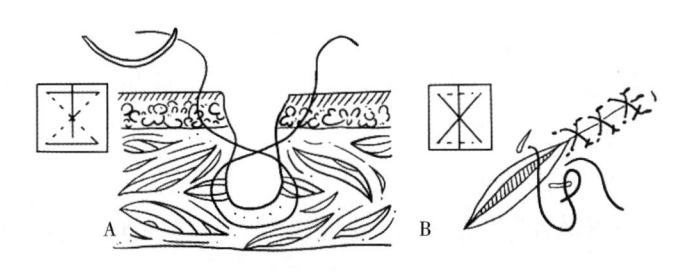

A. 内"8"字形缝合；B. 外"8"字形缝合
图2-17-12　"8"字形缝合

④连续锁边缝合法,又称锁扣缝合,这种缝合方法开始和结束与单纯连续缝合法相同,只是每一针都要从缝合所形成的线襻内穿出(图2-17-13)。此种缝合多用于皮肤直线形切口及薄而活动性较大的部位的缝合。

⑤表皮下缝合法,这种缝合如图2-17-14所示,适用于小动物表皮下缝合。缝合从切口一端开始,缝针刺入真皮下,再翻转缝针刺入另一侧真皮,在组织深处打结。最后缝针翻转刺向对侧真皮下打结,埋置在深部组织内。

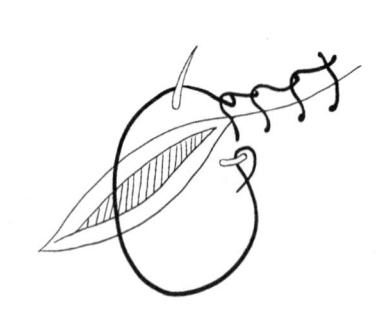

图2-17-13　连续锁边缝合法　　　　图2-17-14　表皮下缝合法

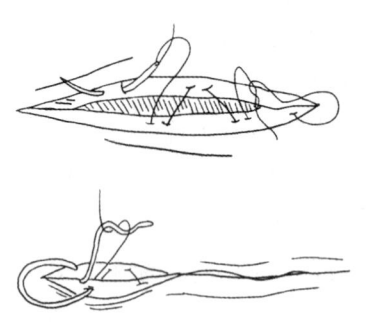

⑥减张缝合法。操作时,先在距创缘比较远处(2~4 cm)做几针等距离的结节缝合,其间再做几针结节缝合即可,如图2-17-15所示。也可在结节缝合完成后,用一条较粗的双线套一纱布卷或橡胶管,在距创缘侧较远处较深地刺入组织,于对侧相应位置穿出,再系一纱布卷或橡胶管,抽紧打结(这种方法称为圆枕缝合,是减张缝合的一种,如图2-7-16)。

图2-17-15　减张缝合　　　　图2-17-16　圆枕缝合

(2)内翻缝合。缝合后两侧组织边缘内翻,使吻合口周围浆膜层互相粘连,外表光滑,以减少污染,促进创口愈合。该法主要用于胃肠、子宫、膀胱等空腔器官的缝合。

①伦勃特氏缝合法,又称为垂直褥式内翻缝合法,是胃肠手术的传统缝合方法,在胃或肠吻合时,用以缝合浆膜肌层。该法分为间断与连续两种,常用的为间断伦勃特氏缝合法。

间断伦勃特氏缝合法:是在胃肠手术中最常用、最基本的浆膜肌层内翻缝合法(图2-17-17)。在距吻合口边缘外侧约3 mm处横向进针,穿过浆膜肌层后于吻合口边缘附近穿出;越过吻合口于对侧相应位置做方向相反的缝合。每两针间距3~5 mm。结扎不宜过紧,以防缝线勒断肠壁浆膜肌层。

连续伦勃特氏缝合法:于切口一端开始,先做一浆膜肌层内翻缝合并打结,再用同一缝线做浆膜肌层连续缝合至切口另一端结束时再打结(图2-17-18)。

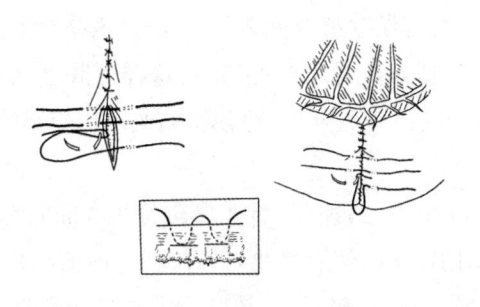

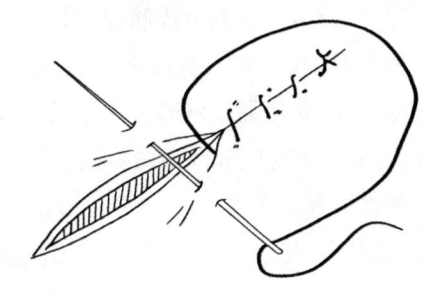

图2-17-17　间断伦勃特氏缝合　　图2-17-18　连续伦勃特氏缝合

②库兴氏缝合法，又称连续水平褥式内翻缝合法，这种缝合法是从连续伦勃特氏缝合法演变来的。库兴氏缝合法是于切口一端先做一浆膜肌层间断内翻缝合，再用同一缝线于距切口边缘2~3 mm处刺入一侧肠壁的浆膜肌层，缝针在黏膜下层内沿与切口边缘平行方向行针3~5 mm；穿出浆膜肌层，垂直横过切口，在与出针直接对应的位置穿透对侧浆膜肌层做缝合（图2-17-19）。结束时，拉紧缝线再做间断伦勃特氏缝合后结扎。该法适用于胃、子宫浆膜肌层的缝合。

③康奈尔氏缝合法，又称连续全层内翻缝合法。其缝合法与连续水平褥式内翻缝合法基本相同，仅在缝合时缝针要贯穿全层组织，随时拉紧缝线，使两侧边缘内翻（图2-17-20）。该法多用于胃、肠、子宫壁缝合。

④荷包缝合。在距缝合孔边缘3~8 mm处沿其周围做环状的浆膜肌层连续缝合，缝合完毕后，先打一单结，并轻轻向上牵拉，将缝合孔边缘组织内翻包埋后，拉紧缝线，完成结扎（图2-17-21）。该法主要用于胃肠壁上小范围的内翻缝合，如缝合小的胃肠穿孔。此外，该法还可用于胃肠、膀胱插管引流固定的缝合及肛门、阴门暂时缝合以防脱出。

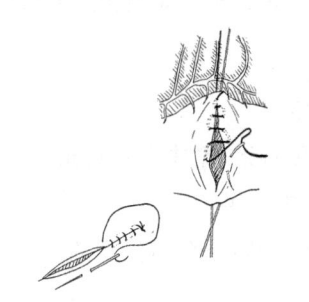

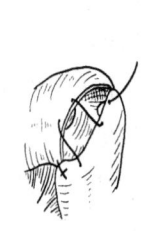

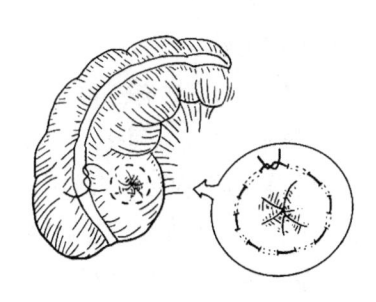

图2-17-19　库兴氏缝合　　图2-17-20　康奈尔氏缝合　　图2-17-21　荷包缝合

(3)外翻缝合。缝合后切口两侧边缘外翻，里面光滑。该法常用于松弛皮肤的缝合、减张缝合及血管吻合等。

①间断垂直褥式外翻缝合。间断垂直褥式外翻缝合是一种减张缝合，缝合方法如图2-17-22所示。缝合时，缝针先于距离创缘8~10 mm处刺入皮肤，经皮下组织垂直横过切口，到对侧相应处刺出皮肤。然后缝针翻转，在穿出侧距切口缘2~4 mm处刺入皮肤，越过切口到相

应对侧距切口2~4 mm处刺出皮肤,与另一端缝线打结。缝线间距为5 mm。该缝合方法要求缝针刺入皮肤时,只能刺入真皮下,切口两侧的刺入点要求接近切口,这样皮肤创缘对合良好,又不使皮肤过度外翻。该缝合方法具有较强的抗张力强度,对创缘的血液供应影响较小;但缝合时,需要较多时间和较多的缝线。

②间断水平褥式外翻缝合。缝合方法如图2-17-23所示,针于距创缘2~3 mm处刺入皮肤,创缘相互对合,越过切口到对侧相应部位刺出皮肤,然后缝线与切口平行向前约8 mm,再刺入皮肤,越过切口到相应对侧刺出皮肤,与另一端缝线打结。该缝合方法要求缝针刺入皮肤时要刺在真皮下,不能刺入皮下组织,这样皮肤创缘对合才能良好。根据缝合组织的张力,每个水平褥式缝合间距为4 mm左右。该缝合具有一定抗张力强度,对于张力较大的皮肤,可在缝线两端放置胶管或纽扣,增加抗张力强度。适用于牛、马和犬的皮肤缝合。

③连续外翻缝合。缝合方法如图2-17-24所示,缝合时自腔(管)外开始刺入腔(管)内,再由对侧穿出,于距切口1~5 mm处再向相反方向进针,两端可分别打结或与其他缝线头打结。该法多用于腹膜缝合和血管吻合。

图2-17-22 间断垂直褥式外翻缝合　图2-17-23 间断水平褥式外翻缝合　图2-17-24 连续外翻缝合

4. 打结方法

常用的打结方法有三种,即单手打结法、双手打结法和器械打结法。

(1)单手打结。右手持线端,左手持较长线端或线轴左右手均可打结,基本动作相似。若结扎线的游离端短线头在结扎右侧,可依次先打第一个单结,然后再打第二个单结。若游离的短线头在结扎的左侧,则应先打第二个单结,然后再打第一单结。若短端在结扎点的左侧,也可用左手照正常顺序进行打结。下面以右手单手打结法为例。

用右手拇指与食指捏住位于结扎点右侧的短线头,左移右手到左手所持长线头之下;翻转右手,使短线头落在中指与无名指的掌侧面上,并在长线头下面与长线头交叉;屈右手中指,钩压长线头,让中指位于短线头之下;用右手中指挑起短线头,并用中指与无名指夹住短线头,放开拇指与食指;自线圈内撤出中指与无名指及二指间所夹持的短线头;立即再用拇指与食指将短线头捏住;右手经左手之上向左前方,左手在右手之下向右后方将两线端拉紧,完成第一单结;右手拇指与中指捏住短线头,食指前伸挑起短线头,并使短线头在长线头之上与长线头垂直交叉；屈食指压住长线头，挑起短线头；出线圈后，右手拇指与食指捏住短线头，左右手分别向两侧将线拉紧，打完第二个单结即完成方结。图2-17-25所示为单手打结法的操作步骤。

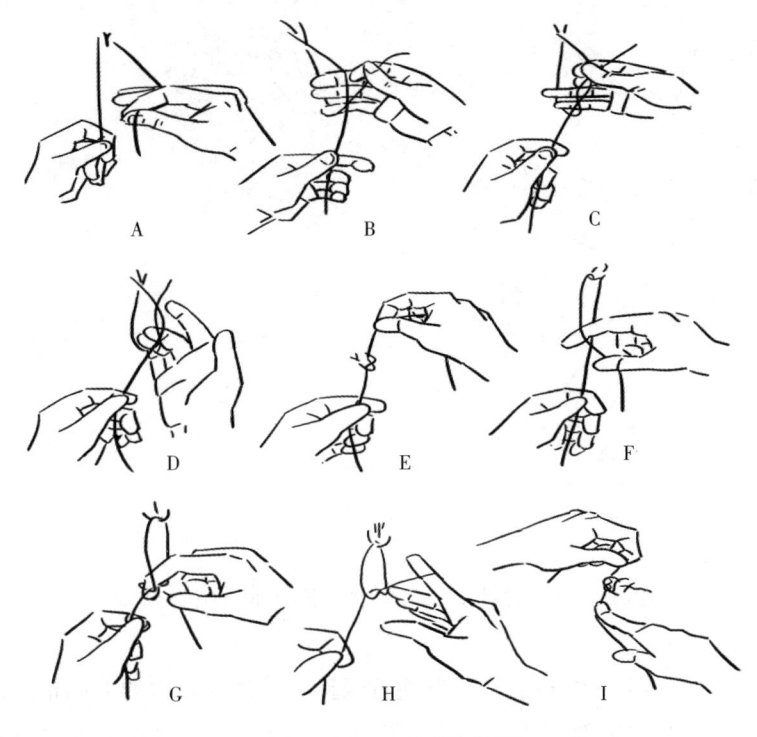

图2-17-25 单手打结法

（2）双手打结法。第一个单结与单手打结法相同，第二个单结换另一只手以同样方法打结（图2-17-26）。双手打结法较为方便可靠，不易出现滑结，除了用于一般结扎外，也适用于深部、较大血管的结扎或组织器官的缝合后打结。左、右手均可为打结之主手，第一、第二两个单结的顺序可以颠倒。

（3）器械打结法。该法用持针钳或止血钳打结，适用于结扎线过短、狭窄的术部、创伤深入和某些精细手术的打结。方法是把持针钳或止血钳放在缝线的较长端与结扎物之间，用长线头端的缝线环绕持针钳一圈后，用持针钳夹住短线头，交叉拉紧即可完成第一单结；打第二结时将长线头向相反方向环绕持针钳一圈后，再用持针钳夹住短线头拉紧，即成为方结（图2-17-27）。

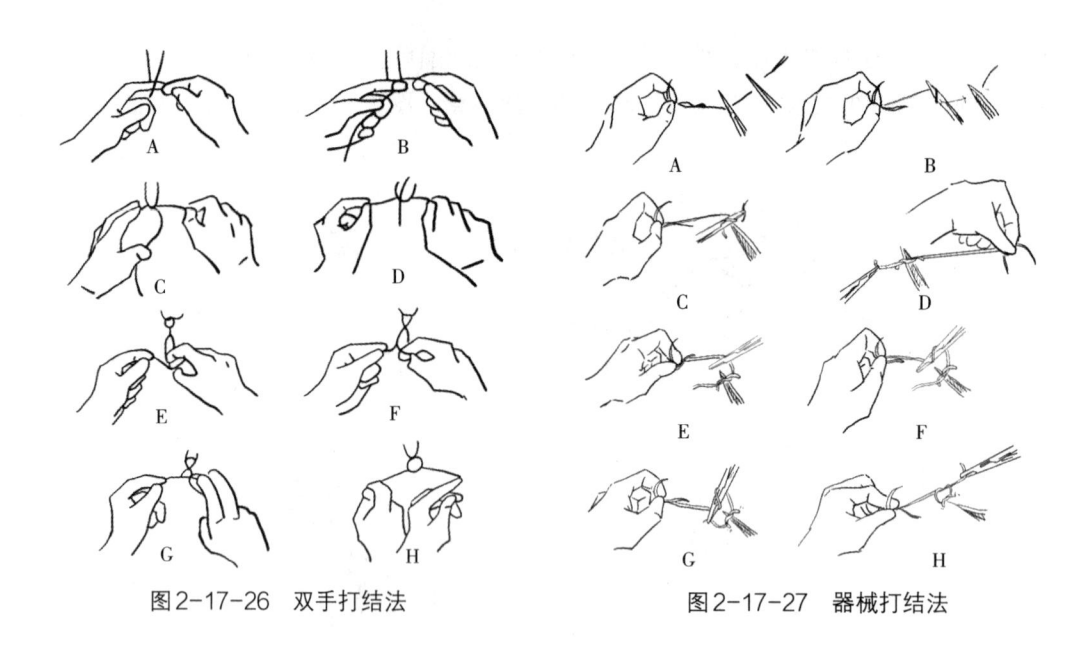

图2-17-26　双手打结法　　　　　图2-17-27　器械打结法

【注意事项】

（1）切口大小必须适当。切口过小，不能充分显露患部；做不必要的大切口，会损伤过多组织。

（2）切开时，须按解剖层次分层进行，并注意保持切口从外到内的大小相同，或渐缩小，绝不能里面大外面小。切口两侧要用无菌巾覆盖、固定，以免操作过程中把皮肤表面细菌带入切口造成污染。

（3）切开组织必须整齐，力求一次切开。手术刀与皮肤、肌肉垂直，防止斜切或多次在同一平面上切割，造成不必要的组织损伤。

（4）在止血时，必须是按压，不能擦拭，以免损伤组织或使血栓脱落。

（5）组织应按层次进行缝合，较大的创伤要由深到浅逐层缝合，以免影响创伤愈合或导致伤口裂开。浅而小的伤口，一般只做单层缝合，但缝合必须通过各层组织，缝合时应使缝针与组织垂直，拔针时要按针的弧度和方向拔出。

（6）打结收紧时要求三点成一直线，即左、右手的用力点与结扎点成一直线，不可成角向上提起，否则结扎点容易撕脱或结松脱。

（7）无论用何种方法打结，第一结和第二结的方向不能相同，即两手需交叉，否则即成假结。如果两手用力不均，可打成滑结。

【课后思考题】

(1)如何进行皮肤切开？有几种方法？

(2)怎样进行肌肉的钝性分离？

(3)如何进行贯穿结扎止血？

(4)如何进行伦勃特氏缝合？伦勃特氏缝合有什么用途？

(编者：邱世华、江莎)

实习十八

局部麻醉技术

【实习目的】

(1)熟悉常用局部麻醉药物的种类、特点和使用范围,并能根据临床需要正确选用局部麻醉药。

(2)掌握常用的局部麻醉方法。

(3)了解局部麻醉注意事项。

(4)让学生能够在局部麻醉的实习中,巩固自身的理论知识,提升实践操作能力。

【知识准备】

复习常用局部麻醉药物的种类与特点,掌握犬猫常用的局部麻醉方法及局部麻醉注意事项。

【实习用品】

1. 实习动物

实习用犬或猫,每组1只。

2. 实习设备和材料

保定绳、伊丽莎白项圈、猫袋、保定台、剪毛剪、注射器及注射针头、脊髓穿刺针、酒精棉球、盐酸普鲁卡因溶液(0.5%~1.0%、2%~3%)、2%~4%利多卡因、1%~2%丁卡因。

【实习内容】

实验分组与动物准备:教师首先向学生介绍实习内容、实习目的及要求,简述并亲自示范技能操作的具体步骤,或观看相关内容的录像,告知学生注意事项。然后将学生分为6组,每组4~5人进行独立训练,教师巡视并指导学生操作。实习时动物确实保定。

1. 表面麻醉

取一只实验用犬,仰卧保定,暴露肛门,肛门外周消毒,用除去针头的1 mL注射器将1%~

2%丁卡因或2%~4%利多卡因注入直肠,利用麻醉药的渗透作用使其透过直肠,并用针刺法检查直肠黏膜的麻醉效果。

2. 局部浸润麻醉

取一只实验用犬,仰卧保定,腹底壁除毛消毒,在腹中线上根据预切开长度,在切口一端将针头刺入皮下,然后将针头沿切口方向向前刺入所需部位,边退针边注入0.5%~1%盐酸普鲁卡因,注射完毕拔出针头,再以同法由切口另端进行注射,用药量根据切口长度而定。图2-18-1所示为局部浸润麻醉的不同方法。

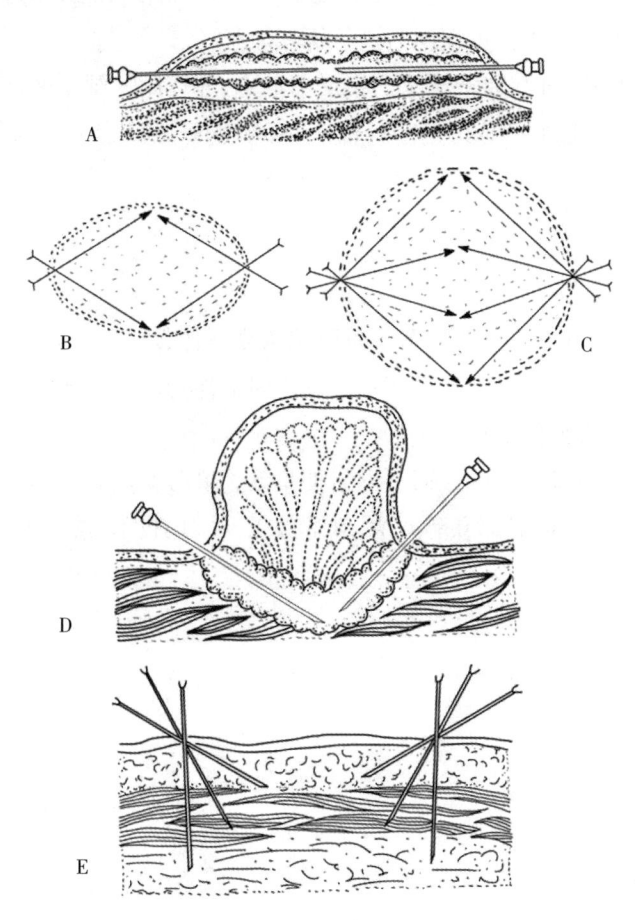

A.直线浸润;B.菱形浸润;C.扇形麻醉;D基部麻醉;E分层麻醉
图2-18-1 局部浸润麻醉法

3. 犬猫硬膜外腔麻醉

犬猫侧卧保定,并使背腰弓起,其注射点是两侧髂骨翼内角横线与脊柱下中轴线的交点。在该处垂直于皮肤刺入针头,穿入皮肤后取出针芯,向针筒内加入0.9%氯化钠溶液,再依次穿过皮下组织、脊上韧带、脊间韧带、黄韧带进入硬膜外腔,当穿破弓间韧带后阻力骤减,生理盐水从针筒内被吸入,说明针已进入硬膜外腔,然后注入2%~3%盐酸普鲁卡因或2%~4%利多卡因2~5 mL。如果针头接口中有脑脊液存在,则将药物剂量减少50%。5~15 min后开始进入麻醉,用针刺法检查麻醉效果。进行硬膜外腔麻醉时,要求学生严格局部消毒,并控制针刺深度,以防损伤脊髓。

【注意事项】

(1)进行硬膜外腔麻醉实习时,动物要保定确实,让每位学生进行麻醉部位的触摸,可由学生代表进行练习,其他学生亦可在课后进行练习。

(2)进行硬膜外腔麻醉时,要求学生严格局部消毒,并控制针刺深度,以防损伤脊髓。

(3)麻醉效果最好通过针刺反应进行检查,使学生正确认识局部麻醉在外科手术中的作用。

【课后思考题】

(1)常用局部麻醉药的特点、应用范围及应用浓度是什么?

(2)犬硬膜外腔麻醉的进针部位在哪里?操作时的注意事项有哪些?

(3)简述犬硬膜外腔麻醉的操作过程。

(4)安排学生赴教学动物医院或通过网络搜集动物麻醉案例。

(5)完成实习报告,说明局部麻醉方法、麻醉效果及操作技术,总结训练体会。

(编者:邱世华)

实习十九

犬猫的全身麻醉

【实习目的】

(1) 熟悉全身麻醉前常用药物的种类与特点。
(2) 掌握全身麻醉前的检查内容与评估方法。
(3) 掌握注射法全身麻醉的常用药物和操作方法。
(4) 掌握吸入麻醉的操作方法和注意事项。
(5) 学生能够通过实习巩固自身的理论知识,提升实践操作能力。

【知识准备】

复习全身麻醉前常用药物的种类与特点,全身麻醉前检查内容与评估方法,注射法全身麻醉的常用药物和操作方法,吸入麻醉的操作方法和注意事项。

【实习用品】

1. 实习动物

实习用犬或猫,每组1只。

2. 实习设备与材料

保定绳、伊丽莎白项圈、猫袋、保定台、剪毛剪或电推子、注射器及注射针头、酒精棉球、吸入麻醉机、气管插管及喉镜、开口器、心电监护仪、丙泊酚、异氟烷、846合剂、舒泰50、硫酸阿托品、格隆溴铵、氯胺酮、右美托咪定等。

【实习内容】

实验分组与动物准备:教师首先向学生介绍实习内容、实习目的和要求,简述并亲自示范操作的具体步骤,告知学生主要注意事项,或观看相关内容的录像,然后将学生分为6组,每组4~5人进行独立训练,教师巡视并指导学生操作。实验时动物确实保定。

1. 麻醉前检查与评估

动物麻醉前禁食12小时,自由饮水。在实施全身麻醉之前,要进行全面的体格检查和血液学检查。监测记录体温(T),脉搏(P),呼吸(R),血氧饱和度,毛细血管再充盈时间(CRT),各种反射(角膜、眼睑、瞳孔、舌状态、排尿、肛门、尾力等)以及痛觉[头颈、腰背、腹部、口唇、指(趾)等部位],凝血检查,全血细胞检查,生化,血气等指标,综合分析患病动物的身体状态(表2-19-1)。应用美国麻醉医师协会(ASA)提出的体况分级系统对动物机体状态进行评估(表2-19-2)。

表2-19-1 动物麻醉前检查表

动物名字:		主人名字:		日期:	
就诊原因:					
体重:		心率:		呼吸:	体温:
可视黏膜颜色:		CRT:		脱水情况:	体况评分(1~9):
饮食欲:		睡眠:		尿液:	大便:
精神状况(如焦虑、兴奋、警觉、镇定、沉郁、嗜睡等):					
以下指标如有异常请如实描述					
总体外观:					
皮肤:					
眼睛/耳朵:					
心血管系统:					
呼吸系统:					
消化系统:					
泌尿系统:					
淋巴系统:					
其他系统:					
疼痛评分 0(无疼痛)、1、2、3、4、5、6、7、8、9、10(剧烈疼痛):					
病史:					
疾病描述:					
发病时间:					
曾用药物:					
过敏史:					
家里是否有其他宠物及健康状况:					
其他补充信息:					

表2-19-2　动物麻醉风险分级

分级	麻醉风险
ASA I	动物没有任何的器官疾病，可择期手术，如绝育术等。
ASA II	动物有轻度异常，但不会影响到全身的健康状况，如无并发症的骨折或良性皮肤肿瘤。
ASA III	中度至重度全身性疾病，如轻度到中度脱水、甲状腺功能亢进、电解质失衡、贫血、发热等。在麻醉前调整体况至稳定状态以降低麻醉风险。
ASA IV	严重的全身性疾病，危及生命，麻醉风险较大，如充血性心力衰竭、肝性脑病、严重脱水、败血症、严重高钾血症等，如麻醉前不进行调整，则可能会发生死亡。
ASA V	动物病情危重，随时有死亡的危险，手术或不手术都可能在24 h内发生死亡，如伴有感染性休克、多器官衰竭、败血症、胃扩张和扭转等。

2. 麻醉前用药

麻醉前用药有助于保定、减轻动物的恐惧、术前镇痛、诱导麻醉、降低全身麻醉药物的潜在危险性、降低发生心律失常性自主神经反射的可能性。麻醉前用药通常在诱导前15~30 min通过肌肉或皮下注射给药。麻醉前用药的选择受诸多因素影响，包括动物的体征、性情、体况、并存疾病、要进行的操作以及个人偏好等。麻醉前用药应根据动物品种、年龄、性别、体况及麻醉方法等合理选择。麻醉前常用药物有：局部麻醉药、抗胆碱药、镇痛药、镇静安神药、肌肉松弛药、抗生素等。如利多卡因气雾剂、硫酸阿托品、格隆溴铵、布托啡诺、乙酰丙嗪等（表2-19-3）。

表2-19-3　犬猫全身麻醉前常用药物

种类	名称	药物剂量（按动物体重给药）	适应证、不良反应及禁忌证
抗胆碱药	格隆溴铵	0.005~0.01 mg/kg，SQ、IM或IV（犬、猫）	减少呼吸道和唾液腺的分泌，抑制胃肠道蠕动，防止动物在麻醉时呕吐。预防反射性心率减慢或骤停，患有心脏病的动物应慎用硫酸阿托品。
	硫酸阿托品	0.02~0.04 mg/kg，SQ、IM或IV（犬、猫）	
分离麻醉剂	氯胺酮	5 mg/kg，IM（猫，镇定）；10~20 mg/kg，IM（猫，保定）	对猫可起到较好的镇定作用。禁止用于肝衰竭的犬，肾衰和尿道阻塞的猫，有癫痫史、二尖瓣关闭不全、颅内压与眼内压升高的动物。
镇静安定药	右美托咪定	3~10 μg/kg，IM（犬）；40 μg/kg，IM（猫）	用作犬、猫的止痛剂和镇静剂，也可作为犬深度麻醉前的前驱麻醉药；用药后动物血压会升高，也可能会导致体温降低和呼吸频率降低。

续表

种类	名称	药物剂量（按动物体重给药）	适应证、不良反应及禁忌证
镇静安定药	咪达唑仑	0.25 mg/kg，IM、IV 或 SQ（犬、猫）	与镇静剂联合使用时，可产生可靠的镇静效果；单独使用时只能用于幼龄、老龄动物的麻醉。通常用于辅助诱导麻醉。
	地西泮	0.2 mg/kg，IM、IV 或 SQ（犬、猫）	
镇痛药	芬太尼	2~5 μg/kg，IM、IV 或 SQ（犬）； 1~2 μg/kg，IM、IV 或 SQ（猫）	用于中度疼痛的镇痛；持续时间短。
	布托啡诺	0.2~0.4 mg/kg，IM、IV 或 SQ（犬、猫）	用于轻度疼痛的镇痛；作用时间较短，且会造成心动过缓。

注：IM 为肌肉注射，IV 为静脉注射，SQ 为皮下注射。

3. 吸入麻醉

（1）诱导麻醉。麻醉前给药：麻醉前 5 min，皮下注射 0.5% 硫酸阿托品[0.04 mg/kg（体重）]或格隆溴铵[0.011 mg/kg（体重）]。丙泊酚诱导麻醉：静脉缓慢推注，使丙泊酚对心血管的副作用降到最低，以免造成心动过缓或呼吸暂停。

（2）气管内插管。

①气管插管的组成：了解气管插管需要几个组件才能正确使用，并能在使用之前检查其完整性（图 2-19-1）。气管插管由软管接头、管体、套囊、墨菲眼等组成。

a. 软管接头在气管插管的末端。它可将导管与"Y"形管、无重复吸入系统或人工呼吸机（急救袋）连接起来。

b. 管体是气管插管的主要部分。管体标明了相关参数可确定插管的长度，插管的长度以 2 mm 为单位递增。大的粗体字是以毫米为单位的管内径大小，最常使用的导管内径大小是以 0.5 mm 为单位增加，范围在 3.0~12.0 mm。

c. 套囊是防漏装置。通过充气指示球将空气注入套囊后，其与气管紧密相贴，确保气管腔密闭。套囊能阻止患畜吸入室内空气（室内空气会稀释用于患畜的麻醉气体），还可以阻止患畜呼出的麻醉气体进入手术室，另外还可以防止呕吐物反流入气管。

d. 墨菲眼（Murphy eye）在气管插管的前端。当呼吸道分泌物阻塞插管的顶端时，气流可从墨菲眼进入。

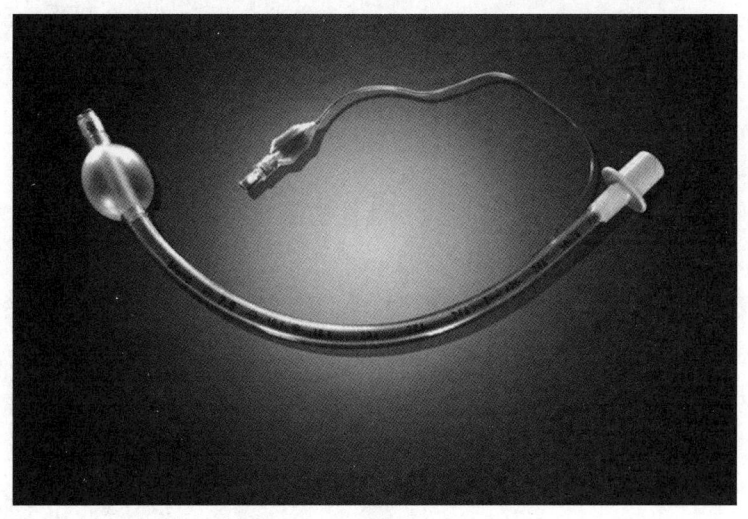

图2-19-1 气管插管的结构

②插管型号的选择:选择气管插管时,在不伤害动物的前提下,尽可能选择内直径大的气管插管。一般情况下,插管大小要根据动物的体重来确定(表2-19-4)。因为动物大小不同,可准备多个插管,并检查每个插管的渗漏情况。通常的做法是选择一个认为尺寸合适的插管,再选择比该管内直径小0.5 mm和大0.5 mm的两个插管备用。

表2-19-4 根据体重选择合适的气管插管

动物种类	体重/kg	内直径/mm
犬	2	3.0~4.0
	5	5.0~6.0
	10~12	7.0~8.0
	14~16	8.0~9.0
	18~20	9.0~10.0
	>20	11.0和以上
猫	2	3.0~3.5
	4~5	3.5~4.0
	>5	4.0~4.5

③检测气管插管是否渗漏:在使用之前必须检测气管插管是否渗漏。将插管全部浸入一盆清水中,把注射器连接到充气指示球上;然后向套囊充气使其完全膨胀并观察是否有气泡。如看到从水中任何位置出现气泡表明插管漏气,漏气的气管插管禁止使用。

④插入气管插管时测量插管的步骤:a.尽可能将患畜侧卧保定。b.确定胸腔入口和喉的

位置,下颌骨的下颌支可作为喉的界标。c.避免插管和患畜毛发接触,将插管的顶端和中间放置在喉与胸腔入口之间。d.确定插管位置正好在犬齿处。e.将纱布系在犬齿处插管位置上,以作标记。f.理想状态下,插管接头末端应该在切齿处,如果太多管体超出了切齿,应切除部分插管,以减少"死腔"。

⑤气管插管所需要的物品:气管插管、套囊注射器、纱布、无菌润滑剂、带光源喉镜、表面麻醉剂等(图2-19-2)。

a.气管插管:选用透明插管便于发现血、黏液的堵塞,也便于观察气管插管内腔移动的雾气,可以迅速确定患畜是否呼吸。

b.套囊注射器:套囊注射器可使气管插管套囊膨胀,通常用6 mL或12 mL的注射器。在整个过程中,套囊注射器应随时可用,将注射器放置在麻醉机附近,方便随时使用。

c.带光源喉镜:应用光源能显著加快插管进程,使喉容易被看到,提高插管成功率。喉镜包括两个主要部分——喉镜柄和喉镜片(图2-19-3)。喉镜片里有灯泡,且喉镜片有弯或直的区分。用编号来表示喉镜片的长度,编号越大,喉镜片越长。通常,0号用于猫,1号用于小型犬,2号用于中等大小的犬,3号用于大型犬。喉镜柄里的电池可作为喉镜工作照明用的电源。

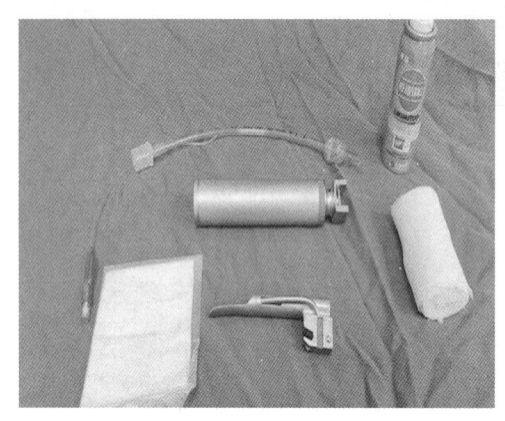

图2-19-2 气管插管所需物品 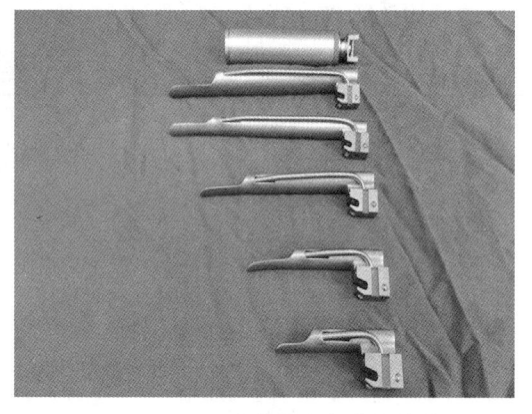　　图2-19-3 喉镜柄和各种喉镜片

d.纱布:一旦气管插管安置恰当,纱布可用来确保气管插管安置正常。纱布系在插管上可显示气管插管插入患畜的深度。在安置之前测量插管以确定插入的适当深度。

e.无菌润滑剂:无菌润滑剂用来润滑气管插管的前端和套囊,使插管更容易通过喉部。润滑剂要涂在干净的棉球或粗纤维纸上,然后再涂在导管上。

⑥气管内插管的步骤:诱导麻醉完成后,将犬头前伸,舌拉出,待犬吸气时进行气管内插管。根据人员情况,插管分为单人气管插管法和双人气管插管法。

a.单人气管插管法:动物俯卧位保定,用开口器打开口腔。用一只手持下颌骨,将舌头完全伸展并用拇指按住,拇指末端应放在犬齿尾侧处,这只手的其他手指放在下颌骨的腹侧面。观察声门,如果会厌处于背侧,可用气管插管将其拉下以确保能看见声门。将润滑过的插管通过声门插入预定的长度,即到插管系纱布的位置,并确保插管在患畜体内。对于犬来说,可用纱布系在鼻弓上,使插管末端在犬齿尾侧处。对于猫来说,可用纱布系在耳后颅骨底部。开口器保留在原位,直到患畜已经达到手术所要求的麻醉程度,避免其意外咬到插管。

b.双人气管插管法:保定助手将患畜俯卧位保定。如果使用开口器,可将开口器置于患畜口中;如果不使用开口器,保定助手一手持住上颌骨,一手持住下颌骨将口打开。对犬要抓持犬牙的尾侧来保定上颌骨;对猫要抓持耳廓的尾侧并把颅骨包在掌中来保定上颌骨,用持下颌骨的手去抓舌头,使舌头充分伸展,并超出下颌骨切齿。保定助手抬起患畜头部,伸展其颈部以利于插入导管者观察。使用喉镜,照亮喉部来进行彻底观察。找到声门,让插管穿过声带进入声门。推进插管到预定深度,即到插管系纱布的位置,确保导管在患畜气管内。对犬来说,可用纱布系在鼻弓上,纱布应该舒适且不阻断循环。对猫来说,可用纱布系在耳后颅骨底部。在使用开口器的情况下,就算动物紧张程度可能已经降低,也要把开口器保留在原位,直到患畜已经达到手术所要求的麻醉程度,避免其意外咬到插管。图2-19-4所示为猫呼吸前麻醉插管的操作流程。

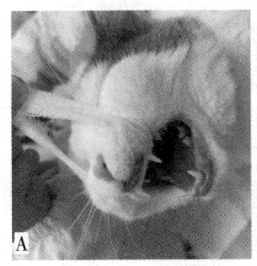

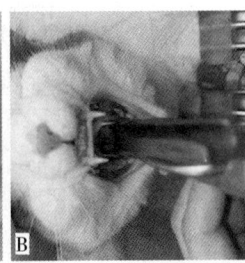

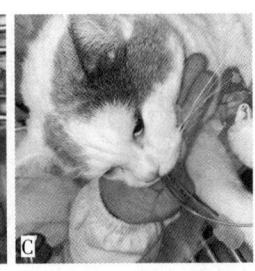

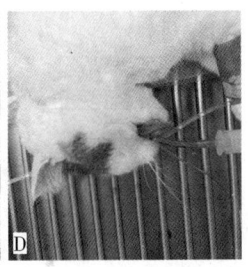

A.打开口腔;B.插入喉镜;C.插入气管插管;D.连接麻醉机
图2-19-4 猫呼吸麻醉插管的操作流程

⑦检查气管插管安置是否正确的方法。

a.咳嗽。当插管进入气管时,许多动物会出现咳嗽反应。但当动物咳嗽时,气管插管有可能离开声门而误入食道。

b.插管中出现雾气。如果气管插管已经插到气管中,随着呼气插管内腔应有雾气出现。

c.插管外端出现气流能吹动纱布或毛发。如插管安置正确,放置在气管插管末端连接处的一些纱布丝条或毛发将会随着每次呼气而被吹动。但要鉴别是否是由房间内其他空气流动引起的。

d.感觉气流。如果插管在气管里,呼出的气体在插管末端连接处能被感觉到。可通过压迫两侧胸部的方法来检查安置是否成功。操作时要小心避免压迫腹部,因为错误安置插管可能引起错判。

e.触诊。触诊颈部腹侧面应该感觉到一个导管状物体。如果插管在气管内,可感觉到坚硬的管状结构。如果导管在食道内,则可触摸到两个坚硬的管状结构物体。

要在气管插管与麻醉机连接之前确定导管安置正确。连接上麻醉机之后需要再次检查气管插管安置情况。根据呼吸活瓣和呼吸囊随每次呼气和吸气的运动情况做进一步的检查。一旦患畜已成功地安置了气管插管，就可以进行术部准备了。迅速连接麻醉机，连通呼吸监护仪，并确保二氧化碳监测仪已正确连接于气管插管与麻醉回路之间，观察CO_2分压变化以确定导管是否插入气管内。

（3）维持麻醉。由于异氟醚价格低廉，麻醉效果确实，实训练习选用异氟醚维持麻醉。气管内插管完毕后，接通麻醉机。行间歇正压通气，呼吸频率调至12次/min，吸呼比1:2，潮气量设置为20~25 mL/kg。先进行5 min纯氧吸入（4~5 L/min），然后打开蒸发器，旋至第5挡（最高浓度）。根据麻醉程度及全身状况调节麻醉药浓度，使异氟醚浓度维持在1.0%~2.2%之间。麻醉过程中，室温保持在15~20 ℃，氧流量维持在1~2 L/min。如表2-19-5所示，不同动物平静状态下呼吸频率、气道压力、潮气量、呼末CO_2、每分钟通气量参数均有不同。

表2-19-5　正常犬、猫平静状态下呼吸频率、气道压力、潮气量、呼末CO_2、每分钟通气量参数

动物种类	呼吸频率/（次/min）	气道压力/kPa	潮气量/（mL/kg）	呼末CO_2/cmH_2O	每分钟通气量/（mL/kg）
小型犬或猫	15.0	1.0~1.5	10.0~15.0	35.0~45.0	150.0~250.0
中或大型犬	10.0	1.5~2.0	10.0~15.0	35.0~45.0	150.0~250.0

注：1 cmH_2O=0.098 kPa，1 mmHg≈1.36 cmH_2O

4. 注射麻醉

（1）麻醉前检查。在动物麻醉前要对动物病情做详细的调查，首先了解犬猫的现病史和既往病史，是否患过呼吸系统和心血管系统疾病。检查动物的体质、营养状况、可视黏膜变化及生命指征，结合实验室检验和其他特殊检查结果，对病情做出正确的判断和评估。并根据病情，手术的性质、范围及动物种类确定麻醉方法和给药途径，估计麻醉期可能发生的变化，尽可能减少不良后果。

（2）动物准备。麻醉前，犬猫应该禁食8~12 h，禁水2~4 h；若系胃肠道手术应禁食24 h，禁水4 h。对于病情严重不能急于麻醉和手术的犬猫，应住院治疗一段时间，待病情缓和，各系统功能处于良好状态时再进行麻醉手术；对严重外伤和严重脱水、酸中毒者，应尽快补充液体、输血或给予碱性药物治疗；对休克动物应根据其病因采取各种措施改善循环功能；呼吸系统感染者，应在控制感染后再进行手术；严重骨折患者，应待炎症减轻，体温正常后再进行手术。

（3）麻醉器械及药品准备。为防止患畜在麻醉期发生意外事故，麻醉前应对麻醉用具和药品进行检查，对可能出现的问题，应全面考虑，慎重对待，并做好各种抢救药品、器械的准备，合理选择麻醉前用药。

（4）麻醉前用药的选择。根据动物的品种、年龄、性别、体况及麻醉方法等合理选择麻醉前用药。当动物存在各种疾病时，应视病情采用不同药物组合给药。疼痛明显的动物，麻醉前应给镇痛安定药（慎用镇痛药，因这类药物对呼吸的抑制作用大于安定作用）。动物表现出

呼吸系统症状(呼吸困难、气喘或湿性啰音),应使用抗胆碱药,以减少呼吸道分泌物。动物发热,患心脏病,以及心率超过140次/min,不宜应用硫酸阿托品。短期已用过有机磷杀虫剂和其他抗胆碱酯酶制剂的动物不宜用肌松药,因为这些驱虫剂可增强麻醉强度和延长麻醉期。

(5)分组对比观察。

一组:846合剂注射麻醉。麻醉前给予硫酸阿托品0.003~0.050 mg/kg,肌肉注射。20 min后注射846合剂0.1 mL/kg,注射后观察动物的情况并填写麻醉记录表用于评估麻醉状态。

二组:舒泰注射麻醉。犬猫用量为10~15 mg/kg,肌肉注射,注射后观察动物的情况并填写麻醉记录表用于评估麻醉状态。

三组:846合剂+舒泰注射麻醉。用药前肌肉注射硫酸阿托品,20 min后注射846合剂0.05 mL/kg,舒泰10 mg/kg,注射后观察动物的情况并填写麻醉记录表用于评估麻醉状态。

【注意事项】

(1)全身麻醉时通过不同途径给药,要让学生观察到麻醉现象,并做好记录,对术中出现的各类异常情况,经过综合分析后,逐一采取措施,并持续监护、评估,对采取的有效措施进行记录与回顾性分析。

(2)根据动物的ASA分级选择适宜的麻醉方案是麻醉成功的关键步骤。

(3)麻醉效果最好通过针刺反应进行检查,以便让学生正确认识全身麻醉在外科手术中的作用。

(4)呼吸麻醉中出现低血氧、低血压、低体温和通气异常现象时,要及时采取调节麻醉深度、检查循环系统故障、调节氧流量、给予相关药物、辅助通气、保暖、纠正原发因素等有效的措施进行处理。

【课后思考题】

(1)动物全身麻醉前应做哪些检查与评估?

(2)常用的麻醉前用药有哪些?各有什么用途?

(3)呼吸麻醉气管插管的操作要领是什么?

(4)常用的注射麻醉剂有哪些?

(编者:邱世华、封海波)

实习二十

动物医院牙科器械、设备的使用方法及牙科检查技术

【实习目的】

(1) 掌握犬猫牙齿的解剖特征。
(2) 掌握牙科常用检查技术,能够完成基础牙科检查。
(3) 掌握常见牙病的诊断和治疗技术。
(4) 学生能够掌握犬猫拔牙的麻醉方法。

【知识准备】

复习犬猫牙齿疾病的症状、诊断及治疗,了解犬猫牙齿的生物学特征。

【实习用品】

1. 实习动物

患有牙齿疾病的犬或猫。

2. 实习设备与材料

保定绳、伊丽莎白项圈、猫袋、保定台、牙科X线机、超声波洁牙机、生理盐水。

【实习内容】

实验分组与动物准备:学生分为6组,每组4~5人,轮流进行操作。采样时动物确实保定。

1. 犬猫牙齿的解剖特征

(1) 基本解剖结构(图2-20-1)。

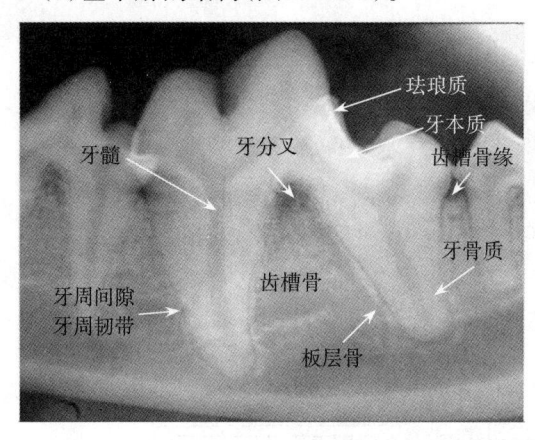

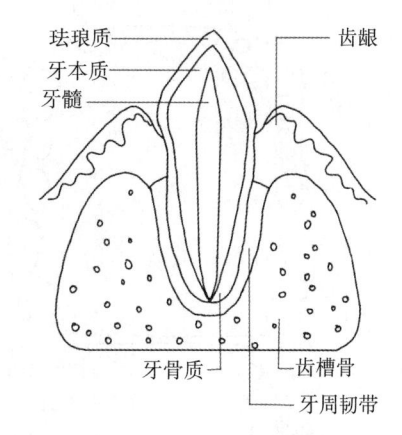

图2-20-1 犬猫牙齿的基本解剖结构

(2) 犬猫齿系与人的齿系的区别。

①犬猫牙冠呈锥形;②犬猫牙齿边缘锋利;③犬猫咬合面较少;④犬猫牙齿分布较为分离;⑤犬猫相邻牙齿齿间接触面小且接触不紧密。

(3) 犬猫齿系。

①双套牙;②恒齿跟随乳齿齿系而生长。

(4) 犬猫齿式。

犬:

①乳齿:2×(I 3/3,C 1/1,P 3/3)=28

②恒齿:2×(I 3/3,C 1/1,P 4/4,M 2/3)=42

猫:

①乳齿:2×(I 3/3,C 1/1,P 3/2)=26

②恒齿:2×(I 3/3,C 1/1,P 3/2,M 1/1)=30

大致出牙月龄如表2-20-1所示,牙齿的编号系统如图2-20-2所示。

表2-20-1 大致出牙月龄

牙齿	乳齿		恒齿	
	幼犬	幼猫	犬	猫
切齿(I)	4~6	3~4	12~16	11~16
犬齿(C)	3~5	3~4	12~16	12~20
前臼齿(P)	5~6	5~6	16~20	16~20
臼齿(M)	—	—	16~24	20~24

(5)牙齿的编号系统(图2-20-2)。

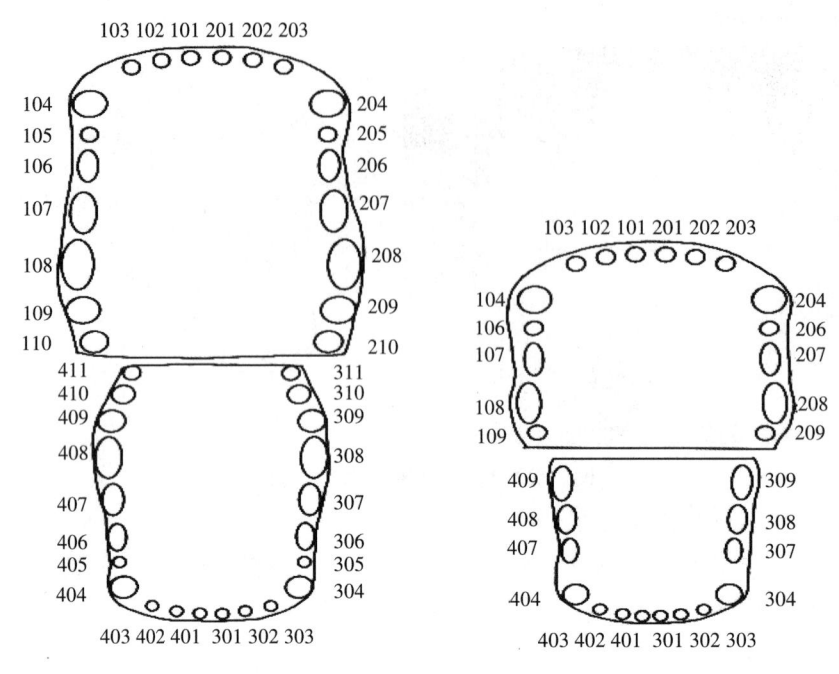

图2-20-2 牙齿的编号系统

2. 牙科常用检查技术

(1)清醒状态的检查。

检查外观的异常和大体的情况、头面部的对称性、牙龈的健康状况、口腔疼痛的程度和部位。

(2)麻醉状态下的检查。

每一颗牙齿都要单独检查,看是否有牙龈炎、牙周袋、牙分叉;检查牙齿松动情况;填写牙科记录表。

(3)牙周袋探查。

目的:探查牙周袋(游离齿龈)的深度,正常牙周袋深度为猫1~2 mm,犬2~4 mm;探查齿龈的健康程度,即齿龈炎指数;探查牙分叉的暴露情况,即牙分叉指数。

方法:使用带刻度的牙科探针,沿着牙齿周围进行上下探查,记录异常刻度的位置和读数。

(4)牙科麻醉。

①牙科麻醉的特殊性:

动物的特殊性——老年病患;

操作的特殊性——时间长;

操作位置的特殊性——口腔。

②牙科麻醉的注意事项:

a.年龄较大的动物可能肾功能不全,所以应静脉输液[5~10 mL/(kg·h)]。

b.老年的动物可能会有轻微的血容量缺失(导致低血压),应针对性地给予复方离子液以补充血容量。

c.对老年的犬猫应确保血细胞比容>25%且血浆蛋白>40 g/L。

d.使用带气囊的气管插管应防止操作过程中血液和水被动物吸入肺部。

e.防止气道损伤,不要让插管的气囊过度充盈。

f.防止肺部吸入水和血液的方法:放低动物鼻部,在咽部填塞敷料并系安全绳。

恰当的麻醉深度可以确保拔牙时的镇痛效果,如果使用局部阻滞,麻醉深度不够可能会导致动物活动,可能需要额外使用诱导药物(初始诱导剂量的1/4)。

局部麻醉:用药物暂时阻断机体一定区域内神经干或神经末梢和纤维的感觉传导,使该区疼痛消失。结合使用血管收缩剂可减少术区出血。

③牙科麻醉所用的注射器,如图2-20-3所示。牙科专用注射器+30号针头,独立2.2 mL麻醉安瓿及自动真空注射器;也可以使用2 mL注射器+1 mL针头。

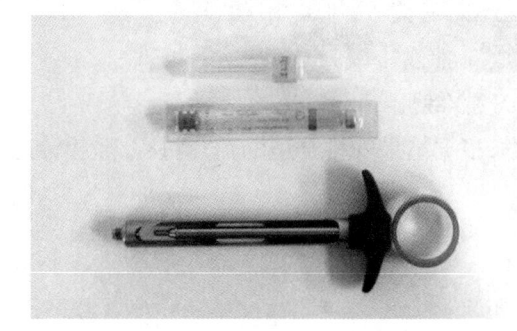

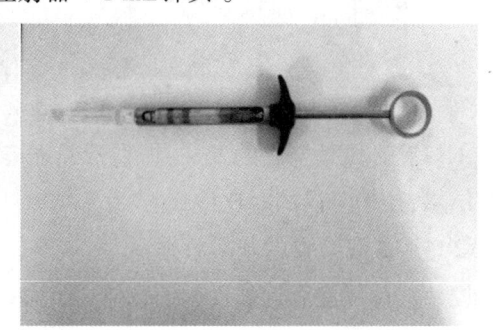

图2-20-3 牙科麻醉用的注射器

牙科常用麻醉药物如表2-20-2所示。

表2-20-2 牙科常用麻醉药物

特点	2%利多卡因+肾上腺素	甲哌卡因/丙胺卡因	0.05%丁哌卡因
起效时间	约5 min	约10 min	约10~15 min
持续时间	30~60 min	4 h	8 h
最大剂量	利多卡因:10 mg/kg(体重)	甲哌卡因:6.6 mg/kg(体重)	丁哌卡因:1.3 mg/kg(体重)

④牙科麻醉方法如下:

a.浸润麻醉:直接将局部麻醉药注射到待操作牙齿的周围,该法操作方便,并发症少。

适应证:上颌齿槽部小手术,下颌切齿区小手术,口腔颌面部软组织手术。

b.神经阻滞麻醉:神经及麻醉部位如下。

颏神经——颏孔(颏孔位于下颌第二前白齿附近)。

下颌神经——下颌孔(下颌体以及后侧白齿)。

上颌神经——眶下孔(鼻,同侧上颌的切齿,犬齿,前白齿)。

c.麻醉苏醒要注意的问题:麻醉最危险的时候是苏醒的时候。拔管后可能会发生血凝块堵塞气管的情况,需使用喉镜检查整个咽部和喉部以确保没有异物。整个苏醒过程中要严密监控动物直至拔管且动物恢复胸卧位。操作结束后,维持气囊充盈直至动物表现吞咽动作,拔管后让动物的口保持张开以促进呼吸。术前使用阿片类药物可能会有助于动物耐受插管。

(5)口腔影像学。

牙科X线机对患病牙齿进行拍片,对牙科疾病的诊断极为重要,图2-20-4为牙科X线机。

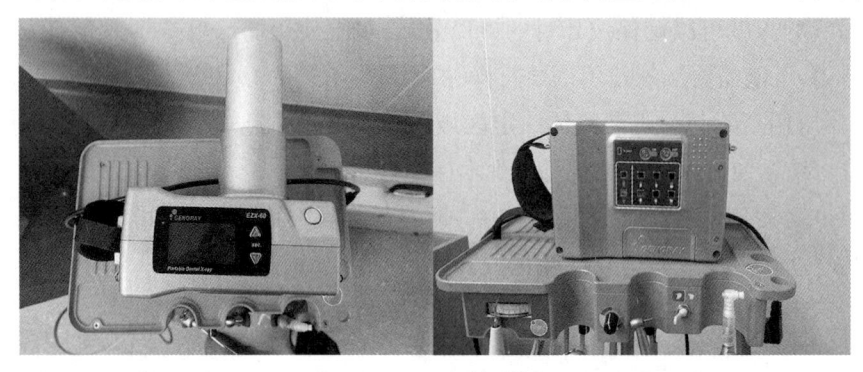

图2-20-4 牙科X线机

①口腔影像学检查的意义:提高诊断准确率,根据结果安排合适的治疗过程,监控治疗过程和结果,便于复诊的对比检查。

②口腔X线检查的基本原则:

胶片应尽可能靠近被投射的物体(最小胶片距);

胶片应稳定地放在口内(不可滑出);

在胶片和被投射物体之间不要有辐射不可透物体(如气管插管、开口器等);

遵循安放胶片的原则。

③射线束的方向和位置:

射线中心束应对准最重要的区域;

射线中心束应垂直于牙齿的弧形的正交线;

射线中心束应垂直于牙齿长轴和胶片之间所成夹角的角平分线所在平面;

曝光时稳定射线源。

④平行投照技术:胶片平行于被投照物体,射线中心束垂直于胶片投射;该技术仅可用于拍摄下颌的前白齿和白齿。

⑤角平分线技术:X线中心束垂直于牙齿长轴和胶片所形成角的角平分线所在平面;适用于拍摄所有的上颌牙和吻部的下颌牙。

⑥摆位时的常见错误以及如何纠正：

图像的拉长或前端缩短——改变投照角度；

物体被切割——移动胶片；

胶片被切割——移动射线。

3. 常见牙病的诊断和治疗技术

（1）拔牙术。

①拔牙术适应证：乳齿未脱，咬合不正，多牙症，严重的牙周病，牙齿坏死，猫牙吸收，牙根脓肿，某些口腔手术，牙齿骨折及牙髓病。

②拔牙术原则：有控制地发力，减少对口腔组织的创伤，选择合适的牙挺。

③拔牙术器械：牙挺，用于分离牙周韧带；骨膜分离器，用于掀开牙龈瓣；拔牙钳，用于固定与拔除牙齿；缝合针线，用于缝合牙龈瓣及闭合牙槽的空腔。

④拔牙器械的正确握法如图2-20-5所示。

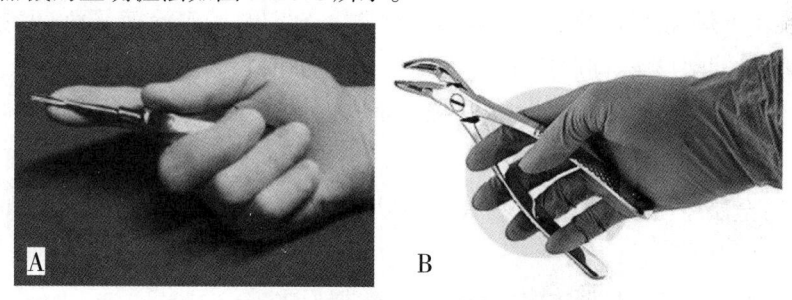

A.牙挺的正确握法；B.拔牙钳的正确握法

图2-20-5　拔牙器械的正确握法

⑤牙科设备。

基本牙科工作台（图2-20-6）：高速手柄与钻头，低速手柄与钻头，喷水头。

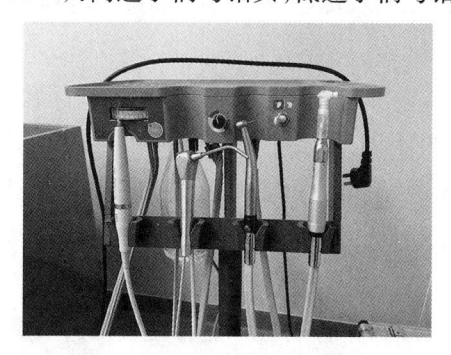

图2-20-6　基本牙科工作台

⑥拔牙术——闭合性拔牙。

适应证：单颗牙、单齿根或小牙齿，或需要减少瘢痕组织生成的情况。

步骤：根据口腔临床检查和放射学检查结果，确定治疗方案。使用抗菌剂（洗必泰葡萄糖酸溶液)冲洗口腔,彻底洁牙,在牙周齿龈处做切口,将牙冠截断,多齿根牙要进行齿根分离,将牙周韧带剥离,牙齿撕脱,取出,齿槽清创,缝合。

牙周韧带的剥离:撕裂牙周韧带可造成牙齿半脱位,并可拉出齿根,应在不损伤邻近牙周组织的情况下完成。

牙齿拔出:只有在无法用手拿出牙齿的时候才用器械。用器械时先旋转用力,再垂直拔出,牙齿拔出后应检查齿根,拔牙后进行放射摄影检查以确认无残留。

齿槽清创及冲洗、缝合:用锐匙刮除齿槽内的发炎、变性或坏死的组织,以利于组织新生。用大量的0.05%~0.10%的洗必泰葡萄糖酸溶液冲洗创面。小牙齿、单齿根或双齿牙根可以取二期愈合,可以不利用皮瓣将拔牙处直接缝合,但最好利用皮瓣技术将患处缝合。

⑦拔牙术——开放式拔牙。

适应证:多重拔牙,乳齿未退,大牙齿,严重软组织缺损,口-鼻瘘,口-眼瘘,齿根黏着,齿根残留,下颌骨变薄。

开放式拔牙步骤:根据口腔临床检查和放射学检查结果,确定治疗方案。用抗菌剂(洗必泰葡萄糖酸溶液)冲洗口腔,彻底洁牙,在牙周齿龈处做切口,制作牙龈黏膜皮瓣,采取齿槽骨去除术,分离多齿根牙的齿根,将剩余的牙周韧带剥离,牙齿撕脱,取出,齿槽清创缝合。

如果有创面裸露等情况,尽早用皮瓣技术修复,部分特点如下。

厚度分类:全层厚度(包括黏膜、黏膜下层以及骨膜),部分厚度(包括黏膜和黏膜下层),混合厚度。

形状分类:主要包括信封形皮瓣、三角形皮瓣、梯形皮瓣。

齿龈黏膜皮瓣的优点:可以形成最好的术部外观;有足够的器械操作空间;恢复迅速,愈合快。

术后管理:必要时才用抗生素,合理使用抗炎药物和镇痛药物,使用凝胶或喷雾等含洗必泰的口腔产品,给予柔软易消化的软食物,术后3~4周进行复查。

⑧拔牙并发症。

大部分的并发症都源于医学错误和操作不当,避免这些问题的最佳方法是遵循标准。

最常见的口腔手术要做好下列工作:做好患畜的麻醉,准备好器械和设施,进行放射学检查,按照操作标准进行有耐心且精细的操作,术前做好精确的计划,术后做好疼痛管理。

用力过大的并发症:齿根折断,牙齿折断,器械折断,下颌骨、齿槽骨骨折,骨髓炎。

如何避免操作中的并发症:在工作计划中进行预防;操作过程中要精细并有耐心;扩大通路,改善视野;避免垂直用力,因为垂直用力可能会使残根进入鼻腔或下颌管;考虑到恒齿的齿芽,要轻柔操作;口-鼻瘘管要紧密闭合。

闭合口-鼻瘘前,仔细地清除牙槽骨内的肉芽组织;轻柔冲洗;把锋利的齿槽骨边缘打磨光滑;拍摄术后的X线片,以确定无任何齿根残留或医源性损伤;最后,无张力闭合。

(2)洁治术。

目的:彻底去除牙齿表面的结石及牙菌斑,恢复牙周组织的健康。

洁治术的预后决定因素:患畜年龄,牙周状况,易感性,全身性疾病,患畜和主人的依从性,牙菌斑的日常控制,解剖因素。

洁治所用的器械和设施:手动工具有刮治器和洁治器两种,两者的形态、结构与功能见图2-20-7和表2-20-3。动力工具有超声波洁治器,振动频率为25000~40000 Hz,包括压电洁治器和磁力振荡洁治器两种。

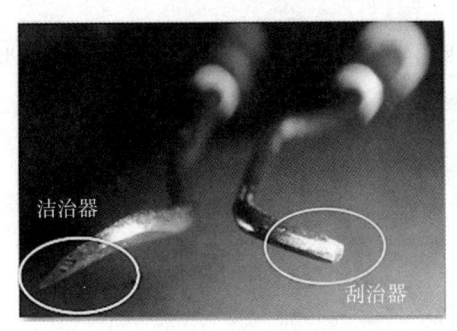

图2-20-7 刮治器与洁治器

表2-20-3 刮治器与洁治器的结构与功能

结构与功能	刮治器	洁治器
末端	圆头	尖头
应用部位	齿龈上、齿龈下	齿龈上
主要用途	齿龈下刮治, 根面平整, 齿龈上刮治	齿龈上刮治, 清洁发育沟

洁牙程序:动物麻醉后侧卧,右侧向上;口腔填塞敷料;用洗必泰溶液彻底冲洗口腔;去除大块的结石;超声波去除肉眼可见的大块结石;冲洗口腔;使用牙菌斑显色剂;超声波或手动去除显色剂所呈现的牙菌斑;若有需要,进行龈下洁治或更具侵略性的洁治;冲洗口腔;抛光;彻底冲洗口腔,并清除口腔内的残渣;动物苏醒,术后护理。

口腔洁治的次序:清洁术者侧牙齿的颊侧面以及对侧牙齿的内侧面;然后将患畜换另一侧侧卧,重复上述操作。

齿龈下洁治:齿龈下的结石比齿龈上的要牢固很多,要使用可用于齿龈下的超声波洁治工作尖,手动工具中只有刮治器可用于齿龈下的洁治,有牙周病时需同时刮除发炎的齿龈组织(齿龈下清创)。完成后需用探针和小气流探查齿龈下区域的结石去除情况。

根面平整:当齿龈下的附着组织丢失时,可通过根面平整术减少牙齿表面的牙垢堆积。

操作方式类似于洁治术,但是对牙齿表面的处理更具侵略性。根面平整术在去除牙齿表面的牙垢和结石的同时也会清洁牙骨质表面被腐蚀的浅层。

减少齿根损伤风险的措施:采用低/中功率的超声波洁治器,减小器械对牙齿表面的压力;减少器械和牙齿的接触时间;减小工作尖与牙齿之间的夹角,保持工作边缘锋利,减少刮除次数。

【注意事项】

(1)动物拔牙前要做好麻醉,拔牙后要拍摄牙片,确认牙根已被拔除。

(2)超声波洁牙时,超声探头在每颗牙齿表面停留时间不宜过长,否则容易导致牙齿热损伤。

(3)洁牙后一定要抛光。如果不抛光,由于刮擦导致的细小、不规则的突起将会加速吸附牙菌斑和结石。

【课后思考题】

(1)犬猫牙齿解剖特征有哪些区别?

(2)犬猫牙科检查技术的操作要点有哪些?

(3)简述拔牙术的操作过程及其注意事项。

(编者:卢德章)

实习二十一

动物医院眼科器械、设备的使用方法及眼科检查技术

【实习目的】

(1) 了解眼的解剖学。
(2) 掌握常用眼科器械与设备的使用方法。
(3) 掌握眼科检查技术。
(4) 掌握常见眼病的特征。

【知识准备】

复习犬猫眼球及附属器的局部解剖结构,复习眼睛成像的机理,预习常见眼科疾病的种类、症状、诊断及治疗方法,了解犬猫眼科疾病的发病原因。

【实习用品】

1. 实习动物

患有眼科疾病的犬或猫。

2. 实习设备与材料

眼压计、伊丽莎白项圈、检眼镜(直接检眼镜与间接检眼镜)、猫袋、保定台、保定绳、载玻片、小刮匙、试纸条、笔式光源、放大镜、荧光素钠、1%硫酸阿托品、0.5%丙美卡因。

【实习内容】

实验分组与动物准备:学生分为6组,每组4~5人,轮流进行操作。眼部检查时动物确实保定。

1. 常见眼病的特征

(1) 角膜水肿、角膜溃疡和角膜炎。角膜水肿表现为角膜弥漫性或局灶性混浊;角膜溃疡

表现出轻度水肿、眼睑痉挛,伴有流泪及轻度结膜发炎;角膜炎是由机械刺激,如眼睑内翻或眼角倒睫等所致的炎症。

(2)结膜发炎。结膜发炎时常发生球结膜水肿,并伴有血管充血和浆液性、黏液性或脓性分泌物。

(3)眼睑水肿。当机体发生过敏反应时会引起眼睑水肿。

(4)白内障。白内障是晶状体混浊的表现。当眼睛发生白内障时,晶状体物质会漏出,从而导致一种常见的轻度色素层炎,导致虹膜颜色发暗,而且可能围绕瞳孔边缘形成色素层囊肿,甚至发生后粘连。白内障可能是部分的或全部的,双侧的或单侧的,两眼对称的或不对称的,进行性的或静止的,暂时的或经过重吸收的。

(5)青光眼。青光眼的症状可能是非特异性的,只有急性或慢性的区别。急性青光眼最明显的特征之一是有时疼痛很严重,并伴有溢泪、眼睑痉挛及第三眼睑突出,还常常伴有浅层巩膜血管充血、角膜水肿以及瞳孔明显扩大。瞳孔的大小并不是一种可靠的诊断性特征,因为随着眼内压升高和瞳孔散大的发作可能出现眼内压突然下降、眼房液闪烁以及不同程度的瞳孔缩小。瞳孔缩小见于广泛性后粘连,也可见于由色素层炎引起的青光眼,而且伴有虹膜膨隆。慢性青光眼疼痛不明显。

(6)晶状体脱位。在晶状体脱位或部分脱位的早期,虹膜震颤为示病症状,即在眼运动时虹膜震颤,还可能伴有瞳孔不规则,以及因晶状体位置的移动,而出现虹膜的局部膨出。眼前房的深度出现降低或升高,升高可能见于晶状体后方脱位。晶状体脱位通常是向下脱位导致的一种无晶状体的新月形表现,并在瞳孔内可见到晶状体的边缘,尤其是在瞳孔扩大时。

(7)第三眼睑脱出。也叫樱桃眼,是瞬膜腺脱出造成的疾病,外观表现为内眦有红色肿块,眼睛有分泌物。

(8)葡萄膜炎。葡萄膜炎也叫色素层炎,眼睑痉挛、溢泪、结膜充血、巩膜表层充血以及角膜水肿是该病常出现的症状。

2. 常用眼科器械和耗材

显微持针器、结膜镊、眼科手术剪(直剪和弯剪)、睫毛镊、睑板托、头戴式放大镜等、可吸收眼科缝线。

3. 兽医临床常用眼科设备及器械简介

本部分图片由观点(上海)生物科技有限公司提供。

(1)眼科手术显微镜。眼科手术显微镜是指由光源聚光器、目镜和物镜组成的复式显微放大装置(图2-21-1)。随着兽医眼专科技术不断进步和发展,眼科手术已经进入显微手术时代。手术显微镜的使用不但使医生能够看清眼内手术部位的精细结构,还可以让医生进行凭肉眼无法完成的各种眼科显微手术,大大拓展了手术治疗范围,提高了手术精密度和治愈率。还可对手术过程进行全程录像以便于教学或手术过程的追溯。

(2)医用头戴式放大镜(图2-21-2)。医用头戴式放大镜采用独创的光学立体汇聚观察技术,将观察者的双目视线立体汇聚于窄腔内,产生一个明亮放大的三维视野,为检查和治疗提供独特的立体深层影像。在眼科领域,根据目镜放大倍率等技术参数的不同,选择适用于动物的眼睑及角膜表层手术的医用头戴式放大镜。

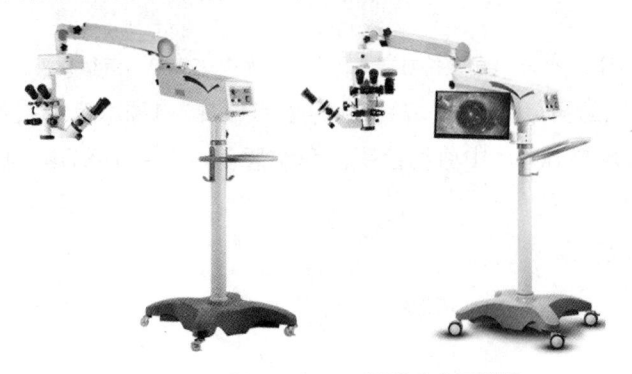

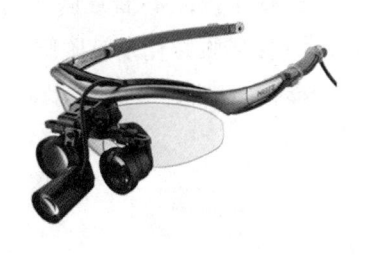

图2-21-1 眼科手术显微镜　　　图2-21-2 医用头戴式放大镜

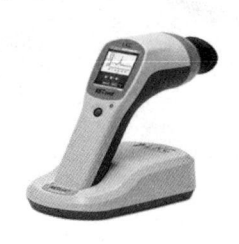

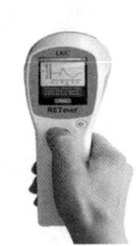

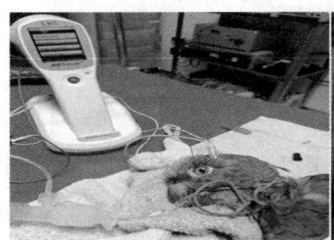

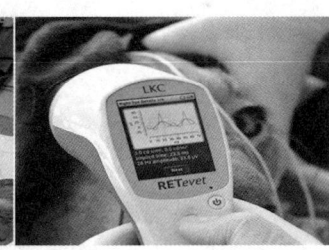

(3)动物用视网膜电位仪。动物用视网膜电位仪是一种评估动物视网膜生理学功能的重要检查设备(图2-21-3)。

视网膜电位仪在动物临床上用于白内障手术前视网膜功能的评估,以及对进行性视网膜萎缩症(PRA)和急性获得性视网膜变性(SARD)的诊断。

动物用视网膜电位仪在科研领域上用于动物疾病模型筛选以及药物开发、药物的动物眼毒理学评估。

图2-21-3 动物用视网膜电位仪

(4)超声乳化治疗仪。超声乳化治疗仪(图2-21-4)是用于超声乳化治疗动物白内障的医疗设备,通过2.2~3.2 mm大小的角膜或巩膜切口,应用超声波将晶状体核粉碎,使其呈乳糜状,然后连同皮质一起吸出。

(5)眼科手术器械。常用的有显微持针镊、角结膜镊、眼科手术剪、睫毛镊和眼睑板等。

①显微持针镊(图2-21-5):用于夹持铲形眼科缝合线针头,在动物结膜手术(结膜瓣)、角膜手术(角结膜移动术)、晶状体手术(白内障晶状体摘除术)中的角膜缝合操作中使用。

②角结膜镊(图2-21-6):在动物眼科手术中用于抓持角结膜组织,头部为1×2犬齿状,有不同的宽度,宽度越小抓持力越弱,对组织损伤也越小。也可配合持针镊进行缝合打结。

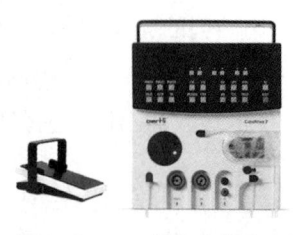

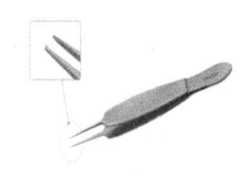

图2-21-4　超声乳化治疗仪　　图2-21-5　显微持针镊　　图2-21-6　角结膜镊

③眼科手术剪：普通眼科剪(直剪、弯剪)(图2-21-7)在眼睑手术(眼睑内翻矫正术)、瞬膜手术(樱桃眼修复术)、眼眶手术(眼球摘除术)中剪切组织。角结膜剪(图2-21-8)用于做结膜瓣和角结膜移动术的切口。

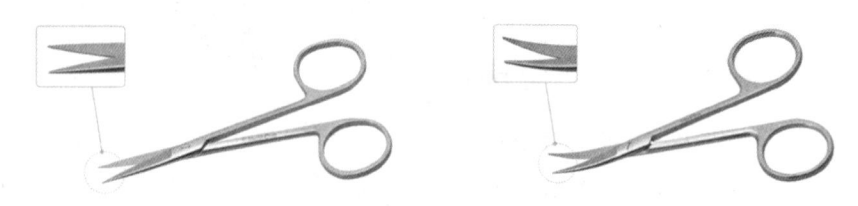

图2-21-7　普通眼科剪

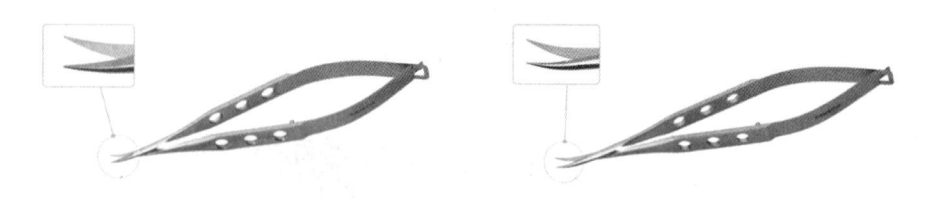

图2-21-8　角结膜剪

④睫毛镊(图2-21-9)：用于拔除动物眼部生长方向异常的睫毛(如倒睫)。

图2-21-9　睫毛镊

⑤眼睑板(图2-21-10)：是在眼睑切割过程中保护眼睑的器具。

图2-21-10　眼睑板

(6)治疗耗材。常用到的有可吸收眼科缝合线、动物用角膜保护镜、动物用降压阀和金刚砂车针等。

①可吸收眼科缝合线：可吸收眼科缝合线是眼科手术常用的缝合线，为多股编织可吸收

线体,线长30 cm或45 cm,所带的针为3/8弧。图2-21-11所示为眼科手术中常用的缝合线和铲针。

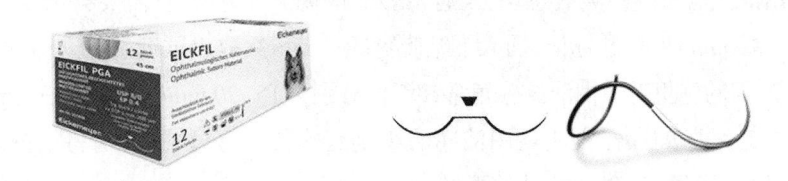

图2-21-11　眼科手术中常用的缝合线和铲针

② 动物用角膜保护镜:可保护受损的角膜免受外界的刺激,缓解疼痛,保持角膜湿润,并能促进角膜上皮细胞的再生。角膜保护镜与眼药协同作用,在保护受损部位的同时亦能提高药效(图2-21-12)。

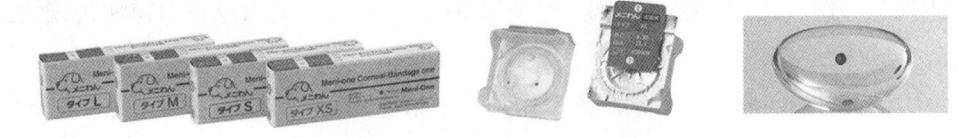

图2-21-12　动物用角膜保护镜

③ 动物用降压阀:用于动物青光眼手术,是维持正常的眼内压的植入性医疗器械(图2-21-13)。

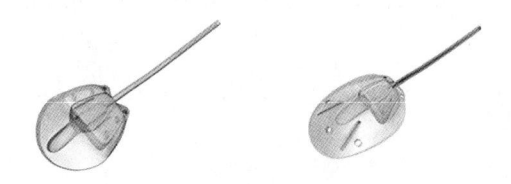

图2-21-13　动物用降压阀

④ 金刚砂车针:是一种电池供电的手持式低扭矩电动毛刺机,用来清除病变角膜或巩膜上的异物(图2-21-14)。这种器具的毛刺被用作"刷子",而不是"钻头",将异物从角膜上"刷"出来,并留下一个光滑的表面,所造成损伤的愈合速度比其他有相同作用的器械造成的损伤快很多。金刚砂车针主要用于治疗犬惰性角膜溃疡。

图2-21-14　金刚砂车针

4. 眼部疾病的检查

(1)泪液检查:包括施里默氏泪液试验和泪液析晶形态试验。

施里默氏泪液试验必须在犬有意识、没有镇静的情况下进行,并且需要特殊设计的试纸条。在距离试纸条一端 5 mm 处折叠标记,插入下结膜穹隆,1 min 后取出试纸条并立即读出试纸条上所浸湿的值。犬、猫的施里默氏泪液试验正常参考值分别为 15~20 mm/min 和 16.9 mm/min。

泪液析晶形态试验的操作方法是用洁净的小刮匙收集下穹隆的泪液,将泪液滴在载玻片上,待其自然蒸发干燥后,观察其结晶的形状。

(2)检眼镜检查:包括直接检眼镜检查法和间接检眼镜检查法。

直接检眼镜检查法:在检查前 30~60 min,将 1% 硫酸阿托品滴入被检眼内,使其扩瞳。在光线较暗的室内,检查者手持直接检眼镜使光源对准患病动物的瞳孔,观察其眼底反射。

间接检眼镜检查法:在检查前 30~60 min,将 1% 硫酸阿托品滴入被检眼内,使其扩瞳。一手持笔式光源,另一只手持间接检眼镜于患病动物眼前,将光源射入患病动物瞳孔,观察其眼底反射。

(3)荧光素钠检查:将荧光素钠滴入患病动物眼睛内,5 min 后使用笔式光源照射眼角膜,观察角膜上是否有附着的荧光素钠。

(4)眼压检查:检查前用 2% 利多卡因对患眼进行表面麻醉,每隔 3~5 min 使用一次,共需使用 2~3 次。表面麻醉后,检查者一手分开患病动物眼睛的上下眼睑,另一只手手持眼压计,垂直接触角膜进行测量,助手记录读数。犬的正常眼压为 15~25 mmHg,猫的正常眼压为 14~26 mmHg。

【注意事项】

(1)要正确使用眼科器械与仪器。

(2)在眼科检查前,要对动物进行确实保定,避免对人和动物造成伤害。尤其要注意,不当的动物保定会引起眼压的变化。

【课后思考题】

(1)青光眼造成的眼组织损害有哪些?

(2)角膜炎症或损伤的药物治疗方案中,最佳给药途径是什么?

(3)在犬猫临床上,对于反抗严重的患病动物,为了方便检查,应该采取什么措施?

(4)眼底检查有什么重要意义?

(编者:董海聚、封海波)

第三部分

动物医院实训

实训一

外伤的诊断及治疗

【案例及问题】

案例:泰迪犬,雄性,未绝育(单侧隐睾),1岁,疫苗驱虫完全。主诉:宠物主人带狗出去玩耍时未牵绳,不幸被飞驰的汽车碾轧,身上皮肤出现了很大的伤口,并流了大量血液。狗狗来医院就诊时意识模糊,出现低体温(35.2 ℃),心率132次/min,呼吸62次/min,CRT>3 s,齿龈苍白,身体后躯皮肤大面积撕脱。

治疗:医生首先对此犬做了止痛、消炎、抗休克等处理,随后进行紧急手术,对伤口进行彻底冲洗消毒,剪除坏死游离组织,修剪皮肤创缘,最后进行了缝合。术后此犬转入住院部进行治疗和护理。由于此犬伤口处的皮肤撕脱严重,皮下血管遭到严重破坏,术后3 d部分皮肤缝合处出现裂开和溃烂。此犬又接受了第二次手术,将溃烂皮肤剪除,清除坏死皮肤和皮下组织,彻底清洗炎性分泌物,涂抹魏氏流膏,用湿纱布覆盖伤口,外用绷带固定,佩戴伊丽莎白项圈,防止舔咬。最后此犬经过2.5个月的住院治疗和护理,伤口完全愈合。

问题:
(1)外伤的临床表现有哪些?
(2)如何进行外伤的诊断?
(3)外伤的治疗方法有哪些?

【实训目的】

让学生掌握犬猫外伤的临床表现,各种外伤的处理方法及其适应证,在处理外伤时能够选择正确的救治方式。

【知识准备】

了解外伤的概念、分类、临床特征以及治疗方法。

【实训用品】

1. 实训动物
因外伤来动物医院就诊的犬猫。

2. 实训设备与材料
B超仪、X线机、生化分析仪、血液分析仪、血凝仪、伊丽莎白项圈、手术器械、药品等。

【实训内容】

1. 外伤的临床症状

出血:出血量取决于受伤的部位、损伤的程度、损伤血管的种类和血液的凝固性等。出血可分为动脉性出血、静脉性出血、毛细血管性出血和实质性出血等类型,其中大动脉性出血较危险,易出现出血性休克而引发死亡。

创口裂开:创口裂开是因受伤组织断离和收缩而引起的,创口裂开的程度取决于受伤的部位、创口的方向、长度和深度以及组织的弹性等。活动性较大的部位,创口裂开比较明显;长而深的创口比短而浅的创口裂开大;肌肉及肌腱的横创比纵创裂开宽。

疼痛及机能障碍:疼痛是由感觉神经受损伤或炎性刺激而引起的,富有感觉神经分布的部位如蹄冠、外生殖器、肛门和骨膜等处发生创伤时疼痛显著。由于疼痛和受伤部位的解剖组织学结构被破坏,常出现肢体的机能障碍。根据创伤的种类、程度、部位、大小的不同,其机能障碍亦不同,主要是出现局部运动机能障碍,如运动失调、跛行等。感觉神经损伤时,常出现局部知觉丧失和肌肉麻痹等症状。

2. 外伤的诊断

外伤诊断主要是为了明确损伤的部位、性质、全身性变化及并发症,特别是要明确原发损伤部位相邻或远处内脏器官是否损伤及其损伤程度。

一般检查:了解创伤发生的时间,致伤物的性状,发病当时的情况和患畜的表现等,检查患畜的体温、呼吸、脉搏,观察可视黏膜颜色和患畜的精神状态。

创伤检查:按由外向内的顺序,仔细地对受伤部位进行检查。注意伤口的形状、大小、污染情况、有无出血、异物存留及伤道位置、创围组织状态和被毛情况。对创围进行柔和而细致的触诊,以确定局部温度、疼痛情况、组织硬度、皮肤弹性及移动性等。对于伤情严重的动物,需在采取适当保定措施或在药物镇静后,先进行创围剪毛、消毒,然后检查创伤的深度、创壁的肿胀情况、有无异物、有无血凝块及创囊。必要时可用消毒的探针、硬质胶管等,或用戴消毒乳胶手套的手指进行创底检查,摸清创伤深部的具体情况。但胸壁透创严禁探诊,以防人为造成气胸。对于有分泌物的创伤,应注意观察分泌物的颜色、气味、黏稠度、数量和排出情况等。必要时可进行酸碱度测定和脓汁检查。对于发生时间较长,已出现肉芽组织的创伤,应注意观察肉芽组织的数量、颜色和生长情况等。

实验室检查:血常规和血细胞比容可判断失血或感染情况;尿常规可提示泌尿系统是否有损伤;电解质检查可分析水电解质和酸碱平衡紊乱情况。对疑有肾脏损伤者,可进行肾功能检查;疑为胰腺损伤时,应测定血淀粉酶活性或尿淀粉酶活性等。

影像学检查:X线检查可明确创伤是否有硬组织的损伤发生,对疑有胸腹部脏器损伤者,可明确是否有气胸、血气胸、肺病变或腹腔积气等,还可确定异物的大小、形状和位置;B超检查可发现胸、腹腔的积血和肝、脾包膜内破裂等;CT可以诊断颅脑损伤和某些腹部实质器官的损伤。

3. 外伤的治疗方法

(1)外伤处理前的准备。了解宠物的习性,做好伤口处理前的安抚工作,稳定宠物的情绪,最好让主人协助。根据伤口的位置,做好患病宠物的保定工作,要充分暴露伤口,便于伤口的清理。医生要了解伤口的情况,制定处理方案。

(2)外伤处理的基本方法。

①清洁创围。先用数层灭菌纱布块覆盖创口,防止异物落入创内。后用剪毛剪或剃毛刀将创围被毛除去,距离伤口至少约2 cm做一环形隔离带。创围被毛如被血液或分泌物黏着时,可用生理盐水反复冲洗将其除去,然后用70%酒精棉球反复擦拭紧靠创缘的皮肤,直至清洁干净为止。

②清洁伤口。首先要对黏附在伤口的毛发、污物、渗出液等进行清理;用新洁尔灭溶液(0.1%)、高锰酸钾溶液(0.1%)、过氧化氢溶液(3%)、生理盐水等由内向外反复冲洗,清除伤口内的炎性或脓性分泌物。用生理盐水冲洗干净伤口周围隔离带内的分泌物或脓液,并用消毒纱布蘸干。

由里向外用碘酊对伤口周围的隔离带进行消毒,并用酒精脱碘。引流:对于面积较大、较深或形成窦道、分泌物较多的伤口,要安装引流纱布条。引流条不宜安装过紧,否则不利于分泌物的排出。

③清创手术。用外科手术的方法修整创缘,切除创内所有的失活组织,消灭创囊、凹壁,扩大侧口(或做辅助切口),保证排液畅通,力求使新鲜污染创变为近似清洁创,争取使创伤达到一期愈合。做清创手术时,应注意保护健康侧的重要组织如神经和大血管。

④创伤用药。创伤用药的目的在于防止创伤感染,加速炎性净化,促进肉芽组织和上皮新生。常用的药物包括青霉素、链霉素、碘仿、呋喃西林、磺胺乳剂、碘仿磺胺粉(1:9)、碘仿硼酸粉(1:9)、0.1%呋喃西林溶液、20%硫酸镁或硫酸钠溶液、2%龙胆紫、1%~2%鱼肝油软膏、10%碘仿醚剂、魏氏流膏、聚维酮碘膏等。

⑤创伤缝合。根据创伤情况,可分为初期缝合、延期缝合和肉芽创缝合。对受伤后数小

时的清洁创或经彻底外科处理的新鲜污染创尽早施行缝合。有的创口损伤严重,创伤炎性反应可能较重,对于这种创口应做部分缝合,于创口下角留一排液口,便于创液的排出。创伤缝合后应注意局部和全身抗菌消炎,以防止感染。若创伤口已发生感染或化脓,则不应缝合。经缝合后的创伤,如出现剧烈疼痛、肿胀显著、脓性液体渗出,甚至体温升高时,说明已出现创伤感染,应及时部分或全部拆线,进行开放疗法。对肉芽创,经适当的外科处理后,也可根据创伤的状况施行创壁接近的缝合,以加速愈合,减少瘢痕形成。

⑥创伤引流。当创腔深、创道长,且创内有坏死组织或创底潴留渗出物等时,需进行创伤引流,使创内炎性渗出物排出。纱布条具有虹吸特性,常作为引流物。将纱布条浸以药液,如呋喃西林溶液、碘伏、中性盐类高渗溶液(炎性净化作用强,但刺激性强,会造成疼痛)、奥立夫柯夫氏液、魏氏流膏,用长镊子将引流纱布条的两端分别夹住,先将一端疏松地导入创底,另一端游离于创口下角。换引流物的时间,取决于炎性渗出物的量、患病动物是否出现全身性反应和引流物是否起引流作用。炎性渗出物多时应每日1次,少时可隔日1次。创伤炎性肿胀和炎性渗出物增加、体温升高、脉搏加快是引流受阻的标志,应及时取出引流物做创内检查,并换引流物。当炎性渗出物很少时,应停止使用引流物,改用抗生素药膏或促进组织生长的药膏。对于炎性渗出物排出通畅的创伤,已形成肉芽组织坚强防卫面的创伤,创内存有大血管、神经干的创伤以及关节和腱鞘创伤等,均不应使用引流疗法。

⑦创伤包扎。创伤包扎应根据创伤具体情况而定,一般经外科处理后的新鲜创伤均可包扎。创伤包扎不仅可以保护创伤免于继发损伤和感染,且能保持创伤安静、保温,有利于创伤愈合。创伤绷带常有3层,即从内向外由吸收层(灭菌纱布块)、接受层(灭菌脱脂棉块)和固定层(如四肢部用卷轴带或三角巾包扎,躯干部用三角巾、复绷带或胶绷带固定)组成。创内有大量脓汁、厌氧性感染、腐败性感染以及炎性净化后出现良好肉芽组织的创伤,一般不包扎,应采取开放疗法。创伤绷带的更换时间应按具体情况而定。当绷带已被浸湿而不能吸收炎性渗出物、脓汁流出受阻以及需要处理创伤时,应及时更换绷带,反之可以适当延长时间。更换绷带时,应轻柔、仔细、严密消毒,防止继发损伤和感染。换绷带包括取下旧绷带、处理创伤和包扎新绷带三个环节。

⑧全身性治疗。受伤动物是否需要全身性治疗,应按具体情况而定。许多受伤动物因组织损伤轻微、无创伤感染及全身症状等,可不进行全身性治疗。对伴有大出血和创伤愈合迟缓的患畜,应输入血浆代用品或全血;对严重污染且很难避免创伤感染的新鲜创,在局部清创处理、缝合后,应全身使用抗生素或磺胺类药物,同时注射破伤风抗毒素或类毒素;对于咬创,还要注射狂犬疫苗;对局部化脓性炎症剧烈或有全身症状的患畜,应使用抗生素或磺胺类制剂控制感染,必要时采取强心、输液、解毒等措施。图3-1-1所示为犬外伤的治疗过程。

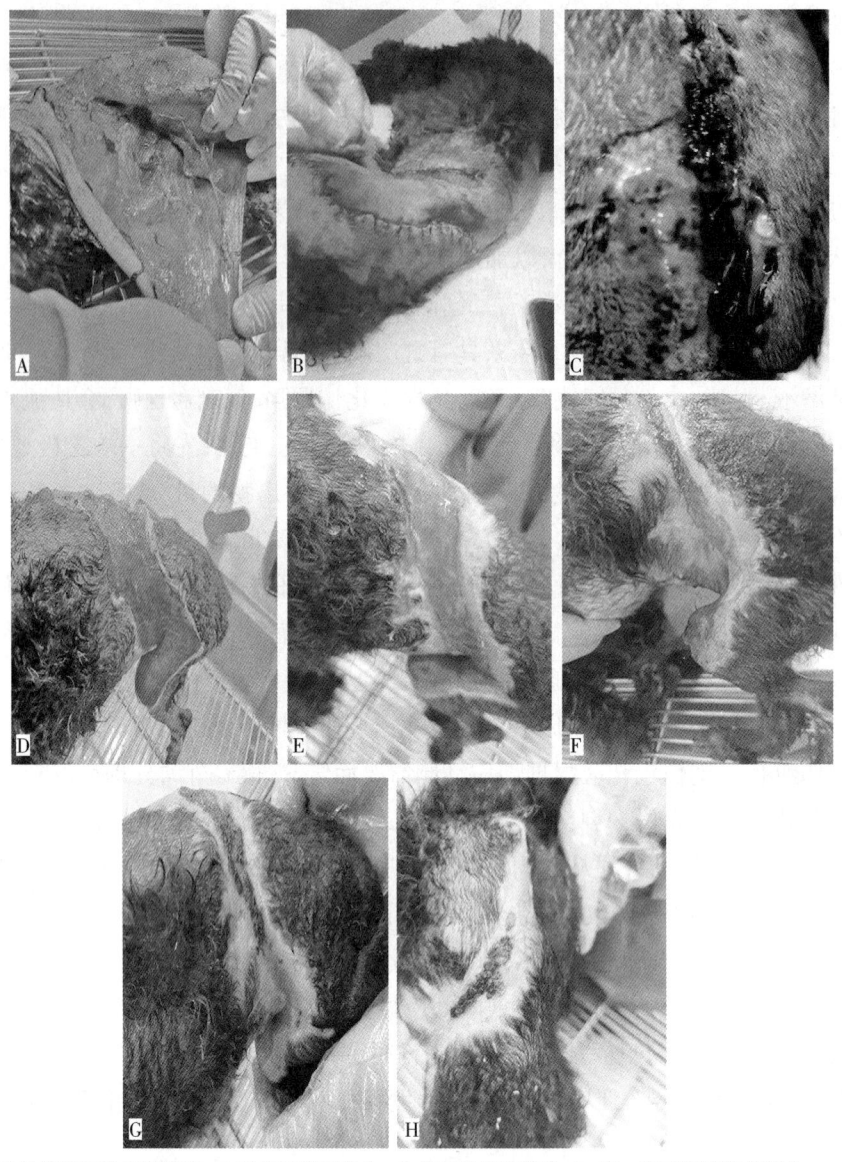

A.对外伤进行检查及清理；B.对伤口进行缝合；C.伤口处出现感染；D.进一步清理感染的部分；E.通过治疗控制了感染；F.伤口逐渐缩小；G.创面逐渐缩小；H.伤口结痂,逐渐愈合

图3-1-1 犬外伤的治疗(心仪动物医院供图)

【注意事项】

（1）注意人员的安全防护,做好动物保定工作,实训中服从安排。

（2）首先检查患病动物的体温、呼吸、脉搏,观察可视黏膜颜色和精神状态。

（3）对受伤动物进行镇静处理,清理干净外伤周围的毛发等污染物,对外伤部位仔细检查。

(4)借助医院仪器评估动物状态,迅速制订下一步处置计划。

【课后思考题】

(1)造成动物外伤的原因有哪些?

(2)如何选择外伤处理的方法?

(编者:闫振贵)

实训二

犬猫的绝育与去势手术

【案例及问题】

案例:猫(混血),雌性,2岁,体重4 kg,一年前完成绝育手术,该猫绝育后仍然出现发情现象,表现出随处排尿、夜间厉叫、异常兴奋,以及喜欢以臀部主动接近主人等发情期特征,同时出现食欲减退和精神萎靡。

临床检查:体温38.6 ℃,呼吸30次/min,心率145次/min,外阴可见少量透明分泌物,其余未见明显异常;B超检查结果显示,肾后方出现边界清晰的低回声或无回声液性暗区,有明显的壁存在,其直径分别为1.00 cm和1.03 cm;血常规检查结果显示,患猫白细胞总数和粒细胞百分比升高明显;血清生化检查结果未见明显异常。

治疗:结合上述检查结果,医生决定对患猫进行麻醉后,开腹探查,以进一步确定腹腔生殖系统的病变。腹下部剃毛消毒,进行全身麻醉后,在腹中线切口打开腹腔,沿肾后方寻找卵巢子宫,找到残存的部分子宫角及卵巢,子宫角已肿胀并积液。由此确定,患猫为绝育后残留子宫囊肿。采取卵巢及子宫角残端切除术,后关闭腹腔。术后对患猫进行抗菌消炎、补充水电解质维持酸碱平衡,逐渐痊愈。

问题:

(1)犬猫出现绝育与去势手术并发症的原因有哪些?

(2)犬猫绝育手术的关键点有哪些?

(3)如何避免犬猫绝育和去势手术并发症的发生?

【实训目的】

让学生掌握犬猫绝育或去势手术的方法。

【知识准备】

复习犬猫生殖系统基本的生理知识和解剖结构,复习犬猫绝育和去势的手术方法。

【实训用品】

1. 实训动物
到动物医院就诊的要绝育和去势的犬猫。

2. 实训设备与材料
电动剃毛器 1 部,手术刀(刀柄、刀片)1 套,止血钳 3 把,手术镊(有齿镊、无齿镊各 1 把),手术剪(直圆、直尖各 2 把),持针钳 1 把,卵巢拉钩 1 把,超声手术刀 1 台,相关耗材,药品等。

【实训内容】

1. 公猫的去势术

麻醉与保定:全身麻醉;左侧卧保定或右侧卧保定,两后肢向腹前方伸展,猫尾要向背部提举固定,充分显露肛门下方的阴囊。

术式:将两侧睾丸同时用手推挤到阴囊底部,用食指、中指和拇指固定一侧睾丸,并使阴囊皮肤绷紧。在距阴囊缝际一侧 0.5~0.7 cm 处平行阴囊缝际做一 3~4 cm 的皮肤切口,切开肉膜和总鞘膜,显露睾丸。术者左手抓住睾丸,右手用剪刀剪断阴囊韧带,向上撕开睾丸系膜,然后将睾丸引出阴囊切口外,充分显露精索。用止血钳缠绕精索一周,并在连接睾丸的一端夹住精索,剪掉睾丸,用左手向内捋下缠绕的精索环,即成自体精索死结,提起阴囊向上拉,精索即退回原位置。从同一切口切开阴囊中隔、总鞘膜且切开对侧睾丸并挤出睾丸,按上述方法进行同样的处理。在清理阴囊切口内的血凝块并检查创口内无异物后,用单纯间断缝合闭合阴囊皮肤,创口用碘伏涂擦消毒。图 3-2-1 所示为去势术的步骤。

术后护理:一般不需治疗,但应注意阴囊区有无明显肿胀。若阴囊切口有感染倾向,可给予广谱抗生素治疗。

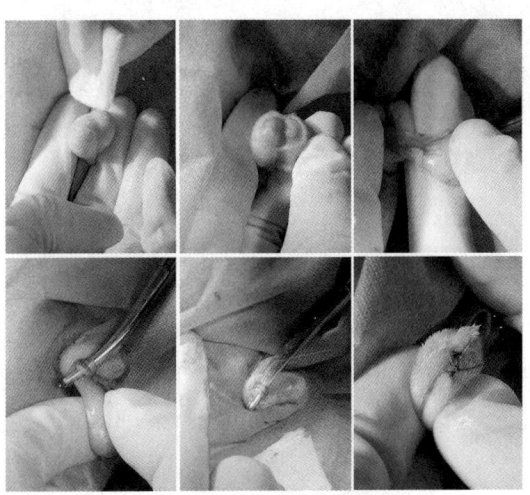

图 3-2-1 公猫的去势术

2. 母猫的绝育术

麻醉与保定：全身麻醉，仰卧保定。

术式：在脐后约 2 cm 处做腹中线切开，切口长 5~8 cm（根据体格大小）。切开皮肤，剥离脂肪组织，切开肌肉层，剪开腹膜，打开腹腔后，用卵巢拉钩将子宫牵引至切口外，将一侧卵巢牵出创口 2~3 cm，在卵巢动脉、静脉的后方卵巢系膜上开一个小孔，用一把止血钳穿过此孔夹住卵巢系膜，用超声手术刀切断卵巢系膜，用镊子夹住卵巢系膜残端，松开止血钳，如无出血，将断端卵巢系膜送回原位。用同样的方法切断另一侧的卵巢系膜。向后牵拉子宫角显露子宫体，在接近子宫颈的位置用缝线对子宫体做贯穿结扎，并在结扎上方夹一把止血钳，用超声手术刀切断子宫体，松开止血钳，如无出血，将断端送回原位。在清理切口内的血凝块并检查创口内无异物后，连续缝合肌肉层，皮内缝合皮肤切口，创口用碘伏涂擦消毒。图 3-2-2 所示为母猫绝育术的术式。

术后护理：术后注射或口服抗生素 3~5 d。禁水 4 h，禁食 8 h，术后 4~8 h 给予少量水，8 h 后给予少量食物，之后逐渐增加至正常饮食量。

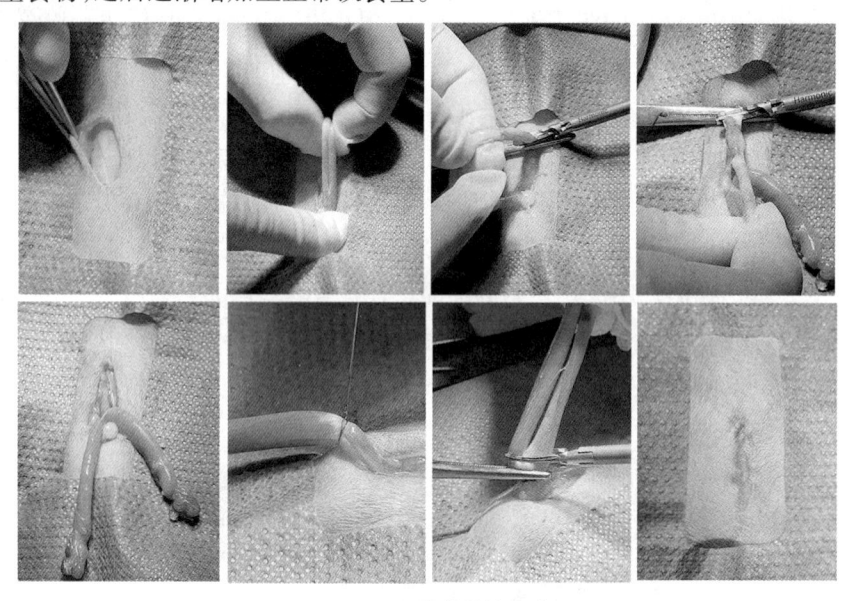

图 3-2-2 母猫的绝育术

【注意事项】

（1）自体精索打结的动作要熟练掌握，防止精索在止血钳上滑脱。

（2）肥胖猫的总鞘膜上的血管较粗，容易出血，应采取相应的止血措施。

（3）母猫应在 6 月龄后进行手术，发情期间最好不进行绝育手术，避免手术中增加出血量。

【课后思考题】

(1)犬猫绝育或去势的最佳时间是什么时候？

(2)犬猫绝育或去势的优缺点是什么？

(3)犬的去势术可以使用精索自体打结吗？为什么？

(4)犬猫绝育或去势手术除控制动物的发情外，还可以用于哪些疾病的治疗？

(编者：范阔海)

实训三

疝的诊断及治疗

【案例及问题】

案例：主人带一只白色的京巴犬来院就诊，主诉该犬6岁，雌性未绝育，有癫痫史，脐部有一鸡蛋大的肿块，已有半年但不影响正常生活，无其他异常，故之前未来院就诊治疗。近期发现左侧腹股沟处有肿块，鸡蛋大小，右侧腹股沟也发现有一拇指大小的肿块，故来院就诊。经检查该犬体重为8 kg，体温、脉搏和呼吸无异常，心律不齐，采集血液进行实验室检查，犬C反应蛋白和血常规检查未见异常。对肿胀部位进行触诊发现，脐部的肿块可还纳回腹腔且仰卧时变小，腹股沟处的肿块按压不变小。进一步进行B超检查发现脐部肿块的内容物为肠管，左侧腹股沟肿块内容物为膀胱，右侧肿块内容物为肠管。

治疗：经检查确诊为脐疝和双侧腹股沟疝，决定进行手术治疗。采用全身麻醉，对整个腹底壁进行大范围剃毛消毒。在疝的基部切开疝囊，分离皮下组织和肌肉找到疝孔和疝环，切开肠管并未发生坏死和粘连，因此将肠管表面清理干净后直接还纳腹腔。采用纽扣缝合闭合脐疝的疝孔，常规缝合肌肉和皮肤。双侧腹股沟疝的疝囊切开后未发现内容物粘连和坏死，还纳腹腔，对双侧腹股沟疝的疝孔进行修补后常规闭合手术切口。术后对伤口进行消毒，让患犬佩戴伊丽莎白项圈，避免剧烈运动和过食。

问题：

（1）引发脐疝的原因有哪些？

（2）手术过程中如何判断疝内容物是否发生坏死？

（3）疝修复手术有哪些注意事项？

（4）如何对疝和其他体表肿块进行鉴别诊断？

【实训目的】

让学生掌握常见疝的诊断方法和各种治疗方法的适应证，能够根据诊断结果选择合适的治疗方法。

【知识准备】

了解犬猫体表肿块与疝的鉴别诊断方法,了解发生疝时常见的临床症状,掌握手术基本操作要点和腹股沟的解剖生理知识。

【实训用品】

1. 实训动物

到动物医院就诊的发生疝的动物。

2. 实训设备与材料

B超仪、X线机、生化分析仪、血液分析仪、血凝仪、伊丽莎白项圈、常规软组织手术器械、手术相关耗材、药品等。

【实训内容】

1. 犬猫腹股沟疝和腹股沟阴囊疝的诊断

根据动物的品种、病史、临床症状和临床检查结果(B超仪、X线机和穿刺等检查的结果)进行综合分析,鉴别诊断。

全身检查:对患病动物进行全面检查,包括病史调查和临床检查。检查体温、脉搏和呼吸频率;观察动物行为,有无疼痛反应。对肿块进行触诊,测定局部温度变化、柔软度、可还纳性,确认能否触及疝环和触诊肿块时动物有无疼痛反应等。检查体位变化对肿块的影响,对肿块的性质和动物的体况做出初步的诊断。

实验室检查:静脉采集患病动物的血液进行血生化、血气、血常规和C反应蛋白的检查,判断动物有无炎症反应、离子和酸碱平衡紊乱或其他异常状况。如有需要可进行穿刺检查(但穿刺时需谨慎)。

影像学检查:可借助B超仪或X线机对肿块进行影像学检查,检查肿块内部结构。

辅助性检查:可对肿块进行听诊,如果需要也可进行直肠检查,观察肿块是否会随腹压的变化而变化。

2. 腹股沟疝的治疗

临床上一般采用手术疗法对犬猫的腹股沟疝和腹股沟阴囊疝进行治疗。

(1)腹股沟疝手术治疗如图3-3-1所示,具体如下所述。

麻醉和保定:术前禁食,进行必要的术前检查,如果动物术前有离子和酸碱平衡紊乱,且动物为非紧急状况,应先对动物的状态进行纠正,然后再进行手术。采用全身麻醉,也可用局部浸润麻醉的方法进行麻醉。采用仰卧保定或半仰卧保定的方式进行保定。

术式:腹部剃毛,将肿块表面和周围的毛剔除干净,剃毛部位消毒并敷创巾隔离。在前疝壁切开皮肤和深、浅筋膜,暴露疝环,然后将疝囊与疝环分离,还纳疝内容物。对于已经发生肠粘连的病例,切开疝囊,暴露粘连的肠段,然后进行钝性剥离,剥离时用温热的灭菌生理盐水润湿纱布缓慢进行剥离,操作要轻柔,减少对肠管的压迫,防止剥碎肠管,完全分离后再还纳腹腔。采用丝线将疝环前外侧的腹外斜肌、腹横肌及其腱膜与疝环后内侧的腹直肌及其鞘膜进行水平褥式重叠缝合,缝合的时候先不打结,待全部缝合完成后再进行收紧打结,闭合疝环。皮肤和筋膜进行结节缝合。

术后护理:佩戴伊丽莎白项圈,减少饲喂量,术后适当运动,应用抗生素治疗7~10 d。

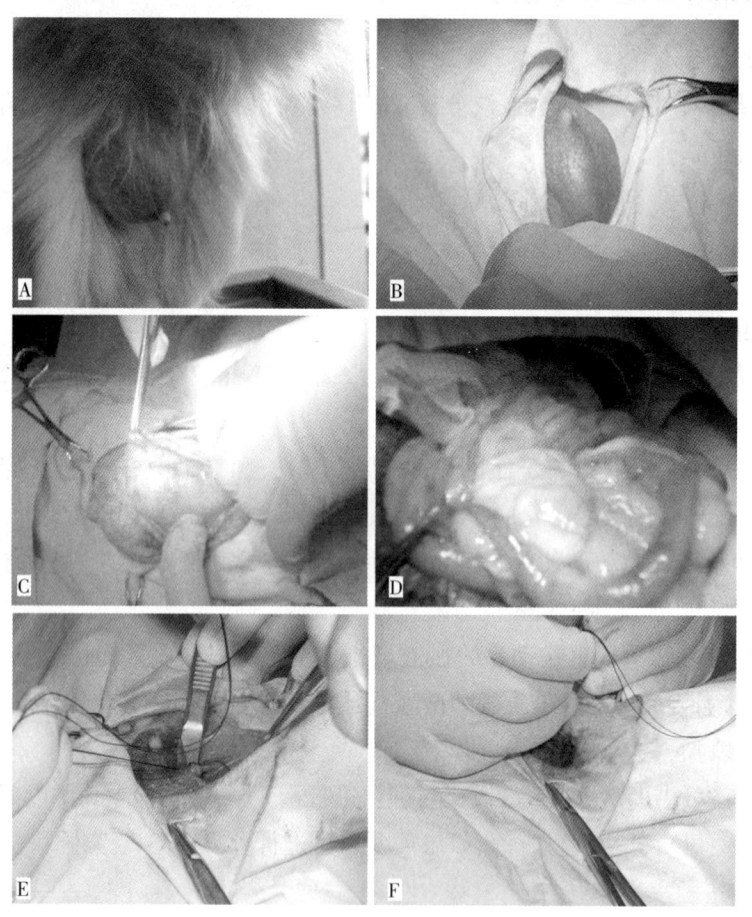

A.腹股沟疝外观;B.局部剃毛消毒隔离;C.切开疝囊;D.疝内容物为子宫;E.闭合腹股沟管外口;F.缝合皮肤

图3-3-1 犬腹股沟疝的诊断及手术治疗实例

(2)腹股沟阴囊疝手术治疗如下所述。

麻醉和保定:对动物采用和腹股沟疝一样的检查、麻醉和保定方式。

术式:将患病动物的阴囊及阴囊周围进行剃毛处理,将剃毛处消毒并用创巾隔离。在阴囊疝的前壁切开皮肤深、浅筋膜,暴露疝环和鞘膜。剥离疝壁与疝环,切开鞘膜,拉出阴囊疝的内容物并还纳腹腔。对于有粘连的肠管,应先分离粘连的肠管再还纳腹腔,对于有肠段坏死的应先做坏死肠段的切除与肠管的吻合术。手术时注意污染手术和无菌手术的交叉问题。若疝内容物因粘连而牵拉困难,则应切开阴囊,剥离疝内容物后再还纳腹腔。对于未去势的动物可在与主人沟通并待其签署同意书后,同时进行睾丸摘除术。

术后护理:佩戴伊丽莎白项圈,减少饲喂量,术后适当运动,应用抗生素治疗 7~10 d。

【注意事项】

(1)注意人员的安全防护,做好动物保定工作,实训中服从安排。
(2)将疝内容物还纳腹腔时动作要轻柔。
(3)发现坏死的肠管,必须将坏死的肠段切除、吻合后再还纳腹腔。

【课后思考题】

(1)哪些原因会引起犬猫发生脐疝,如何预防或减少脐疝的发生?
(2)如何区分脐部脓肿和脐疝?
(3)哪些原因会引发犬猫的腹股沟疝和腹股沟阴囊疝,如何预防或减少发生?
(4)如果腹股沟阴囊疝病例的肠管因粘连而牵拉困难,作为术者应如何处理?

(编者:代宏宇、封海波)

实训四

股骨骨折的诊断及治疗

【案例及问题】

案例：动物主人王某携一只牧羊犬遛弯时，从路旁的胡同驶出一辆出租车，因躲避不及将犬撞倒。后来，犬走路呈三脚跳跃，主人抚摸其右后肢，该犬惨叫且不停地躲闪，呈痛苦状。精神沉郁，不愿吃东西，一直伏卧不起。第2天发现该犬一直没怎么吃食，右后肢肿胀，不敢着地，遂带犬来院就诊。临床检查：体温38.7 ℃，脉搏88次/min，呼吸27次/min，结膜潮红。心、肺、腹部检查均未见异常。患犬右后肢呈弯曲状，缩短。站立时免负体重，行走时三脚跳跃。骨折处肿胀，触诊时躲避，呻吟叫唤，不愿接受检查。将患肢做被动运动时出现明显的体位异常，表现出不正常的屈曲和旋转，且随着运动能听到明显的骨摩擦音。结合X线片，确诊为右后肢股骨中下段处骨折，且股骨断端移位1.0 cm，骨变短。

治疗：经与动物主人沟通，决定通过内固定手术对骨折进行治疗。对该犬进行吸入麻醉，沿股骨大转子与股骨外侧髁连线切开皮肤，切开股二头肌与股阔筋膜张肌，暴露骨折端，通过髓内针与接骨板配合对股骨断端进行固定，最后闭合切口。该犬经3天术后治疗出院，于家中限制活动，细心护理。1月后复查，经X线检查，见骨折端已经基本愈合。术后2月拆除内固定材料。

问题：

(1)犬的股骨骨折有哪些分类？

(2)犬猫股骨骨折有哪些临床表现？

(3)股骨不同部位骨折应分别采用哪种治疗方法？

(4)如何判断犬是否是股骨骨折？

【实训目的】

让学生掌握犬猫股骨骨折的症状表现、诊断方法，各种救治方法的适应证，能够选择正确的救治方式进行处理。

【知识准备】

了解犬猫后肢的解剖学知识、犬猫股骨骨折相关案例,了解常见股骨骨折的定义、病因及症状。

【实训用品】

1. 实训动物
到动物医院就诊股骨骨折的犬猫。

2. 实训设备与材料
X线机、生化分析仪、血液分析仪、伊丽莎白项圈、手术器械、耗材、药品等。

【实训内容】

一、诊断

1. 临床表现
发病特征:任何年龄、品种、性别的犬猫均可能发生股骨骨折,但幼年雄性犬更容易发生创伤性股骨骨折。

病史:有可能观察到外伤,也有可能观察不到。通常动物表现出支跛。

2. 体格检查
股骨骨干骨折的动物通常表现为支跛,同时患肢有不同程度的肿胀。触诊患肢时,有疼痛表现并且有骨摩擦音。当动物背部着地时,因为无法举起爪子而出现本体感受异常。当移动其肢体时,动物会因为疼痛而躲避。

3. X线检查
通过股骨前后位和侧位的X线检查,可以估计骨骼和软组织的损伤程度,也可对骨折的发生部位、骨折类型、严重程度等进行评估,还可对骨骼的一些指标,如骨髓腔大小、骨骼的直径等进行测量。大多数骨折的动物在活动肢体时会感到疼痛,因而需要通过镇静帮助固定位置,以获得更好的X线片。可选择在术前的麻醉状态下进行拍片。如果采用接骨板固定可以参照对侧健康肢的X线片,获取骨骼的长度和形状等资料。这些X线片,都可用于在手术前辅助更精确地挑选出合适构型的接骨板,从而减少手术时间。

4. 实验室检查
继发于创伤的骨折患病动物,应进行血常规检查,以确定合适的麻醉剂量。

5. 鉴别诊断

股骨骨折应该与肌肉挫伤、髋骨脱位、骨盆骨折以及膝关节韧带损伤等相区别。

二、治疗

(一) 药物治疗或保守治疗

骨折必须进行固定,以帮助愈合。股骨骨折时,不推荐使用可塑性材料和夹板来固定,因为用这些材料很难使股骨得到充分固定。但稳定骨折或者不完全骨折,以及生物学活性方面评价较好的动物发生了骨折,即使没有硬物固定,往往也可以愈合。在手术期间,可以给予镇痛药以减少疼痛带来的不适。

(二) 手术治疗

1. 内固定材料的选择

髓内针、连锁针、附加髓内针的骨骼外固定器,单独的骨骼外固定器以及接骨板都可用于整复股骨骨干骨折。固定物的选择应该取决于骨折评价分值。延迟愈合的原因包括病犬的多重损伤、活动量大以及需要开放整复和组织处理。如果预计伤口需要长时间才能愈合,要用固定物维持骨功能8周或更久。带有螺纹的固定物固定效果最好。对于愈合期较短的病例,需要用有足够抗摩擦力的固定物(光滑的髓内针和钢丝)来固定。

2. 术前准备

在骨折治疗前要先稳定患病动物的状况,限制动物运动直到进行手术。需要时可以给予患病动物一些镇痛药。

3. 麻醉

对于有软组织持久性显著损伤以及骨骼粉碎的动物,或者需要大范围暴露并需要软组织处理的动物,采用硬膜外腔麻醉较为有益。硬膜外腔麻醉可以使粉碎性骨折整复更容易完成。

4. 保定

动物侧卧保定,有利于对患病肢悬吊并进行术前处理,可以在手术时获得最大的手术视野。腿部从背正中线到跗关节的部分都要做好手术准备。需要松质骨移植时供体部位可选在同侧肱骨近端处,如可选择同侧的髂骨翼或者近端胫骨。

5. 术式

根据骨折的部位、骨折端的形态及术者的手术习惯选择不同的手术方法。

(1) 骨折的固定方法。

①髓内针固定。髓内针可以用正向或逆向的方式安置于股骨内。

采用正向的方式推进髓内针时,在大转子上的骨骼隆起处做一个小的皮肤切口,作为髓内针的进入点。如果肢体的肿胀继发于软组织外伤,触诊大转子可能会比较困难,需要在大转子上进行有限的切口暴露来确定大转子粗隆的位置。在通过触诊或直接暴露的方法对大转子定位之后,髓内针的尖端穿透软组织,直到其能够穿过邻近的大部分转子嵴。髓内针尖端稍偏离大转子内侧缘进针,直到髓内针进入转子窝。髓内针从稍偏背内侧的方位穿过邻近干骺端的网状骨质。当髓内针的尖端从骨折部位的骨髓腔穿出时,对骨折处进行整复,同时将髓内针穿过远端的碎片(图 3-4-1A)。髓内针的正向安置比逆向安置更容易使髓内针嵌入到靠外侧的区域。

采用逆向安置方式时,使髓内针的尖端沿着邻近骨碎片的皮层滑动,在转子窝内能处于更靠外侧的位置。这种操作对骨干中部以及邻近股骨的骨折更有效。越是远端的骨折,越难以控制逆向安置的髓内针位置。当髓内针靠近转子窝时,保持肢体臀部的伸展和收缩方位,同时当髓内针处于转子窝时要注意避免穿透坐骨神经。当髓内针穿过转子窝,对骨折处进行整复,同时将髓内针延伸至远端碎片(图3-4-1B)。当髓内针逆行穿过转子窝时,如果不能保持股骨伸展和臀部收缩的状态,有可能会损伤坐骨神经。

无论髓内针是以正向还是逆向的方法进入股骨,首先要将骨折部位整复好。对远端碎片的整复能够帮助股骨前背侧正常弯曲的代偿,并且使髓内针在远端可以处于更好的位置(图3-4-1C)。利用皮质骨作为支点,将远端碎片牵拉集中完成整复。如果骨折处有轻度的错位或倾斜,则将所有的皮质骨连接到一起,这个连接点就形成了整复的支点。如果是粉碎性骨折,碎片皮质骨可作为髓内整复的参考点。为估计髓内针使用的最适长度,可以用另一根与它等长的髓内针放在骨髓腔中作为参考标记。髓内针在骨髓腔内延伸至远端,直到接近合适位置,拍摄X线片,以确定髓内针放置于适当位置。对于猫,正向和逆向的位置都可以使用,而且对远端骨碎片的整复并不十分必要。始终保留一根与要嵌入的髓内针等长的针作为参考。

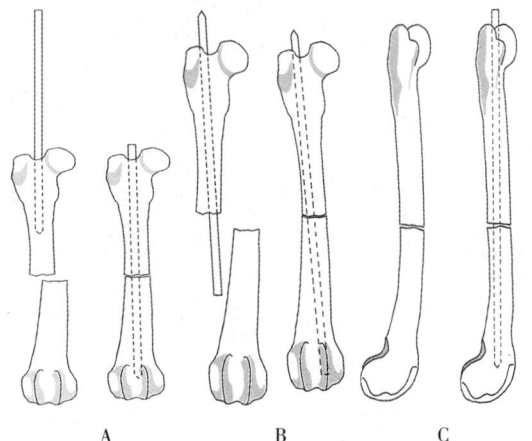

A　　　　B　　　　C

A.正向安置方式;B.逆向安置方式 C.将骨折的骨干进行了适当的整复后让髓内针通过骨髓腔穿入股骨

图3-4-1　股骨骨干骨折的髓内针的固定方法

②接骨板和螺钉的应用。接骨板最适合用于整复复杂的股骨骨折或稳定型骨折,接骨板的尺寸取决于动物体格大小以及接骨板的功能。接骨板可分为加压接骨板、平衡接骨板和支撑接骨板三种。不考虑功能的话,接骨板应该安置于股骨张力面的外侧。使用加压接骨板或平衡接骨板时,最少应有3颗接骨板螺钉固定于骨折部的近端,3颗位于远端。使用支撑接骨板时,建议最少应各有4颗螺钉固定于骨折部位的近端和远端。加压接骨板用于横骨折或者短的斜骨折。在手术之后6~8周,移除髓内针后,接骨板和髓内针系统的稳定性可能会降低。可以另取一种松质骨,移植于骨折区域以促进骨愈合。

（2）股骨骨干手术。

①通过股骨骨干的手术通路暴露股骨骨干。

沿大腿前外侧做切口(图3-4-2A),保证切口稍偏于前侧,因为需要暴露的术部位于二头肌的前侧缘。

切口的长度取决于所用固定物的类型和骨折的形式,大体上说,放置和固定接骨板以及打开粉碎性骨折手术通路均需要做较长的切口。

沿股二头肌的前侧,切开阔筋膜的浅层(图3-4-2B)。牵引股二头肌末端,暴露股外侧肌(图3-4-2C)。如同嵌入股骨后外侧缘一样,切开股外侧肌的中筋膜。从股骨表面将股外侧肌反转,暴露股骨骨干(图3-4-2D)。小心处理软组织和骨折处的血肿,以便骨折的整复和固定。

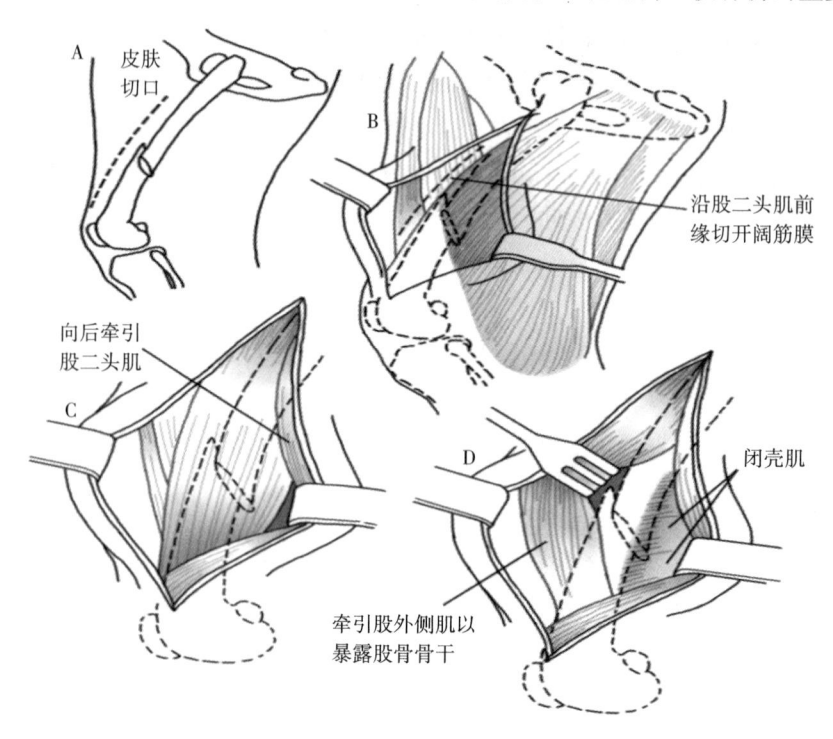

A.沿着大腿的前外侧缘做切口以暴露股骨骨干;B.切开阔筋膜,切口长度要足以沿股二头肌的前缘切开阔筋膜的浅层;C.向后牵引股二头肌,暴露股外侧肌;D.从股骨表面反转股外侧肌,暴露股骨骨干

图3-4-2　股骨骨干骨折的手术通路

②固定骨干中部的横骨折或短斜骨折。

从力学保护的角度看,骨干中部骨折的构型在术后可以使骨骼和埋植物共同分担负荷。横骨折或者短斜骨折的固定需要能抗旋转和弯曲力,这个抗力能够通过接骨板、连锁针或者外固定器联合髓内针实现(图3-4-3,图3-4-4)。

骨干中部较长的斜骨折或有1~2块蝶形碎片的粉碎性骨折的固定:从力学保护的角度看,能够用环扎钢丝和螺钉固定骨折中间的碎片进行整复。当中间碎片的骨折线被整复、压紧后,骨骼在术后固定物的支持下就可以负荷一定的重量,但是不适当的运动会压迫固定物及其附着点。对这类骨折的固定需要使用有抗轴向、抗旋转和抗弯曲作用的器械,可以使用接骨板、连锁针、环扎钢丝以及联合使用的外部骨骼固定器或者髓内针附加上环扎钢丝。

在骨折评价分值的基础上推荐用横骨折或短斜骨折的固定方法。如果骨折评价分值为0~3,可以用加压接骨板。分值为4~7,可以用带两根固定针的外固定器加上髓内针(联合构型)和交叉的半环扎钢丝。分值为8~10,使用髓内针加上交叉的半环扎钢丝或髓内针加上带两根固定针的外固定器。

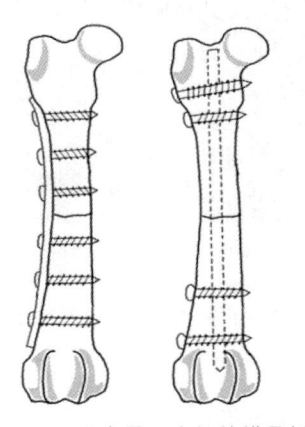

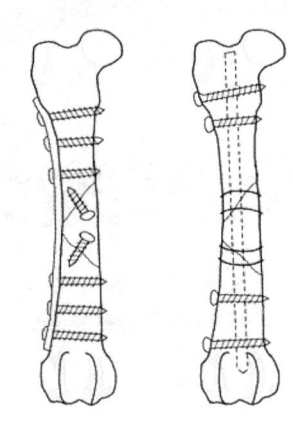

图3-4-3　固定骨干中部的横骨折　　图3-4-4　固定骨干中部的短斜骨折

缝合材料及专用器械:用来处理固定针和钢丝的必备装置包括牵引器、持骨钳、复位钳、髓内针、基尔希讷(氏)针、矫形钢丝、紧线器以及钢丝钳。外固定需要的附加设备包括低速钻和外固定夹以及连接杆。在应用螺钉时要用到连锁针,应用接骨板和螺钉时,需要有相关器械以及高速电钻。

术后护理及评价:术后X线检查用来鉴定骨折整复和校准的情况,以及埋植物的位置。建议使用牵引绳限制动物活动,直到X线检查结果显示断骨已愈合良好。膝关节适当被动屈伸有利于功能恢复。开始愈合时,要拆除髓内针和外固定装置;暂不拆除连锁针和接骨板,直到骨骼完全愈合之后再拆除。

犬股骨骨折的诊断与治疗实例如图3-4-5所示。

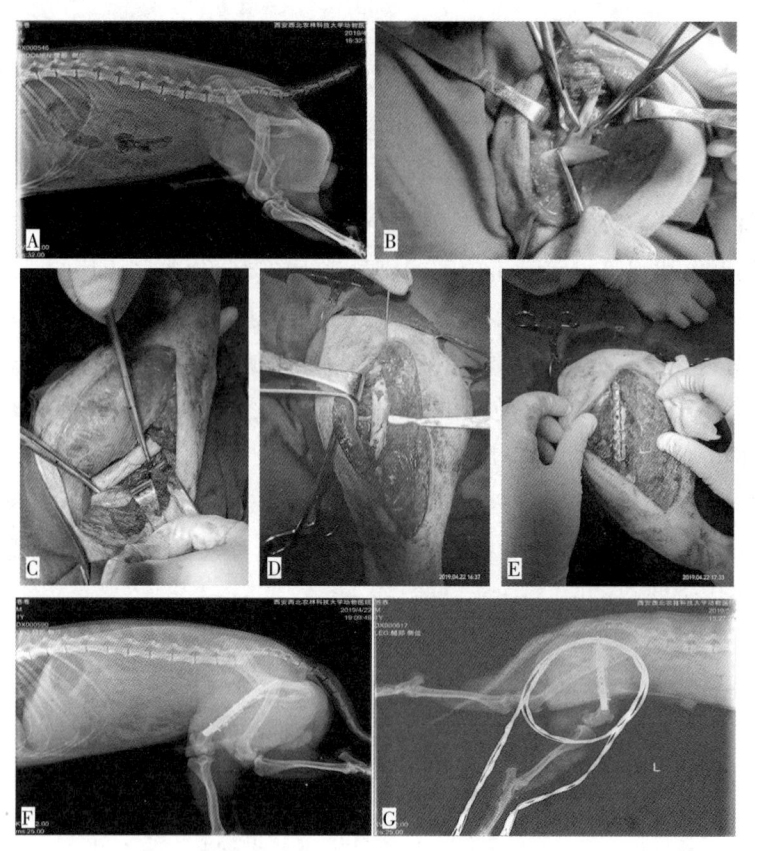

A.中华田园犬左后肢股骨粉碎性骨折;B.对骨折端进行复位;C.复位完成;D.髓内针和螺钉固定碎骨片;
E.接骨板固定骨片;F.术后X线检查;G.通过托马斯支架进行外固定

图3-4-5　犬股骨骨折的诊断与治疗实例(西北农林科技大学动物医院供图)

【注意事项】

(1)注意人员的安全防护,做好动物保定工作,实训中服从安排。

(2)手术过程中必须坚持严格的无菌操作。

(3)骨折整复固定后,在骨愈合期间,早期限制动物关节活动,在屈膝关节的同时使跗关节伸展,并使胫骨近端后侧呈现下沉位置。

(4)术后每日测体温,观察动物的精神和食欲,按摩肢体,防止肌肉萎缩。

【课后思考题】

(1)引起犬猫股骨骨折的原因有哪些?

(2)如何选择治疗犬猫股骨骨折的手术方法?

(3)如何通过X线片鉴别诊断骨折与关节脱位?

(编者:卢德章)

实训五

犬猫胃肠异物的诊断及治疗

【案例及问题】

案例:Fanny,1岁,雌性杜宾犬。每天呕吐数次,已有至少10天。表现厌食,有脱水症状。临床检查发现有剧烈腹痛,但体温正常。腹部X线图像显示腹部有异物,结构与桃核一致。血液检查显示中度中性粒细胞增多,血细胞比容略高,尿素和丙氨酸转氨酶小幅度升高,血清钾下降。心电图和血压均未发生明显变化。

治疗:对该犬进行麻醉后,腹部除毛消毒,经腹中线切口打开腹腔,找到梗阻肠段,将其拉出腹腔外,周围用生理盐水浸泡过的纱布块隔离梗阻肠段与腹壁切口。通过肠管侧壁切开术切开肠管,取出异物。常规缝合肠管,关闭腹腔。

问题:

(1)手术前应该采取哪些措施?

(2)如检查到肠道异物,患病动物在没有出现哪些症状时可暂时不需要进行外科手术治疗?

(3)观察到哪些症状或情况时,需要实施外科手术?

【实训目的】

让学生掌握犬消化道异物的症状表现、诊断方法,各种救治方法的适应证,能够选择正确的救治方式进行处理。

【知识准备】

复习犬消化道的解剖结构,了解犬消化道异物的病因及症状。

【实训用品】

1. 实训动物

到动物医院就诊消化道异物的犬。

2. 实训设备与材料

X线机、生化分析仪、血液分析仪、伊丽莎白项圈、手术器械及相关耗材、相关药品等。

【实训内容】

1. 诊断方法

病史诊断：询问作为诊断方法的第一步。在主人带病犬来治疗时一定要进行详细的询问，询问详细发病时间、可能吞食的异物、发病过程、是否有异食癖病史等关键问题，从而可做初步诊断。临床症状见食欲时好时坏、间断性呕吐、消瘦等。

实验室诊断：实验室诊断是确诊犬消化道异物梗阻最重要的方法，胸腔X线片或内镜可以用于食道异物和胃内异物的确诊，硫酸钡摄影（钡餐造影）可确定胃内异物和肠内异物的性质、形状和位置（图3-5-1、图3-5-2）。

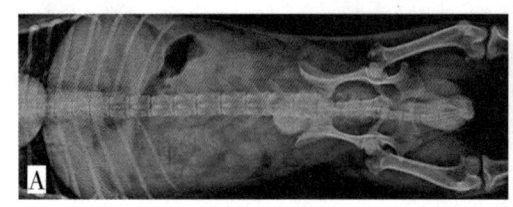

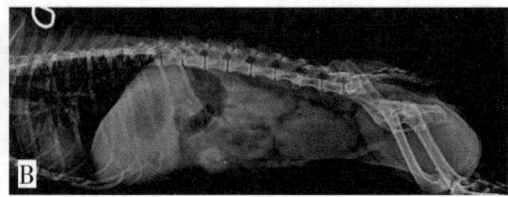

A.X线正位片；B.X线侧位片；
X线片显示胃内存在高密度影像（胃内异物可能为核桃）

图3-5-1　X线片

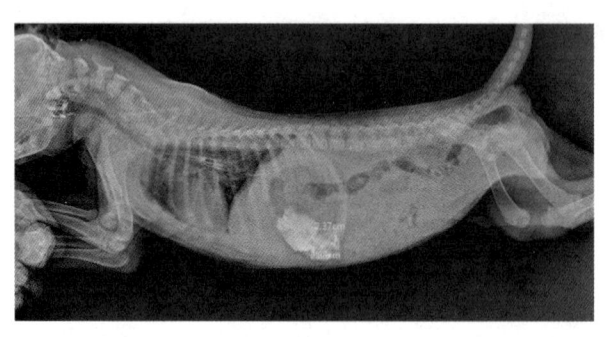

图3-5-2　钡餐造影显示胃内异物的大小和位置

2. 治疗方法

（1）催吐法：用阿扑吗啡进行皮下注射，让动物通过呕吐排出食道异物或胃内异物（图3-5-3）。

图3-5-3 经催吐治疗排出的硅胶玩具

(2)取出法:在全身麻醉的状态下,用内窥镜辅以观察,取出食道异物或胃内异物。

(3)手术切开法可以分胃切开术和肠道切开术两种。

①胃切开术:将动物仰卧保定,全身麻醉,在脐前方沿腹正中线实施开腹术。沿腹正中线切开后,在创口插入扩张器。将胃牵引至创口,在创口边缘用温生理盐水泡过的创布将胃和腹壁隔开,在胃壁前后各设置一根牵引线。在胃大弯和胃小弯之间实施全层切开,切口大小应以刚好取出异物为宜,用手术刀或手术剪切除突出于胃壁切口外侧的胃黏膜。用4-0-2-0合成可吸收性缝线对黏膜以及黏膜下组织进行连续水平内翻缝合(康奈尔氏缝合),或进行连续交叉内翻缝合,用同样的缝线对浆膜和肌层进行连续垂直褥式内翻缝合,或进行连续水平褥式内翻缝合。检查缝合质量,小心地进行腹腔清洗消毒。在胃创口上滴加抗生素液体之后,除去两端的牵引线,将胃还纳回腹腔,依次缝合腹壁创口。术后患病动物须佩戴伊丽莎白项圈。注射抗生素5 d,禁食2~3 d,禁食期间用输液维持营养,从术后第3 d开始给予流食,逐渐过渡到正常饲喂,术后10~14 d拆线。

②肠道切开术:将动物仰卧保定,全身麻醉。根据异物位置,在脐部前方或后方沿腹正中线实施开腹术,将大网膜向腹腔头侧移动。探查到异物后,将该段肠管移至腹腔外,用浸有温生理盐水的纱布将移出的肠管和腹腔进行隔离。若检查发现有异物存在的肠管失去活性,则必须切除该段肠管。向两边轻轻按压肠内容物,以清空术部肠段,助手用食指和中指轻柔地夹住并持握肠管(如没有助手帮助,则使用无创肠钳),阻断肠内容物的转运。对于没有受到损伤的肠段,在异物后部做肠道切开术的切口。如果异物不能从远端取出,则可以在异物前部做切口。肠道切开术的切口应避开异物,肠壁切口应该选在肠系膜的对侧,切口的大小要与异物大小相适应,要避免取出异物时伤及肠壁。由于异物常常被黏膜包裹,黏附于肠壁上,在取出时,先将异物轻轻地从肠壁上剥离下来。在缝合之前对创口进行彻底的清洗消毒。缝合肠的切口时,用4-0-3-0合成可吸收性缝线进行对接缝合(Gambee缝合法)。缝合结束后,向肠腔内注入适当压力的温生理盐水,观察是否渗漏,以检查缝合处的密闭性。如发现渗漏,应补缝切口,直至没有液体漏出。用温生理盐水将肠管缝合部和腹腔内进行彻底清洗后,将肠管还纳回腹腔,盖上并整复大网膜,依次闭合腹壁创口。术后患病动物须佩戴伊丽莎白项圈。注射抗生素5~10 d,禁食3 d,禁食期间用输液维持营养,从术后第3 d开始给予流食,逐

渐过渡到正常饲喂，术后10~14 d拆线。图3-5-4所示为通过肠道切开术取出肠管内的异物。

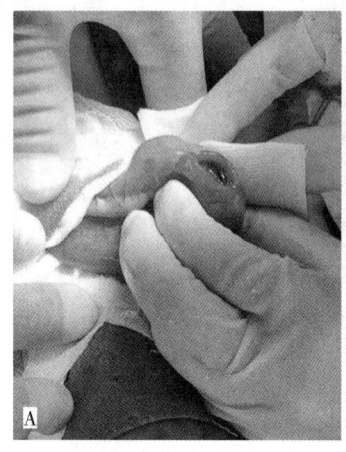

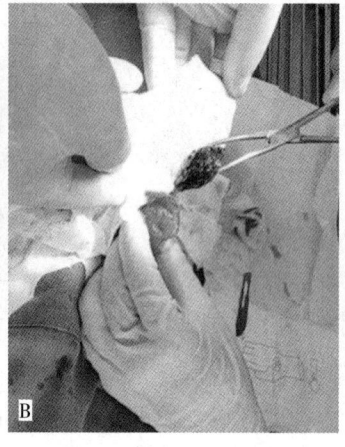

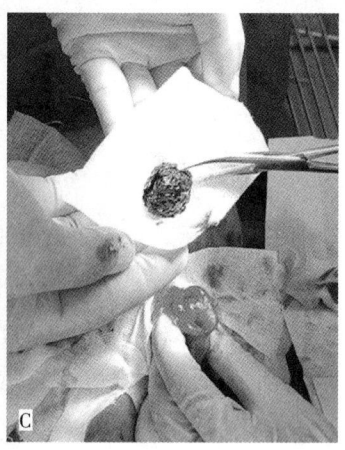

A.切开肠管；B.取出异物；C.异物为桃核

图3-5-4　通过肠道切开术取出桃核

【注意事项】

(1)治疗前要纠正脱水和电解质平衡紊乱。

(2)要选择适当的手术缝线和缝合方法，防止由于缝合的不确实引起并发症。

(3)胃肠道切开术属于交叉手术，在胃肠道缝合过程中要注意有菌和无菌的转换。

【课后思考题】

(1)犬猫的消化道异物有哪些诊断方法？

(2)消化道异物手术后的并发症有哪些？

(编者：范阔海)

实训六

耳血肿的诊断与治疗

【案例及问题】

案例：主人带一只白色的萨摩耶到动物医院就诊，主诉该犬5岁，雄性，未绝育，最近几天一直用后爪抓搔左耳，持续两天未缓解，且抓搔的频率增加，观察耳部有肿胀，故来院就诊。经检查该犬体重为21 kg，体温、脉搏和呼吸无异常；采集血液进行实验室检查，犬C反应蛋白和血常规检查未见异常；对耳道和耳廓进行全面检查，无体表寄生虫、耳螨或马拉色菌感染。对肿胀部位进行触诊并穿刺检查，确诊为耳血肿。

治疗：首先，采取了保守疗法，进行穿刺吸出肿胀内的血液，并进行压迫固定，住院观察，第二天再次发生血肿，决定进行手术治疗。采用全身麻醉，对耳廓内外进行大范围的剃毛消毒，切开血肿，彻底清理术部的血凝块和血液后，做数个平行于耳廓纵轴的穿透全层的褥式缝合，并用短的输液管衬垫以增强止血效果，减少对局部的压迫，将耳廓内侧和外侧的切口进行缝合，并安置引流管。手术结束后进行常规的术后护理，对患耳进行包扎，让该犬佩戴伊丽莎白项圈，术后未出现再次血肿。

问题：

(1)犬耳血肿表现出哪些症状？

(2)对于耳血肿可以采取哪些方法进行治疗？

(3)手术治疗耳血肿的术式及注意事项有哪些？

(4)引起耳血肿的原因有哪些？

【实训目的】

让学生掌握耳血肿的诊断与治疗方法，以及耳血肿的发病原因。

【知识准备】

了解犬猫体表肿块（脓肿、血肿、淋巴外渗和体表肿瘤）的鉴别诊断方法，熟悉犬猫耳部血管的分布及走向，掌握基本的缝合方法。

【实训用品】

1. 实训动物
到动物医院就诊耳血肿的病例。

2. 实训设备与材料
B超仪、穿刺针、生化分析仪、血液分析仪、血凝仪、伊丽莎白项圈、常规外科手术器械及辅料、药品、注射器等。

【实训内容】

1. 诊断
根据动物的品种、病史、临床检查（触诊、视诊和穿刺等）结果进行综合分析，鉴别诊断。注意与脓肿、淋巴外渗和肿瘤做鉴别诊断。

全身检查：对患病动物进行全面检查，包括病史调查和临床检查。检查体温、脉搏和呼吸频率；观察动物行为，有无疼痛反应。对肿块进行触诊，测定局部温度变化、柔软度，触诊是否有波动感等。如有需要可做穿刺检查，但应避免反复穿刺，穿刺检查时注意无菌操作。用检耳镜检查耳道有无异常。

实验室检查：如发现动物有体温升高，可在争取主人同意后，静脉采集患病动物的血液进行血生化、血常规和C反应蛋白的检查，判断动物有无炎症反应和其他异常状况。如有需要可进行穿刺，进行穿刺液的检查。对耳道分泌物进行涂片、染色、镜检，检查有无寄生虫或马拉色菌感染。

影像学检查：如果有需要可进行B超检查，以确定肿块的内容物。

2. 治疗方法
因止血药物对耳部的出血几乎没有效果，因此，一般采用手术疗法进行止血（图3-6-1）。

适应证：耳血肿。

麻醉和保定：术前禁食、禁水，采用全身麻醉。采用俯卧的方式进行保定。

术式：用脱脂棉或纱布将耳道堵住，以防手术过程中的血液或冲洗液进入耳道。将患耳耳廓内外的毛发全部剃干净，并进行整个耳廓的常规消毒。在血肿的最高处进针抽出肿块内的血液，或平行于耳廓的纵轴在肿块的中线上做足够长的切口，清除肿块内的血凝块和积血。用生理盐水对肿块的腔隙进行彻底的冲洗。做若干与耳纵轴平行且穿透耳廓圆层的褥式缝合以达到压迫止血和消除血肿腔的目的，缝合时可用短的橡胶管做衬垫以增强止血效果。耳廓内侧的皮肤可不进行缝合，以便于排出残余血水或术后的渗出液；也可进行缝合，但须安置引流管（图3-6-1）。

术后护理:限制动物活动,佩戴伊丽莎白项圈防止抓搔,在褥式缝合处和耳廓切口处涂布碘伏或抗生素软膏,如耳道有寄生虫或其他感染应积极治疗。

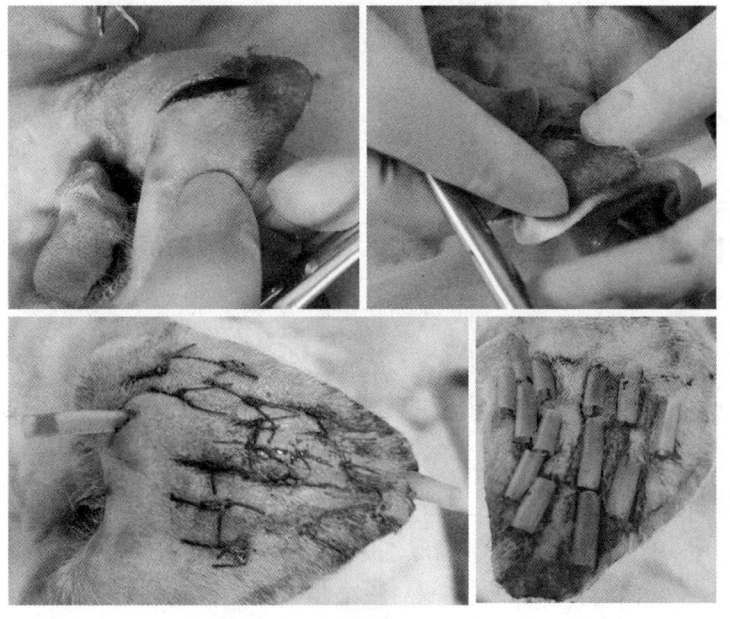

图3-6-1　犬耳血肿的手术疗法操作实例(宁静湾动物医院供图)

【注意事项】

(1)注意人员的安全防护,做好动物保定工作,实训中服从安排。
(2)在排出血肿内的积血时,要在血肿的顶部进针进行穿刺。
(3)手术前要用纱布或脱脂棉将耳道堵住,以防手术过程中的血水或冲洗液进入耳道。
(4)褥式缝合要穿透耳廓且平行于耳廓的纵轴,不能垂直于耳廓的纵轴进行缝合。

【课后思考题】

(1)引起耳血肿的原因有哪些?
(2)为何缝合时要平行于耳廓的纵轴?

(编者:代宏宇)

实训七

犬猫结膜炎的诊断及治疗

【案例及问题】

案例:周女士带一只苏格兰牧羊犬到动物医院就诊,主诉该犬4岁,雌性,今日发现眼周围湿润,有分泌物,经常用前脚摩擦眼部,但精神状态以及食欲、饮欲正常。经检查,该犬体重10 kg,脉搏97次/min,体温38.5 ℃,两侧眼结膜颜色均呈现潮红色,右侧角膜有浑浊区域,无溃疡。两眼均无眼睑内翻、无睫毛倒生等现象,两眼均出现羞明、流泪,眼睑附着脓性分泌物。综合检查结果诊断为角膜炎及结膜炎。

治疗:首先用洗眼液洗眼,用棉签蘸取洗眼液清理掉眼周围的分泌物。治疗采用滴注托百士眼药水,1次/3 h,同时使用牛成纤维细胞生长因子滴眼液交替点眼,1次/3 h。点眼3 d后,患犬的结膜潮红、羞明、流泪等症状明显减轻。继续点眼3 d,角膜混浊现象消失,痊愈。

问题:

(1)犬结膜炎的主要表现有哪些?

(2)角膜炎有哪些症状表现?

(3)如何区分犬的结膜炎与角膜炎?

(4)犬结膜炎有哪些治疗方案?结膜炎症及角膜炎症该如何护理?

【实训目的】

让学生掌握犬猫结膜炎与角膜炎的病因、症状表现与诊断方法,掌握犬结膜炎与角膜炎的治疗方案。

【知识准备】

了解犬眼局部解剖及生理特征,了解犬结膜炎与角膜炎的治疗方案,了解犬猫眼科检查的基本技术与方法。

【实训用品】

1. 实训动物
到动物医院就诊犬结膜炎与角膜炎的病例。

2. 实训设备与材料
检眼镜、裂隙灯、血液分析仪、伊丽莎白项圈、泪液试纸、荧光素钠、洗眼液、眼药水、棉签、药品等。

【实训内容】

1. 症状
临床常根据患眼分泌物的性质,将结膜炎分为以下两种类型。

(1)卡他性结膜炎。以眼角流出或睑缘黏附浆液性或浆液黏液性分泌物为特征,在各种类型结膜炎的早期,可见患眼羞明、流泪,眼睑肿胀,球结膜潮红、水肿等急性症状(图3-7-1)。当急性结膜炎转为慢性后,结膜充血程度可能减轻,或不再有充血水肿现象,也不见明显的流泪或眼分泌物,但睑结膜常逐渐变厚呈丝绒状外观。

(2)化脓性结膜炎。以眼角流出或睑缘黏附大量黏液脓性或纯脓性分泌物为特征(图3-7-2),严重病例上下睑缘常被脓性分泌物黏着在一起,结膜充血肿胀严重,多见于结膜损伤、炎症继发细菌感染或感染某些传染病。卡他性或化脓性结膜炎有时波及角膜,常引起角膜炎,让眼睛表现出混浊或溃疡,称之为角膜结膜炎。新生仔猫生理性睑缘粘连期如果发生脓性渗出性结膜炎,结膜囊内会蓄积大量脓性分泌物,可能会导致睑球(结膜或角膜)粘连,闭合的眼睑明显突出。

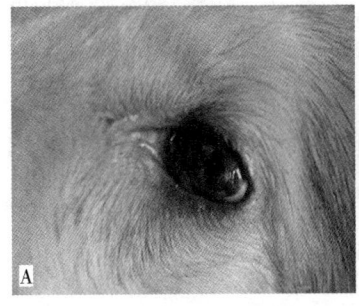

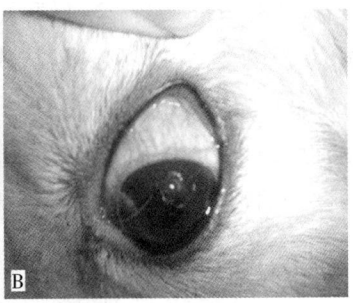

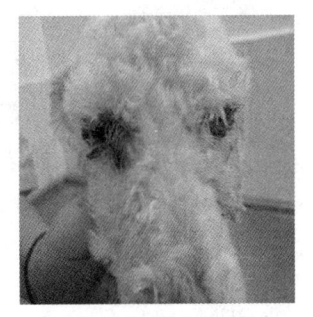

A.角膜完好,少量浆液性分泌物;B.球结膜充血,大量血管
图3-7-1 犬卡他性结膜炎

眼睑被大量脓性分泌物粘连
图3-7-2 犬化脓性结膜炎

动物感染疱疹病毒、杯状病毒或鹦鹉热衣原体常表现出急性卡他性结膜炎或化脓性结膜炎(图3-7-3)。结膜炎也常波及角膜导致角膜结膜炎(图3-7-4)。因结膜上皮下固有层的淋巴滤泡增生,而在结膜囊或第三眼睑球面形成大量小而圆、半透明的滤泡,称为滤泡性结膜炎(图3-7-5)。

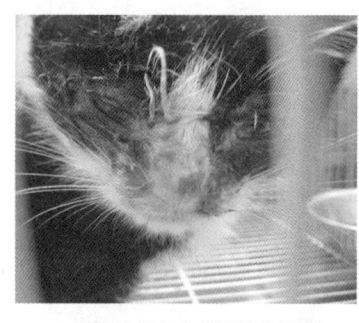

眼睑缘附着大量脓性分泌物　　　结膜充血、潮红、角膜表面不透明　　　眼睑内侧有潮红及大量半透明滤泡
图3-7-3　猫化脓性结膜炎　　　图3-7-4　犬角膜结膜炎　　　图3-7-5　犬滤泡性结膜炎

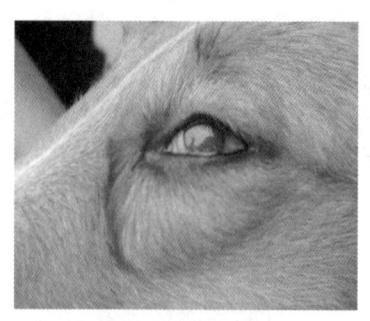

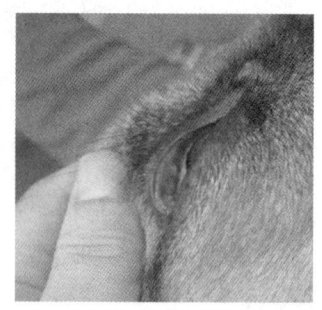

2. 诊断

根据结膜炎表现出来的典型症状对结膜炎做出诊断并不困难，而找到病因比较困难。要鉴别出是普通眼病还是传染病引起的眼部表现，如此才能进行确实有效的治疗。

机械性或化学性因素引起的结膜炎，通常从病史调查中可发现有价值的线索，若病程迁延或用药不当可能继发细菌感染影响诊断。

犬猫感染特定病原或发生传染病时，可发现该传染病的一些典型症状并有可能同时表现出结膜炎症状。如猫感染疱疹病毒可引起发热和上呼吸道感染症状，并且易发生疱疹性角膜炎或角膜树枝状溃疡。因此，发生结膜炎尽可能采用相应的传染病病原检测试纸卡进行快速检测，有助于对疾病做出正确的诊断。

对于慢性结膜炎病例，进行Schirmer泪液量检查有良好的诊断效果，能够明确炎症是否与泪液分泌不足有关。

结膜抹片检查对急性或慢性病例都有意义，通过镜检观察感染菌及炎性细胞浸润的特点，有助于对病因做出诊断。结膜抹片方法：犬猫全身镇静，患眼表面麻醉，用无菌小刮匙在结膜囊内向同一方向刮擦数次，获得的样品可转移到清洁载玻片上均匀涂抹，革兰氏染色或瑞-姬氏染色后立即镜检，或送专业实验室进行细菌、衣原体或疱疹病毒等的鉴定诊断。如细菌感染可见大量中性粒细胞，病毒或衣原体感染可见大量淋巴细胞和单核细胞，过敏性因素可能见到较多的嗜碱性或嗜酸性粒细胞。猫嗜酸性结膜炎以嗜酸性粒细胞和肥大细胞浸润结膜为特点。

3. 治疗

（1）洗眼。首先用生理盐水或犬猫专用洗眼液洗眼。对机械性或化学性因素引起的结膜炎，可以用氯霉素、氧氟沙星或环丙沙星滴眼液等滴眼。如结膜充血、水肿严重、角膜无损伤或溃疡，可配合使用皮质类固醇药物，如可的松滴眼液交替滴眼，每天3~4次，连滴数天至症状改善和消除。

（2）药物点眼。对怀疑或诊断为过敏性因素引起的结膜炎，或虽病因不明但无全身症状的单纯结膜炎病例,可以使用复方新霉素滴眼液、复方妥布霉素滴眼液或典必殊眼膏进行治疗,具体使用方法为在白天用滴眼液滴眼3~4次,夜晚将眼药膏涂抹于结膜囊内,连用数天。

对于无全身症状的猫结膜炎病例,应当考虑衣原体感染的可能性,在无法确定病原的情况下,可使用金霉素或四环素眼膏,炎症剧烈时可口服多西环素,按每次每千克体重10 mg,每天3次,连用数天可改善症状。如果发现结膜囊内有过多的淋巴滤泡,局部滴皮质类固醇药物能减少滤泡的数量和范围,也可用无菌小纱布块将结膜上的淋巴滤泡擦除,能减轻和消除淋巴滤泡对眼睛的摩擦刺激,但同时有可能会诱发急性炎性反应。

对于干眼症病例,除了适当应用上述抗菌滴眼液外,还应配合使用人工泪液,如复方硫酸软骨素滴眼液、羧甲基纤维素钠滴眼液(亮视)、人工泪液滴眼液、右旋糖酐羟丙甲纤维素滴眼液(泪然)等。

(3)全身治疗。对于同时有全身症状的病例,应考虑感染传染病的可能性,在正确诊断的基础上进行相应的全身抗病毒、抗菌治疗,并根据结膜和角膜的病理表现,使用阿昔洛韦滴眼液、利巴韦林滴眼液、三氟尿苷滴眼液进行治疗。三氟尿苷滴眼液尤其适用于治疗猫疱疹病毒引起的眼部感染,能明显改善患猫的眼部症状。每2~3 h滴眼1次,待病情好转后改为每4 h滴眼1次,使用时间不超过3周。

对结膜吸吮线虫引起的结膜炎,先用眼科器械拉开第三眼睑,使用利多卡因滴眼液点眼,待虫体麻醉后用小棉签浸生理盐水插入结膜囊或第三眼睑间隙将虫体清理出来,同时皮下注射伊维菌素杀灭结膜吮吸线虫,之后根据结膜炎症的性质与程度,选用以上药物治疗。

【注意事项】

(1)在结膜炎的检查及治疗的过程中应注意自身的安全防护,实训中服从教师安排。
(2)能鉴别引起眼部感染的其他疾病。
(3)检查、洗眼、点眼等过程中要对动物进行确实保定。

【课后思考题】

(1)哪些原因有可能导致犬猫患上结膜炎?
(2)如何对结膜炎、角膜炎、白内障、结膜吸吮线虫等眼病进行鉴别诊断?
(3)京巴犬,7 kg,9岁,眼部附着大量脓性分泌物,羞明、流泪,经常用前肢搔抓眼部,或者沿墙壁摩擦眼部,如何对该犬进行诊断和治疗?

(编者:封海波)

实训八

眼睑内翻及外翻的诊断与治疗

【案例及问题】

案例:一中华田园犬,雄性,2岁,已绝育,已免疫。主人发现其左眼流泪较多且分泌物较多,故来院就诊。就诊时,医生发现该犬左眼分泌物很多,且睁眼困难,结膜潮红,角膜出现轻度浑浊,下眼睑发生内翻。问诊得知该犬食欲正常,体温、心率和呼吸均无明显异常。

治疗:对患眼进行局部麻醉药点眼(盐酸丙美卡因),发现内翻并无缓解,于是决定进行手术治疗。采用全身麻醉,对患犬进行俯卧保定,头部垫高。用氯霉素药水对患眼进行充分的清洗,洗去污物和分泌物,然后涂布红霉素眼膏,对患眼周围进行剃毛消毒。在距离下眼睑缘1.5 cm处做一与睑缘平行的切口,然后再在第一切口与睑缘之间做一半月形切口,切口长度与第一切口相同,将切开的皮瓣和轮匝肌的一部分切除,然后将切口缘拉拢结节缝合。术后进行点眼消除眼部炎症,并让该犬佩戴伊丽莎白项圈。

问题:

(1)眼睑内翻的病因有哪些?

(2)矫正眼睑内翻有哪些方法?

(3)进行眼睑内翻矫正术时有哪些注意事项?

【实训目的】

让学生掌握眼睑内翻及外翻的诊断与治疗方法,掌握眼部手术的注意事项。

【知识准备】

了解犬猫眼部的局部解剖知识及各解剖结构的生物学功能,了解眼睑内翻或外翻与动物品种和年龄的关系,以及造成眼睑内翻或外翻的因素。

【实训用品】

1. 实训动物

到动物医院就诊眼睑内翻或外翻的病例。

2. 实训设备与材料

检眼镜、血凝仪、伊丽莎白项圈、外科手术器械、辅料、药品、注射器等。

【实训内容】

1. 诊断

根据动物的品种、年龄、病史、临床检查（触诊、视诊等）结果进行综合分析做出诊断。注意检查眼分泌物的性质，判断有无炎性反应。

对患病动物进行全面检查，包括与主人沟通了解患病动物的病史和有无外伤史，观察患病动物眼部的活动及分泌物的情况。观察动物上下眼睑的闭合情况。用检眼镜进行角膜的检查，检查角膜有无损伤或炎症。检查体温、脉搏和呼吸频率。对眼部进行全面检查，包括恫吓反射试验、瞳孔对光反射试验等，检查动物视力是否正常。如有需要应结合荧光素钠试验对角膜进行进一步检查。

2. 治疗方法

对于发生眼睑内翻的患病动物，可采用保守或手术的方法进行治疗。对于发生眼睑外翻的患病动物一般采取手术的方法进行治疗。

（1）眼睑内翻的治疗。

保守疗法：适用于痉挛性原因造成的眼睑内翻。可向患眼内安置软的隐形镜片，以减少眼睑对角膜的刺激，待病因消除后取出。也可做临时的眼睑缝合，2~3周后拆除缝线，若无好转则应进行手术治疗。

手术治疗：适用于先天性的眼睑内翻或后天性的眼睑内翻经保守治疗无效的病例。

麻醉和保定：术前禁食，全身麻醉，俯卧保定。

术式：将眼部的分泌物彻底清除干净，对眼球进行充分的清洗。对患侧眼球周围进行大范围的剃毛消毒处理。用创巾将患眼隔离，开始手术。采用霍尔茨-塞勒斯（Holtz-Colus）氏手术方法进行眼睑内翻的矫正，用组织镊夹起内翻侧眼睑的皮肤，距眼睑缘约3 mm，切除多余的椭圆形皮瓣（保证切除缝合后可使内翻的眼睑恢复到正常位置）。如果切除皮瓣过小，可再次进行切除，但须注意不要过度矫正，否则会导致眼睑外翻，切除皮瓣时不可切除轮匝肌或结膜。将椭圆形切口进行水平纽扣状缝合，使内翻的眼睑恢复正常。缝合后的线头要远离睑裂，以免刺激眼球。图3-8-1所示为松狮犬眼睑内翻的手术矫正案例。

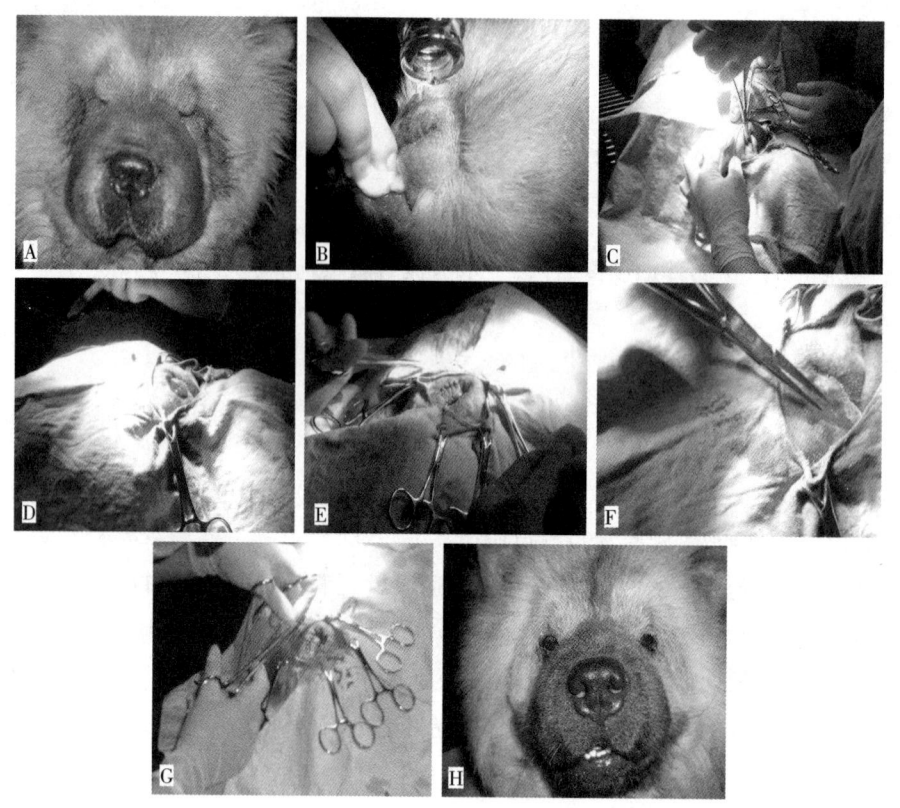

A.松狮犬患眼睑内翻的症状;B.清除眼周围的分泌物并除毛、消毒;C.止血钳钳夹上眼睑皮肤;
D.剪掉钳夹部分的皮肤;E.缝合皮肤切口;F.钳夹并切除下眼睑皮肤;G.缝合下眼睑皮肤切口;H.患犬眼睑内翻痊愈

图3-8-1 松狮犬眼睑内翻的手术矫正

术后护理:术后前几天眼睑会有肿胀,也会轻微外翻。应限制动物活动,并佩戴伊丽莎白项圈,防止动物抓搔。在缝合处涂布碘伏或抗生素软膏;患眼涂抗生素眼膏或滴滴眼液,每天3~4次。术后10~14 d拆线。

(2)眼睑外翻的治疗。

症状不严重者可以不进行治疗,或使用类固醇或抗生素药物点眼,以减少局部的刺激。症状严重者需进行手术治疗。

手术治疗:沃顿-琼斯式(Warton-Jones)睑成形术(V-Y技术)。

麻醉与保定:动物术前禁食禁水,全身麻醉,俯卧保定。

术式:彻底清除患眼的分泌物,并用生理盐水冲洗患侧眼球。对患眼周围进行大范围的剃毛、消毒处理并进行隔离。在患侧眼睑下方的皮肤上做一"V"字形的切口,将"V"形皮瓣与皮下组织分离并剪除皮下的脂肪组织(图3-8-2A,图3-8-2B),同时分离"V"形切口两侧的皮肤(图3-8-2C)。然后从"V"形切口的下方开始缝合,将切开的"V"字形切口缝合成"Y"字形(图3-8-2D),以支撑外翻的眼睑,使眼睑恢复到正常的位置。

术后护理:术后前几天患眼会有肿胀。应限制动物活动并佩戴伊丽莎白项圈,防止动物抓搔。在缝合处涂布碘伏或抗生素软膏,患眼涂抹抗生素眼膏或滴滴眼液,每天3~4次,术后10~14 d拆线。

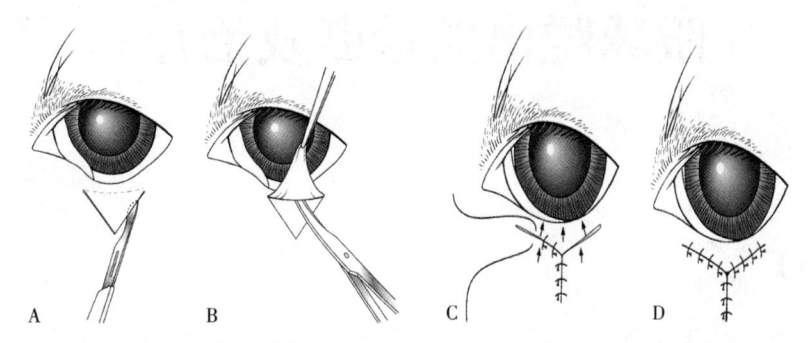

图3-8-2　沃顿-琼斯式(Warton-Jones)睑成形术治疗犬眼睑外翻

【注意事项】

(1)注意人员的安全防护,做好动物保定工作,实训中服从安排。
(2)眼睑内翻或外翻手术时不可切除轮匝肌或眼睑。
(3)术前必须清除患眼的分泌物,以免对手术造成污染。
(4)在进行眼睑内翻矫正术时切除的皮瓣不可过多,以免缝合后造成眼睑外翻。

【课后思考题】

(1)引起犬猫眼睑内翻或外翻的因素有哪些?
(2)进行眼睑内翻和外翻手术时要注意哪些操作?
(3)在眼睑内翻和外翻手术矫正之后应如何进行术后护理?

(编者:代宏宇)

实训九

眼球脱出的诊断及治疗

【案例及问题】

案例:主人王先生带一只贵宾犬到动物医院就诊,主诉该犬2岁,半小时前该犬刚发生车祸。该犬眼球膨出,呼吸急促,膨出的眼球球结膜水肿、淤血(图3-9-1),经检查该犬体温38.7 ℃,脉搏98次/min。通过对膨出的眼球进行恫吓反射试验和棉球掉落试验,发现该犬无相应的神经学反射。通过对膨出眼球和对侧眼球进行直接瞳孔光反射和间接瞳孔光反射检查,发现膨出眼球无相应的瞳孔收缩反射。对侧眼球在使用强光直接照射时瞳孔收缩,膨出眼球照射强光时对侧眼球没有明显的瞳孔收缩反射。使用裂隙灯对前房进行检查,发现前房积血,无瞳孔收缩反射。在使用丙美卡因散瞳40 min后,使用眼底照相机进行检查,发现视网膜血管破裂出血,视野中出现薄膜漂浮的成像,即视网膜脱落。膨出眼球生物学功能丧失,医生决定进行眼球摘除术。

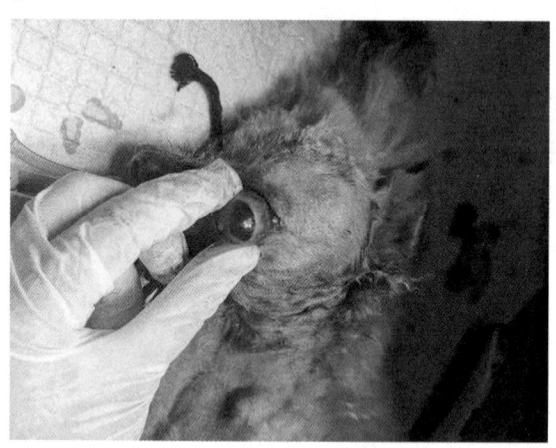

图3-9-1 犬眼球脱出的症状

治疗:将患眼眼周剃毛、消毒,进行麻醉前给药和眼后的传导麻醉,气管插管进行呼吸麻醉。使用5%碘伏生理盐水冲洗患眼,消毒结束后进行手术。手术剪开外眦(外眼角)释放眼球的嵌闭张力,使用眼科剪沿着角巩膜缘外1 mm剪一小孔,使用组织弯剪沿着眼球一边剪开球结膜一边钝性分离眼球筋膜鞘(又称Tenon氏囊,即球结膜下的一小块空间通过结缔组织和球结膜相连的似囊结构),分离眼球筋膜鞘后,沿着眼球圆周剪开2块直肌、4块斜肌,注意用生理盐水冲洗与止血,最后做两个环扎,通过眼球向眼底推进,在眼底打结,随后剪开眼球退缩肌和视神经及伴行血管,剪下眼球。最后填塞明胶海绵进行止血,使用单纯结节缝合眼睑。

问题:
(1)犬猫眼球脱出的症状有哪些?
(2)如何做好犬猫的眼科检查?
(3)如何判断犬猫眼球生物学功能已丧失?如果需要摘除眼球,如何进行手术?
(4)如何护理眼球摘除后的犬猫?

【实训目的】

让学生掌握犬猫眼球脱出的表现、诊断方法及各种救治方法的适应证,能够选择正确的救治方式进行处理。

【知识准备】

了解犬猫眼科检查以及全身系统性检查的相关生理参数,了解常见眼球脱出的病因及症状。

【实训用品】

1. 实训动物

到动物医院就诊眼球脱出的犬猫。

2. 实训设备与材料

生化分析仪、血液分析仪、血凝仪、裂隙灯或强光手电、眼底照相机、视网膜电图(electro-retinogram,ERG)、伊丽莎白项圈、手术器械及手术相关耗材、药品等。

【实训内容】

1. 诊断

眼球脱出是指眼球在外力或者自身作用力的作用下,眼球脱离眼窝的一种眼部疾病。眼球脱出随着游离时间的增长,球结膜会水肿、充血或淤血。

(1)眼科检查。

恫吓反射试验:将手掌竖直伸出,以较快的速度靠近患病动物的眼球,移动过程中不可过快产生风,观察眼球是否退缩,是否有眨眼或瞬目(眼睑一关一张的瞬间称为瞬目),通过该方法推测患病动物是否还有视力,眼球退缩肌功能是否正常。

棉球掉落试验:此方法对猫效果更好(猫的动态视力非常好)。使用一颗棉球放在待测眼前方,松开棉球观察患病动物的视线是否随棉球移动,通过该方法推测患病动物是否还有视力,眼球直肌和斜肌功能是否正常。

直接瞳孔光反射与间接瞳孔光反射检查:直接瞳孔光反射检查是指使用强光光源照射待测眼瞳孔观察是否有瞳孔收缩的现象,若正常收缩则光通路正常,否则异常;间接瞳孔光反射检查则是照射待测眼,观察对侧眼瞳孔是否正常收缩,若正常收缩则光通路和视交叉正常,否则异常。

眼底检查:此方法是内眼检查,必须使用散瞳剂进行散瞳后方可检查。主要观察视网膜情况,可观察到视网膜、视神经乳头、毯部与非毯部、视神经伴行血管。图3-9-2为正常猫的眼底照相机检查图片,中间的圆盘是视神经乳头,周围发散的是神经伴行血管,腹侧灰暗区域是非毯部,背侧光亮区域是毯部。

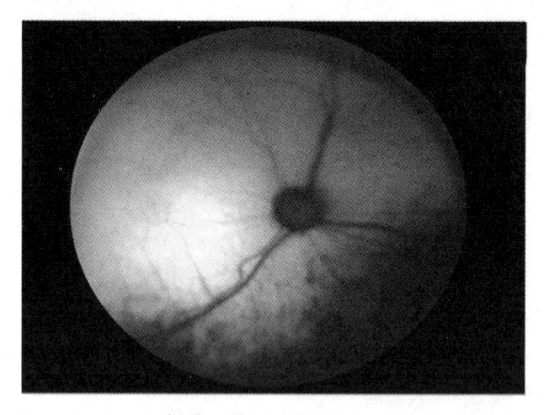

图3-9-2 正常猫眼睛用眼底照相机检查的视野图

ERG:该方法是通过光照射视网膜,不同视网膜细胞兴奋时产生动作电位来判断不同视网膜细胞生物学功能是否出现异常。该方法一般是专业眼科医院采用的内眼检查和视力检查的手段,该部分不做详细讲解。

(2)全身检查。

对犬猫进行病史调查和临床检查。测量体重、体温、脉搏、呼吸,进行血常规、生化、凝血功能检查,完成术前评估。

2. 治疗方法

治疗方法根据脱出的眼球是否具备生物学功能分为眼球复位术和眼球摘除术两类。在犬中,京巴、八哥等眼球突出的犬种,容易在剧烈应激下脱出眼球,当脱出时间不长,眼球具备生物学功能时,一般采用眼球复位术。当犬猫发生车祸或在其他外力作用下导致眼球脱出,眼球破裂或者脱出后的眼球嵌顿时间过长而坏死,最终丧失生物学功能时,一般采用眼球摘除术。是否具备生物学功能要采用上述的眼科检查结果进行判断。

(1)眼球复位术。

将患眼周围剃毛消毒,对动物进行全身麻醉,患眼进行表面麻醉,动物侧卧保定。将脱出的眼球用2%硼酸溶液反复冲洗,使用温热的生理盐水润湿纱布,翻开上下眼睑,助手将生理盐水纱布放至掌中,轻轻按压眼球将其还纳至眼窝,使用结节或钮孔状缝合关闭眼睑,缝线处涂抹红霉素眼膏,佩戴伊丽莎白项圈防止犬猫抓挠缝线,术后使用抗生素(加入5%葡萄糖氯化钠注射液)静脉滴注,止血敏(酚磺乙胺)肌肉注射。

(2)眼球摘除术。

前文"案例及问题"栏目已有具体操作步骤,此处不再赘述。

【注意事项】

(1)注意人员的安全防护,做好动物保定工作,实训中服从安排。

(2)确保眼周消毒彻底,眼球摘除术要严格无菌,否则病原会沿着视神经到达颅腔。

(3)确保动物凝血功能正常。眼周传导麻醉,锐性分离肌肉时有出血,不要紧张。

(4)确保环形结扎确实后再剪下眼球,残端不出血方可放回眼窝。

(5)注意填塞明胶海绵,一来可以止血,二来可以提供张力。

【课后思考题】

(1)引起犬猫眼球脱出的原因有哪些?

(2)如何选择犬猫眼球脱出时的治疗手段?

(3)京巴犬,6.5 kg,3岁,某天主人携带外出散步,受到惊吓导致眼球脱出,半小时后送到医院就诊,眼球略微淤血,进行眼科检查后确认脱出眼球仍有生物学功能,如何治疗?

(编者:常广军)

实训十

阴道脱出与子宫脱出的诊断与治疗

【案例及问题】

案例：2016年5月10日，王先生带一只雌性杂交犬来我院就诊，主诉该犬6岁，雌性，体重10 kg，近期处于发情期，见有红色管状组织突出于阴门外，脱出物有分叉，周围被毛黏附大量黏液，脱出物上附着大量黏液、坏死组织及污染物。可见脱出物大面积水肿，局部有出血，并有血水滴于地表。该犬频频回头舔舐脱出物，卧下时脱出物与地面接触并黏附污物。同时，该犬精神沉郁，食欲废绝，呼吸加快，浑身发抖，体温为39.8 ℃。根据临床检查确定该脱出物为子宫，该犬患子宫脱出症（犬阴道、子宫脱出见图3-10-1）。

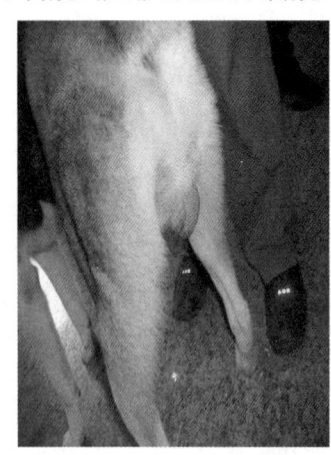

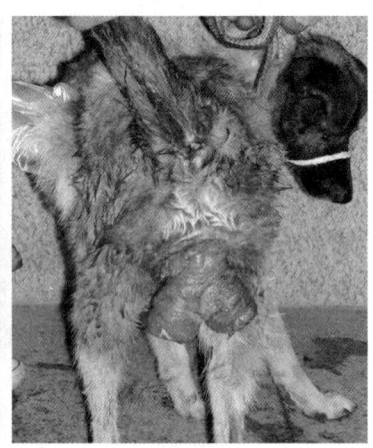

图3-10-1　犬阴道（左）、犬子宫（右）脱出

治疗：医生通过整复法对脱出子宫进行处理，首先将该犬进行扎口保定，先使用温生理盐水冲洗干净表面附着的污物，然后用1%的明矾溶液彻底冲洗脱出子宫的黏膜、血水及脱落的坏死组织。在严重水肿的部位用无菌注射针头多点刺破水肿的子宫黏膜。然后使用少量明矾粉涂布在黏膜表面。明矾的收敛作用使子宫迅速收缩，人工配合子宫迅速复位。整复后对该犬静脉输注氨苄西林钠0.5 g补充能量，并调节水电解质酸碱平衡。第二天该犬精神状态明显好转，食欲增加，未见子宫脱出。继续巩固治疗，每日用药1次，连用3 d。随访，该犬康复。

问题：

（1）犬猫的阴道脱出症状有哪些？

（2）犬猫的子宫脱出症状有哪些？

(3)如何鉴别犬猫子宫脱出与阴道脱出？

(4)如何治疗阴道脱出、子宫脱出？

【实训目的】

让学生掌握阴道脱出与子宫脱出的诊断和治疗方法，掌握阴道肿瘤的鉴别诊断方法，并掌握泌尿生殖道手术的麻醉方法。

【知识准备】

了解母犬、母猫泌尿生殖道的生理特点和解剖流程，了解造成阴道脱出或子宫脱出的常见因素。

【实训用品】

1. 实训动物

到动物医院就诊的发生阴道脱出或子宫脱出的病例。

2. 实训设备与材料

血液分析仪、生化分析仪、注射器、润滑剂、伊丽莎白项圈、外科手术器械、辅料、药品等。

【实训内容】

1. 检查与诊断

根据动物的品种、年龄、病史、临床检查（触诊、视诊等）结果进行综合分析做出诊断。注意与阴道平滑肌肿瘤相区别，必要时可做细针抽吸试验进一步确诊。

对患病动物进行全面检查，包括与主人沟通了解患犬的病史和有无外伤史，询问动物是否处于发情期，是否已经绝育。检查脱出物的状态，是全部脱出还是部分脱出，是否伴随子宫脱出。根据表面的湿润程度诊断其脱出时间，检查脱出的阴道黏膜有无破损、水肿或溃烂，检查脱出物是否可还纳。

2. 治疗方法

根据脱出程度和可还纳性对阴道脱出采用保守或手术的疗法，对于子宫脱出的病例一般会采取手术疗法，最好的方法是执行卵巢子宫摘除术，防止复发。

（1）保守疗法：适用于脱出时间短，且可进行还纳的病例。

轻度脱出的患病动物，脱出的阴道黏膜仍保持湿润状态，未受损伤，未发生水肿，亦未被粪尿、泥土污染。可在脱出的阴道表面涂抹抗生素软膏后还纳,整复即可。

对于怀孕的动物一般采取保守治疗,若保守治疗无效,为保护母犬生命可执行剖腹产术。

(2)手术治疗:对于全部脱出,但组织未发生损伤和坏死的病例,可用2%明矾、1%硼酸液或0.1%新洁尔灭溶液洗净脱出部分,然后将后肢提起,在脱出部涂上润滑油。用手指轻轻将阴道送入阴门,投入一些抗生素软膏后,做阴门结节缝合可防止阴道再次脱出,若脱出的组织发生了水肿则应先消除水肿再进行还纳。

对于脱出的时间较长,阴道黏膜已变干燥,发生坏死,有严重损伤,无法整复或组织已失去活性的病例,则必须采用手术疗法,将脱出部分切除,并建议进行子宫卵巢摘除术以防复发。

麻醉:采用全身麻醉或硬膜外麻醉。

术式:采用俯卧保定并对阴门周围进行大范围剃毛和消毒处理,对肛门进行几针结节缝合,以防手术过程中排便污染术部。将坏死的组织彻底切除、清理、止血后还纳,还纳后对阴门做几针结节缝合。如果主人同意,可在动物发情期结束后执行卵巢子宫摘除术,以防止复发。

术后护理:应限制动物活动并佩戴伊丽莎白项圈,防止动物抓搔,并防止动物对手术部位摩擦。在缝合处涂布碘伏,术后注射抗生素7 d。

【注意事项】

(1)注意人员的安全防护,做好动物保定工作,实训中服从安排。

(2)在进行手术整复的过程中应对肛门做结节缝合,以防术中排便污染术部。

(3)在还纳脱出的阴道或子宫时要轻柔,避免损伤组织。

(4)怀孕期间的患病动物一般采取保守治疗,保守治疗无效时可在主人同意的情况下做剖宫产手术。

【课后思考题】

(1)引起犬猫阴道脱出和子宫脱出的因素有哪些?

(2)阴道脱出和子宫脱出应如何治疗?

(3)如何预防阴道脱出或子宫脱出的复发?

(编者:代宏宇、江莎)

实训十一

犬猫难产的诊断及治疗

【案例及问题】

案例：主人黄女士带一只杂交吉娃娃犬到动物医院就诊，主诉该犬4岁，腹部膨大，呼吸急促，现已是配种之后的第63 d，有一年前难产并进行过剖宫产手术的病史。就诊前两天开始食欲不振，精神差，表现不安，时起时卧，没有胎儿娩出。经检查该犬体重4 kg，脉搏104次/min，体温38.9 ℃，结膜充血。乳头中能挤出乳样物，该犬仍有宫缩，羊水已破，从阴道流出蓝黑色液体，产道松弛开张，部分胎儿身体已进入盆腔，医生检查产道时能摸到胎儿，子宫口产道开张不好。B超检查胎儿过大，胎位正常，胎儿心跳已停止。母犬多次宫缩，但胎儿不能产出，诊断为难产。尝试助产，也不能将胎儿拉出。

治疗：综合检查结果，医生决定实施剖宫产手术。手术采用腹中线切口，对术部进行除毛处理，进行麻醉前给药，气管插管进行呼吸麻醉，术部消毒之后，依次切开皮肤、腹白线、腹膜打开腹腔。依次拉出两侧子宫角，用大纱布块将子宫与腹壁切口隔离，在子宫体上做切口，取出第一个胎儿及胎盘，然后依次取出两侧子宫角中的胎儿及胎盘。清理子宫切口后，常规缝合子宫壁切口，常规关闭腹腔。手术一共取出四个胎儿，除第一个胎儿因难产死亡外，其他胎儿全部成活。

问题：

(1) 犬猫分娩的征兆有哪些？

(2) 如何做好犬猫正常分娩的接产工作？

(3) 如何判断犬猫发生难产？如果出现难产又如何进行助产？

(4) 如何判断出现难产的犬猫应进行剖宫产手术？

(5) 产出的仔犬、仔猫该如何护理？

【实训目的】

让学生掌握犬猫难产的症状表现、诊断方法，各种救治方法的适应证，能够选择正确的救治方式进行处理。

【知识准备】

了解犬猫妊娠相关生理参数,了解怀孕及分娩的行为表现、检查方法,了解仔犬、仔猫的饲养及护理基本知识,了解犬猫难产的常见病因及症状。

【实训用品】

1. 实训动物

到动物医院就诊的难产犬猫。

2. 实训设备与材料

B超仪、X线机、生化分析仪、血液分析仪、血凝仪、伊丽莎白项圈、剖宫产手术用的手术器械、耗材、药品等。

【实训内容】

1. 诊断

根据妊娠动物的品种,临床症状,产前检查(包括产道检查、胎儿检查、B超或X线检查等)结果综合判定难产发生的可能。

(1)全身检查。

对孕犬、孕猫进行病史调查和临床检查。检查体温、脉搏、呼吸频率;观察行为、努责特点和频率;检查外阴分泌物的颜色和性状;腹部触诊,阴部触诊感知子宫肌力度;检查子宫颈开闭程度,感知产道阻力。

(2)胎儿检查。

可采用B超及X线进行辅助诊断。主要检查胎儿数量、胎位、胎向、胎势和胎儿大小,有无先天缺陷或者死胎(图3-11-1)。

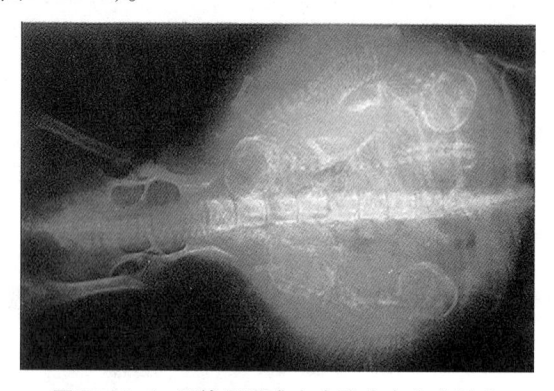

图3-11-1 X线显示难产犬腹中有多个胎儿

（3）难产的诊断依据。

从配种日计算,妊娠期超过 68 d;在直肠温度下降或孕酮水平下降后 24 h 内没有分娩迹象;母畜嚎叫、咬或损伤外阴部位;分泌异常的阴道分泌物,分泌物有出血、异味、黏脓性;用力生产超过 30~60 min 仍没有胎儿产出;产下一个胎儿后间歇时间超过 4 h,且无宫缩;胎儿或胎膜卡在外阴部超过 15 min;宫缩无力或消失超过 2 h;母畜有疾病症状,如严重疲劳、发烧、颤栗、多次呕吐。

2. 治疗方法

临床上根据犬猫难产的原因,医生应给主人提出合理建议,并充分考虑主人的意愿和要求,对难产犬猫进行药物治疗、助产或剖宫产手术等。

（1）药物治疗。

①对于子宫收缩无力导致的难产,可使用催产素帮助继发性宫缩无力的母畜增强子宫收缩力。催产素的低剂量与高剂量同样有效,注射剂量为 0.25~5 IU/kg,肌肉注射。肌肉注射需要 3~5 min 起效,效果持续 10~20 min,注射后子宫几乎立刻有反应。不要过量给药,否则会导致强直性子宫收缩,抑制排出胎儿和阻断子宫胎盘的血流。

②当动物血检结果显示血钙和血糖较低时,应补充钙剂和葡萄糖,发生难产的小型犬经常出现低血钙和低血糖现象。钙剂应小心使用,通过静脉注射,慢速滴注并监测心电图,如果钙剂静脉注射速度过快,会引起低血压、心律失常和心脏停搏等问题。

（2）助产。

适应证:母畜妊娠期已满,有明显产前反应;B 超检查结果显示胎儿过大,胎位正常;母畜有宫缩,羊水已破;检查产道松弛开张,胎儿已入盆。医生检查产道时能摸到胎儿,母畜多次宫缩,但胎儿不能产出,但动物主人不同意进行剖宫产手术。

助产方法:一般采用小动物单指助产法,体重低于 10 kg 的动物采取仰卧保定,10 kg 以上采取侧卧保定。医生使用中指和食指深入产道触摸胎儿,调整胎儿胎位,轻按母畜骨盆处刺激加强宫缩,另一只手顺着宫缩反应按压腹部,若胎儿进入产道,则将胎儿拉出。在产道中发现胎儿,应尝试轻柔、小心地将胎儿牵引出产道,并使用大量润滑剂。应避免使用器械,也可以施行会阴切开术。

（3）胎儿牵引术。

适应证:助产胎儿无法产出;胎儿胎位不正,难以调整;胎儿水肿,助产无法进行;胎儿死亡,威胁母畜安全;主人坚持不做手术。在这些情况下需要结合实际情况对母畜进行引产。

方法:10 kg 以下的小型犬采取仰卧保定,中、大型犬要侧卧保定。母犬产道要完全松弛开张,医生左手中指或食指深入产道,右手按压母犬腹部,使胎儿进入产道,或尽量接近产道,左手摸到胎儿,右手持艾利斯组织钳,深入产道夹住胎儿头部或后肢,不可夹到母体子宫及阴道黏膜处。再用艾利斯组织钳或长止血钳夹胎儿不同位置。由助手按压母犬腹部,左手向外拉产钳,右手保护产道,同时右手随时调整产钳夹胎儿的位置,一步步夹住胎儿深处的组织,将胎儿牵向产道外。同时,助手按压母犬腹部,结合母犬宫缩一并用力,直到将胎儿全部拉出。如果引产时发生胎儿肢体损坏等情况,要检查胎儿的肢体是否有缺损,防止胎儿的肢体残片留在母犬体内。

(4)剖宫产手术(图3-11-2)。

适应证:直肠温度下降超过24 h;母畜怀孕期过长;原发性或继发性子宫收缩无力;催产素使用超过2次,而不引起子宫收缩;母畜表现出极度疼痛;分娩中途停止,经积极的助产无效;通过B超或X线机检查到胎儿水肿、气肿、胎儿过大、胎儿畸形、胎位不正、死胎等;X线片显示胎儿过大或盆腔直径小于胎儿;产道狭窄不容易助产;怀疑子宫扭转以及子宫破裂;母犬阵缩逐渐减弱,产道内触诊确定为胎位不正或产道异常。

麻醉和保定:全身麻醉,仰卧保定。

术式:腹部脐前至耻骨部剃毛、消毒、铺创巾。从脐后至耻骨部,沿腹中线做切口,根据胎儿的大小确定切口的长度,一般15~25 cm。依次切开皮肤、腹白线、腹膜,手术中不要损伤乳腺组织。从腹腔内缓慢牵引出一侧子宫角,再牵引出另一侧子宫角,用浸润温热生理盐水的大纱布隔离子宫与切口。牵引出子宫后,在子宫体背侧中线纵行切开子宫壁。首先取出子宫体内胎及胎盘,再将两子宫角内的胎儿轻轻挤向切口处。胎儿靠近切口时,术者小心牵引前肢将其取出。胎儿取出时,迅速撕破羊膜,并用止血钳夹住脐带,在离胎儿腹壁2~3 cm处断脐。用干净的毛巾清理胎儿口鼻内的黏液,将胎儿身体擦干。对于没有发出叫声的胎儿,用纱布摩擦胎儿背部,直到胎儿发出叫声,即表明呼吸已通畅。每取出一个胎儿,轻轻牵拉脐带断端拉出胎盘。如果子宫角内胎儿难以挤出切口,可在相应部位切开子宫角,取出胎儿。

在闭合子宫切口之前,仔细检查两个子宫角和子宫体,确认胎儿和胎盘已经全部取出后才能缝合。在取出所有胎儿后,子宫将会迅速收缩止血。子宫切口用可吸收线,先采用库兴式缝合,后用伦勃特氏缝合。子宫缝合完毕,用温灭菌生理盐水冲洗子宫。除去腹壁创口周围的纱布,常规闭合腹腔。

手术结束后,清洗动物的乳房,并迅速让新生仔犬猫吸食初乳。术后母畜全身用抗生素3~5 d,控制感染,给予易消化的营养丰富的食物,术后7~10 d拆线。

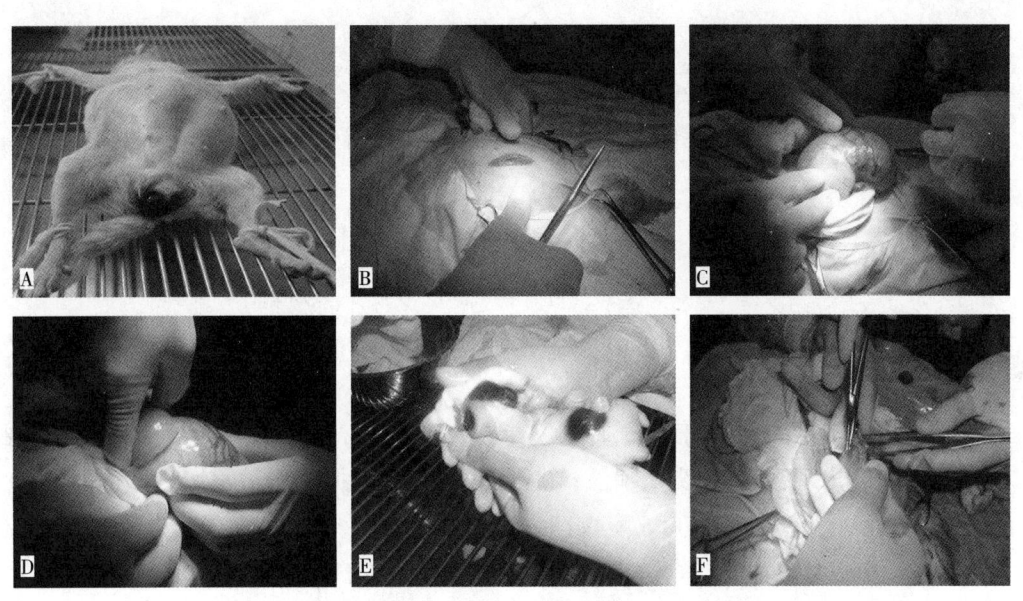

A.仰卧保定,腹部剃毛；B.腹中线切口；C.打开腹腔拉出子宫,用纱布隔离；
D.切开子宫体暴露胎囊；E.取出胎儿,擦干胎儿口鼻中的黏液；F.常规缝合子宫

图 3-11-2　剖宫产手术实例操作

【注意事项】

(1)注意人员的安全防护,做好动物保定工作,实训中服从安排。

(2)剖宫产手术中子宫切口尽量靠近子宫体。

(3)应先将胎儿挤向切口位置,靠近切口后再轻柔牵拉取出。

(4)脐带剪断后断端不能留太短；取出胎儿后,检查胎盘是否取出。

(5)仔犬猫取出后快速清理口鼻中的黏液,轻轻摩擦背部,直到发出叫声才表示呼吸道通畅。

(6)手术中应避免损伤母畜的乳腺组织。

【课后思考题】

(1)引起犬猫难产的原因有哪些?

(2)如何选择犬猫难产时的治疗手段?

(3)一只金毛犬,3 岁,体重 35 kg,超过预产期 7 d,体温 38 ℃,凌晨开始表现出分娩症状,胎膜破裂,羊水流出,尖叫,未见产仔,这期间无食欲,如何对该犬进行诊断和治疗?

(4)犬猫进行剖宫产手术后,使用了药物,对哺乳的胎儿是否有影响?

(编者:封海波)

实训十二

犬产后抽搐（产后子痫）的诊断及治疗

【案例及问题】

案例：动物医院接到宠主电话，反映其家养的犬出现抽搐。当天14:00开始，该犬出现不安、烦躁、呻吟；后出现颤抖，流少量唾液；晚饭后更加严重，抽搐、四肢痉挛，口腔内流出大量唾液（如图3-12-1）。母犬刚产后5天，奶水充足，日夜哺乳多次，幼犬体况良好。送医院急诊，初步检查，该犬为贵宾犬，体重6.75 kg，14月龄，当月17日下午顺利产下6只仔犬。进一步检查发现该犬站立不稳，呼吸促迫，呼吸频率高达138次/min，口腔流出大量唾液，意识较清醒，体温42.6 ℃，心悸亢进，心率178次/min。

治疗：立即对该犬进行输液治疗，安装静脉留置针，输注钙剂（10%葡萄糖酸钙注射液10 mL，溶于50 mL 10%葡萄糖注射液中，缓慢静脉输液），并监测心跳次数的变化。同时，补充水电解质保持体内酸碱平衡。输注钙剂之后，该犬神经症状逐渐缓解，呼吸平稳，精神好转，体温下降。第二天，再次进行就诊，静脉补充钙剂，之后再未出现过痉挛症状，痊愈。

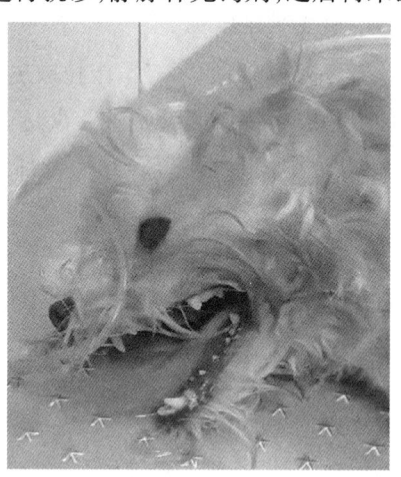

患犬张口呼吸，站立不稳，口腔内流出大量唾液
图3-12-1 患犬产后抽搐

问题：

(1)犬产后抽搐（产后子痫）临床确诊方法有哪些？如何与中毒性抽搐、犬瘟引起的抽搐及癫痫进行区别？

(2)引起犬产后抽搐(产后子痫)的原因有哪些？临床中如何治疗该病？

(3)如何预防产后抽搐(产后子痫)？

【实训目的】

让学生掌握犬产后抽搐(产后子痫)的发病原因、临床症状、诊断方法和救治方法。

【知识准备】

掌握犬妊娠期及哺乳期生理、生化指标，初步了解产后抽搐(产后子痫)的病因及症状。

【实训用品】

1. 实训动物

到动物医院就诊产后抽搐(产后子痫)的犬。

2. 实训设备与材料

生化分析仪、血液分析仪、电解质分析仪、伊丽莎白项圈、药品等。

【实训内容】

1. 犬产后抽搐的诊断

根据动物的品种、胎龄、临床症状及实验室检查(包括体温、呼吸频率、心率、行为、血钙检查等)结果综合判定病情严重程度。

(1)全身检查。

对犬进行病史调查和临床检查。重点调查犬性别、发病年龄、发病时长，发病前12小时有无接触毒物的机会，过去是否有相似症状的疾病发生，妊娠期及哺乳期是否有补钙，疫苗免疫和驱虫记录等；观察犬行为、意识反射、是否呕吐，检查犬体温、脉搏、呼吸、瞳孔强光刺激反射等。

以下症状能够对产后抽搐(产后子痫)进行辅助诊断。慢性轻度缺钙：分娩后的母犬表现为走路不稳、脚步蹒跚、易跌倒，体温升高不明显；母犬食欲减退、精神沉郁、四肢发软、不愿活动，然后出现兴奋不安、肌肉颤抖，走动时后躯摇晃、易跌倒。急性严重缺钙：母犬发病突然，表现不安，体温升高到40 ℃以上；出现全身肌肉痉挛性抽搐，四肢僵直、躺卧不起、全身抽搐，尤其头、颈、胸腹部肌肉颤抖明显；眼结膜潮红，瞳孔散大，口角有白沫；心率加快，心音亢进；张嘴伸舌，呼吸频率加快，喘气呻吟。病情危重者，若不迅速救治，则死亡。

(2)血液生理、生化、电解质及凝血功能检查。

可借助血液分析仪、生化分析仪及电解质分析仪等进行诊断。检查血细胞、血红蛋白、血小板、肝功、肾功、血脂、心肌酶、血糖以及电解质(包括钙、磷、氯、钠、钾、镁等离子),重点关注血钙、血小板、心肌酶等指标。

2. 产后抽搐(产后子痫)的治疗

临床上医生应给宠物主人提出合理建议,并充分考虑宠物主人的意愿和要求,对出现抽搐的犬实施救治。治疗产后抽搐(产后子痫)急性病例最特效的药物是10%葡萄糖酸钙注射液或10%氯化钙注射液,根据动物体重及缺钙严重程度确定使用剂量(一般7~30 mL),经100~400 mL葡萄糖生理盐水稀释后静脉点滴给药,结合输氧治疗,患病犬在该组药点滴结束后症状均会明显好转。另外,产后抽搐慢性病例或急性病例康复期可使用以下方法治疗或保健:①肌肉注射维丁胶钙、维生素D_3、口服葡萄糖酸钙、钙片;②将患病母犬和仔犬分离,减少哺乳,早断奶;③喂食含钙及维生素D的食物,每天坚持给母犬晒太阳。特别强调,该病急性期虽有高热、呼吸急促等症状,但无需使用抗生素及退烧药品治疗。

【注意事项】

(1)注意人员的安全防护,做好动物保定工作,实训中服从安排。

(2)肌肉注射药物时,正确保定动物,并确定好注射部位。

(3)滴注药物时,时刻注意动物的生理状态,注意药物滴注速度。

(4)静脉滴注钙剂时防止漏液。

【课后思考题】

(1)引起母犬产后抽搐的原因有哪些?

(2)如何选择犬发生产后抽搐时的救助手段?

(3)如何预防犬生产后出现产后抽搐?

(编者:丁孟建)

实训十三

子宫蓄脓的诊断及治疗

【案例及问题】

案例：动物主人张先生慌忙地带着一只贵宾犬到动物医院就诊，主诉该犬5岁，雌性，未绝育，免疫正常，腹部近日明显增大，食欲废绝，多饮多尿，精神较差，嗜睡，前几日来月经期间洗过一次澡。经检查该犬体重6 kg，体温39.5 ℃。结膜苍白，阴门有少量淡红色分泌物，气味腥臭，阴道黏膜潮红。触诊腹部紧张，呼吸心率加快。DR检查结果显示子宫扩张，呈现出大的、管状、软组织密度影像。B超检查结果显示子宫壁增厚和结构混杂（出现囊状结构），CRP（犬C反应蛋白）检查结果显示指标升高到112 mg/L，血液分析仪分析结果提示白细胞 $80×10^9$ 个/L，指标升高，嗜中性粒细胞35%。综合上述检测结果诊断为子宫蓄脓。

治疗：根据体况评估决定手术。术前用乳酸林格补液，术中用5%葡萄糖维持能量。麻醉前给药布托啡诺0.2~0.4 mg/kg，皮下注射；阿托品0.02~0.04 mg/kg，皮下注射。丙泊酚6~10 mg/kg诱导麻醉，气管插管吸入麻醉，术部剃毛，消毒，在脐后依次切开表皮、腹白线、腹膜打开腹腔。沿子宫角寻找到卵巢，将卵巢拿出，使用止血钳将卵巢动脉上方夹住。用可吸收线结扎卵巢动脉，结扎完毕后摘取一侧卵巢，用同样方法摘取对侧卵巢。用止血钳钝性分离卵巢系膜与子宫韧带的同时结扎血管，将卵巢与子宫角取出后可暴露子宫体与子宫颈，将子宫两侧血管结扎的同时在子宫颈处双重贯穿结扎。摘除子宫体，观察有无出血，无异常则关闭腹腔。关闭呼吸麻醉机，5 min后该犬意识稍有清醒，拔掉气管插管，该犬可自主呼吸，手术成功。

问题：

(1)犬子宫蓄脓有哪些表现？

(2)如何确诊犬猫子宫蓄脓？

【实训目的】

让学生熟练掌握犬猫子宫蓄脓的症状表现、诊断方法、多种救治方法，能够选择正确的救治方式进行救治。

【知识准备】

了解犬猫子宫蓄脓相关的病理知识，了解相关检查仪器特异性指标及相关数据，了解犬猫子宫蓄脓的病因及症状。

【实训用品】

1. 实训动物

到动物医院就诊子宫蓄脓的犬猫。

2. 实训设备与材料

B超仪、DR、生化分析仪、血液分析仪、C反应蛋白分析仪、伊丽莎白项圈、常规手术器械、常规手术耗材、药品。

【实训内容】

1. 犬猫子宫蓄脓的诊断

根据患病动物的年龄、生活习惯、临床检查、体格检查情况，结合细胞分析仪、生化指标、影像学检查等结果，综合整体情况进行诊断。

（1）临床检查。对病畜以往病史进行调查，综合主人的主诉，检查患病动物的体温、心率、腹部触诊情况、精神状态，检查外阴分泌物以及分泌物的性状。

（2）仪器设备辅助诊断。DR呈现子宫扩张的管状软组织密度影像；超声呈现子宫壁增厚，出现含液体的囊性结构。图3-13-1为杂交犬子宫蓄脓病例B超检查的过程及诊断结果。

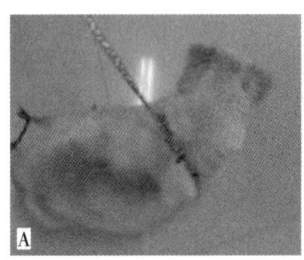

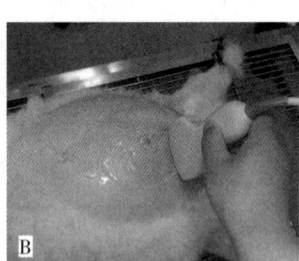

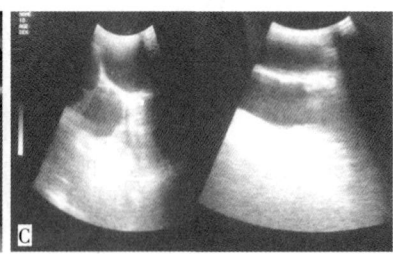

A.患犬腹围增大；B.腹部剃毛、涂耦合剂准备进行B超检查；C.B超显示腹腔中存在多个液性暗区及充满液体的管状结构

图3-13-1　杂交犬子宫蓄脓B超诊断

2. 犬猫子宫蓄脓的治疗方法

临床上医生应该根据实际情况给动物主人提出合理的建议，充分考虑主人的意愿和要求，对子宫蓄脓的犬猫进行手术或保守治疗。

(1)保守治疗。

适应证:患病犬猫在子宫积液比较少并且没有并发症时可以选择输液疗法。用抗生素(阿莫西林克拉维酸钾联合氟喹诺酮药物、阿莫西林或头孢菌素),前列腺素,平衡水电解质的药物,必要的能量合剂[肌苷、ATP(腺苷三磷酸)、辅酶A等]对症治疗。

(2)卵巢子宫摘除术。

适应证:针对子宫蓄脓病患,可在静脉输液和抗生素治疗稳定病情后,实施卵巢子宫切除术,但不适用于育种价值高的母犬和母猫。

麻醉和保定:全身麻醉配合局部浸润麻醉,仰卧保定。

术式:腹部脐前至耻骨部剃毛、消毒、铺放创巾。脐后至耻骨部沿腹中线做切口,切口长度一般为5~10 cm。依次切开皮肤、腹白线、腹膜。打开腹腔沿子宫角寻找到卵巢,将卵巢拿出,使用止血钳将卵巢动脉上方夹住。用可吸收线结扎卵巢动脉,结扎完毕后摘取一侧卵巢,用同样方法摘取对侧卵巢。用止血钳钝性分离卵巢系膜与子宫韧带的同时结扎血管,将卵巢与子宫角取出后可暴露子宫体与子宫颈,将子宫两侧血管结扎的同时在子宫颈处双重贯穿结扎。摘除子宫体,观察有无出血,无异常则可关闭腹腔。

手术结束后,给患病动物佩戴伊丽莎白项圈,全身静脉输入抗生素3~5 d控制感染,伤口用碘伏每天消毒3~5次,给予术后恢复处方罐头,7~10 d后拆线。图3-13-2为患子宫蓄脓的腊肠犬,以及该病例的X线片和病变子宫。

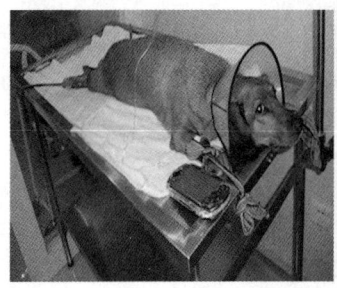

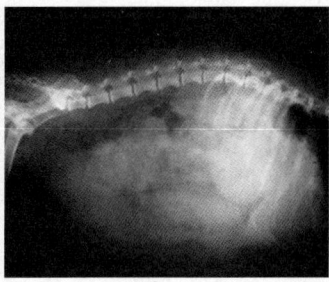

A.患犬精神沉郁;B.X线结果显示腹腔中存在粗大管状结构;C.切除的病变子宫

图3-13-2 患子宫蓄脓的腊肠犬及其X线片、病变子宫

【注意事项】

(1)注意人员的安全防护,做好动物保定工作,实训中服从安排。

(2)采取卵巢子宫摘除术时,按要求做好术前准备,提前制订两套以上手术计划。

(3)术后控制感染可选用两种或两种以上抗生素联合用药。

【课后思考题】

(1)引起犬猫子宫蓄脓的原因有哪些？

(2)如何确诊犬猫是否患子宫蓄脓？

(3)金毛巡回猎犬,20 kg,5岁,食欲废绝,多饮多尿,伴有嗜睡,腹部明显增大,阴门有少量淡红色分泌物。如何对该犬进行诊断和治疗？

（编者：白永平）

实训十四

犬瘟热的诊断及治疗

【案例及问题】

案例：主人张先生带新养的贵宾犬来医院就诊，主诉3日前从宠物市场购回一只贵宾犬，雌性，2月龄，店家告知了已注射一针疫苗并交代了主人回家喂养的方法等事宜。回家饲养约一周后该犬出现咳嗽、流鼻涕、眼睛黄色分泌物增多、食欲减退等症状，主人在家喂药无效后前来就诊。经检查该犬体重2 kg，体温39.2 ℃，呼吸频率28次/min，心率142次/min，眼睛、鼻腔周围有大量的黄色分泌物，听诊肺部、气管发现呼吸音较重且有湿啰音，X线检查结果显示双肺纹理增粗，犬瘟热病毒快速检测试纸（CDV试纸）检测结果呈阳性。血液检查结果显示白细胞、淋巴细胞升高。经诊断该犬为犬瘟热病毒阳性感染。

治疗：留院输液治疗。(1)使用犬瘟热高免血清、犬瘟热单克隆抗体治疗。小犬每次使用犬瘟热高免血清2 mL，肌肉注射或静脉滴注，1次/d，连续5 d；犬瘟热单克隆抗体2 mL，皮下注射，1次/d，连续3 d。(2)控制继发感染。用氨苄青霉素，20 mg/kg（体重），同时配合丁胺卡那霉素或者阿奇霉素肌肉注射，2次/d，连续5 d。(3)支持疗法。静脉补给10%葡萄糖，30 mg/kg（体重），同时加入维生素B_6 50 mg，维生素C 500 mg，三磷酸腺苷5 mg，细胞色素C 5 mg，复方氨基酸30 mL，新鲜犬血浆25 mL。经过治疗，病犬病情逐渐缓解，全身状况逐渐改善，14日后，经主治医师评估符合出院标准之后出院。

问题：

(1)犬瘟热感染的症状有哪些？

(2)如何诊断犬瘟热？

(3)如何避免犬瘟热病毒的传播和发生？

(4)确诊为犬瘟热后如何治疗？

(5)犬瘟热的并发症和后遗症有哪些？如何治疗？

【实训目的】

让学生掌握犬瘟热的症状表现、诊断方法，治疗方法的适应证，能够选择正确的救治方式进行处理。

【知识准备】

了解犬呼吸系统结构、传染病的相关知识,掌握常见病毒性呼吸道疾病的病因及症状。

【实训用品】

1. 实训动物

到动物医院就诊的患犬瘟热的犬。

2. 实训设备与材料

X线机、犬瘟热快速检测试纸、生化分析仪、血液分析仪、伊丽莎白项圈、留置针、输液用具、药品等。

【实训内容】

1. 病原学和流行病学

本病的病原是犬瘟热病毒,副黏病毒科,麻疹病毒属,单链RNA病毒。本病主要通过呼吸道、消化道传染,也可通过眼结膜、口腔黏膜和鼻腔黏膜等途径感染。传染源主要是患犬和带毒犬,易感动物主要是犬科、鼬科和浣熊科动物。各种年龄、性别和品种的犬均可感染,往往成窝发病,病愈犬可获得长时间甚至终生抗体。本病具有明显的品种、年龄和季节性,纯种犬易发,断奶至1岁以内的犬易发,秋末夏初明显增多。

2. 临床症状

许多感染犬未接种疫苗,或者未摄取到免疫母犬的初乳,或免疫接种不当,或存在免疫抑制,或有接触感染动物的病史。患病犬一般出现精神沉郁、眼鼻分泌物增多、咳嗽、扁桃体增大、发热、呕吐、腹泻、神经系统症状和消化系统症状等。一般情况下,机体免疫应答较弱的犬表现的临床症状最严重,并迅速转化为危及生命的疾病。有些具有局部免疫力的犬出现轻微的呼吸道症状,被误诊为犬窝咳综合征。对因感染犬瘟热病毒而导致支气管肺炎的犬听诊肺部通常可发现支气管音增强、湿啰音和喘鸣现象。要注意:本病有3~6 d的潜伏期。

(1)眼部疾病。犬瘟热引起的眼部疾病包括前葡萄膜炎、视神经炎、视网膜脉络膜炎。在感染犬瘟热病毒的犬中,有大约40%同时发生视网膜脉络膜炎和脑炎。有些慢性感染的犬发生干燥性角膜结膜炎和称为大奖章样损伤的高度反光性视网膜瘢痕。

(2)双相性体温升高。体温升高达39.8~41 ℃,持续1~2 d,接着有2~3 d的缓解期(体温趋于38.9~39.2 ℃)。随着体温再度升高,呼吸系统和消化系统感染症状明显。

(3)呼吸系统症状。呼吸系统症状是本病的主要症状,患犬在发病初期表现为精神轻度沉郁,食欲不振,流泪,有水样鼻液(图3-14-1A),时有咳嗽或人工诱咳阳性。之后,眼、鼻分泌物转为黏液性或脓性,喉气管及肺部听诊呼吸音粗重。在疾病中、后期,往往发展为支气管肺炎,患犬鼻端干燥或开裂(图3-14-1B),有大量脓鼻液;患犬大多表现特有的化脓性结膜炎外观,即脓性分泌物附着于内、外眼角与上下眼睑,眼角和眼睑周边脱毛、光秃,似戴一副眼镜状。

(4)消化系统症状。患犬在病初期、中期常有呕吐表现,但次数不多,食欲减退或废绝,这些症状对本病具有一定的示病意义。患病幼犬通常排出深咖啡色混有黏液或血液的稀便,而患病成犬一般数日无便。患犬因呕吐、腹泻以及食欲废绝,逐渐脱水、衰竭。

(5)神经系统症状。神经症状多出现在该病中期、后期,少数于病初出现,对本病具有重要的示病意义。轻者口唇、眼睑、耳根抽动,重者踏脚、转圈或翻滚、运动共济失调、后肢麻痹。咬肌或侧卧时四肢反复有节律性地抽搐是本病的特征表现。图3-14-1C所示为患犬全身肌肉发生阵发性痉挛。

(6)皮肤、足垫症状。在发病初期或末期,部分患犬四肢足垫角质化过度、变硬(图3-14-1D),幼年患犬常在腹下和股内侧皮薄处出现米粒或豆粒大小的红斑、水疱或脓疱。使用抗生素治疗后,腹下和股内侧的脓性皮疹很快干枯消失,康复犬的硬化足垫角质层会逐渐脱去。

3. 诊断

取患犬眼、鼻分泌物,唾液或尿液等为检测样品,用犬瘟热快速检测试纸进行诊断,可在5~10 min内出结果(图3-14-1E)。其他方法不再详细介绍。

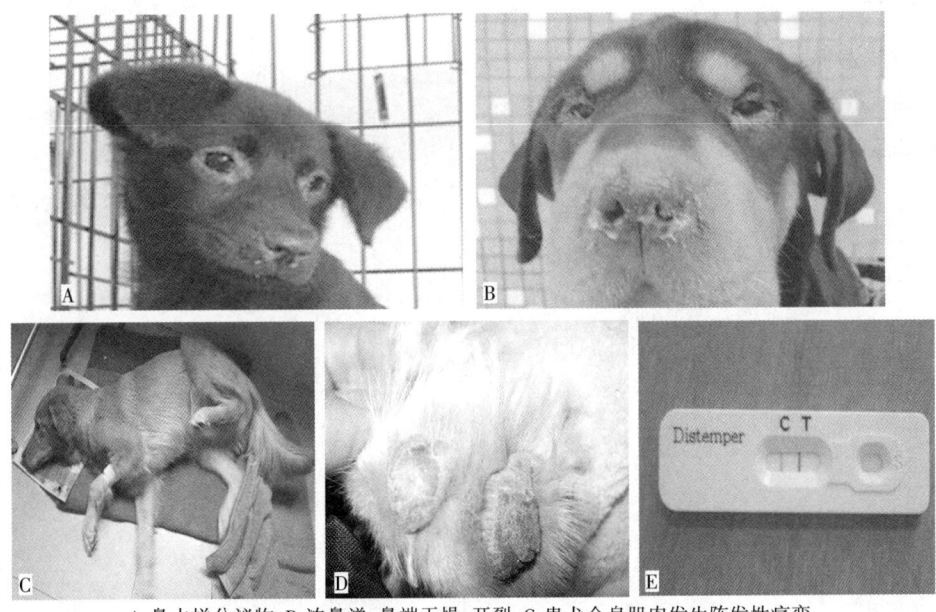

A.鼻水样分泌物;B.浓鼻涕,鼻端干燥、开裂;C.患犬全身肌肉发生阵发性痉挛;
D.患犬脚垫病变;E.犬瘟热快速检测试纸检测结果呈阳性
图3-14-1 犬瘟热患犬主要症状

4. 治疗

治疗犬瘟热通常采用非特异性疗法和支持疗法。该病常见胃肠道和呼吸系统的继发性细菌感染,如果已确定有继发感染,应给予合适的抗生素作为必要的治疗措施,可用抗惊厥药来控制抽搐,但尚无有效控制肌肉痉挛的治疗方法。

病初尽快注射犬瘟热单克隆抗体或抗犬瘟热高免血清,剂量一般应大于1~2 mL/kg(体重),连用2~3 d。为抑制病毒增殖和控制细菌继发感染,常应用病毒唑(利巴韦林)、双黄连、清开灵、氨苄青霉素、头孢菌素V或头孢曲松等药物。对发热患犬,应用安痛定(阿尼利定)或复方氨基比林,并配合应用氢化可的松或地塞米松。有便血症状的,可应用安络血或止血敏(酚磺乙胺)。

早期输液应配合应用犬干扰素、细胞因子等免疫增强剂,能有效防止机体脱水,提高抗病力,促进患犬康复。

【注意事项】

(1)注意人员的安全防护,做好动物保定工作,实训中服从安排。
(2)在诊断犬瘟热时应按照操作要求采集病毒拭子后进行检测。

【课后思考题】

(1)引起犬患犬瘟热的原因有哪些?
(2)如何预防犬瘟热的发生?
(3)如何区分普通流感和犬瘟热?

(编者:白永平、赵光伟)

实训十五

犬细小病毒病的诊断及治疗

【案例及问题】

案例：王女士养的雪纳瑞，6月龄，体重6 kg，雌性未绝育，11月13日吃了火龙果，出现4~5次呕吐，未腹泻，饮水正常，饮食一般，精神状态良好；11月14日早上呕吐3~4次，未进食有进水，精神状态一般，后又呕吐两次，腹泻两次，水样便，便味道比较难闻；在朋友犬舍注射卫佳八联疫苗，未做抗体检测，按时驱虫。

体格检查：体重4.46 kg，体况评分(BCS)=5/9，体温38.4 ℃，心率148次/min，呼吸频率40次/min，毛细血管再充盈时间(CRT) < 2 s，触摸腹部有点疼，鼻头干燥，听诊肺部未有明显异常，犬细小病毒检测试纸（胶体金法）检测细小病毒的结果呈阳性。

治疗：用细小病毒单克隆抗体和高免血清进行肌肉注射，前者每次注射 5 mL，后者每次注射 5 mL，每天一次，连续3~5 d。用林格氏液按50 mL/kg（体重），加入肌苷 5 mg，维生素 C 0.25 g，静脉注射。酸中毒者，用5%碳酸氢钠 10~31 mL 静脉注射。控制继发感染使用氨苄青霉素 15~20 mg/kg（体重），皮下注射。

问题：
(1) 犬患细小病毒病有哪些临床表现？
(2) 犬细小病毒病致死率及治愈率分别为多少？
(3) 犬细小病毒引起的并发症有哪些？
(4) 犬细小病毒病的治疗周期有多长？

【实训目的】

让学生掌握犬细小病毒病的症状表现、诊断方法和治疗方法，能够选择正确的救治方法进行处理。

【知识准备】

了解犬细小病毒病的发病机理，以及发病动物年龄。

【实训用品】

1. 实训动物

到动物医院诊治细小病毒病的患犬。

2. 实训设备与材料

生化分析仪、血液分析仪、血气分析仪、犬细小病毒检测试纸（胶体金法）、伊丽莎白项圈、B超仪、采便管和集便杯。

【实训内容】

1. 犬细小病毒病的症状表现

（1）肠炎型。又称出血性肠炎型，潜伏期7~14 d，发病率为20%~100%，死亡率为10%~50%。患犬主要表现为呕吐、腹泻、便血和白细胞显著减少，发病表现在病程的早中晚期各不相同（图3-15-1）。

早期：多数患犬体温升高达40~41 ℃（少数犬体温正常），精神不振，不愿活动，钻暗处，迎送主人不积极，食欲减退或绝食，饮欲强烈，饮后立即呕吐。呕吐食物及黄白色泡沫状液体，一般先呕出胃内未消化的食物，随后呕吐物多为清水或黏液，往往含有黄绿色胆汁。排便次数增多，大便正常或稍带黏液。2~3 d后出现中期症状。

中期：患犬精神沉郁，食欲废绝，剧烈呕吐，腹泻（一般于呕吐后第2 d发生），多数犬呈喷射状排出番茄汁样稀便，带有血液，腥臭味，体质迅速衰弱，消瘦，皮肤弹性降低；少数犬拉黏液便，呈黄色或乳白色果冻样；极少数犬呈间断性拉稀。一般持续3~4 d转为后期症状。

后期：病犬迅速脱水，眼窝下陷，皮肤弹性降低，肛门松弛，大便失禁，便血或排黏液血便，恶臭，倒卧昏迷，体温下降，常在37 ℃以下，深呼吸，最后因水电解质平衡失调，并发酸中毒于数小时至两天内死亡。

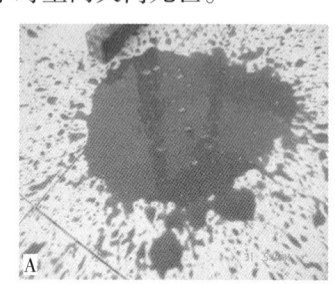

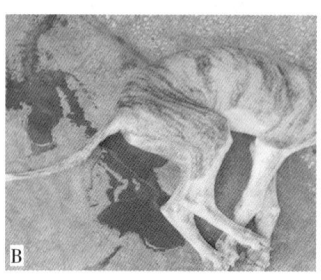

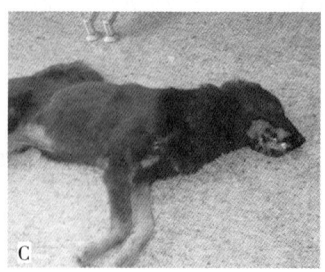

A.犬细小病毒病患犬排出的血便；B.患犬排出番茄汁样血便；C.患犬发生严重呕吐

图3-15-1 犬细小病毒引起犬严重血便、呕吐

（2）心肌炎型。常见于幼犬（多见于4~6周龄），临床症状未出现就突然死亡，或者是出现严重的呼吸困难之后死亡。病程稍长的病例，发病初期精神尚好，或仅有轻度腹泻，常突然病

情加重,可视黏膜苍白,病犬迅速衰竭,呼吸极度困难,心区听诊有明显的心内杂音,常因急性心力衰竭而突然死亡,死亡率为60%~100%。

注:肠炎型和心肌炎型可混合发生。

2. 病理变化

(1)肠炎型。自然死亡犬极度脱水、消瘦、腹部蜷缩、眼球下陷,可视黏膜发绀。肛门周围附有血样稀便或从肛门流出血便。有的病犬从口、鼻流出乳白色水样黏液。血液黏稠呈暗紫色。

(2)心肌类型。病犬肺脏水肿,局部充血、出血,呈斑驳状。心脏扩张,左侧房室松弛,心肌和心内膜可见非化脓性坏死,心肌纤维严重损伤,可见出血性斑纹。

3. 诊断方法

胶体金法、血凝与血凝抑制试验、电镜与免疫电镜观察、病毒分离鉴定、酶联免疫吸附试验(ELISA)、分子生物学试验等方法,如:犬细小病毒(CPV)的核酸探针和PCR技术等均可以对犬细小病毒进行检测。目前,宠物医院临床最常用的为胶体金法(即用犬细小病毒病检测试纸检测,图3-15-2),现介绍如下。

检测前的准备:检测前15~30 min将存放在冰箱里的检测试纸放在室温中,使之温度与室温一致。在检测样品温度比室温低的状态下开封容器时,由于结成水滴会使试纸湿度升高,故要特别注意。在室温中保存的试纸,可以直接使用。

样品检测步骤如下。

①用采样棒在粪便的表面与内部多面采集,或从检测犬的肛门直接采集。

②将采集了样品的采样棒放入收集管使之浸泡于缓冲液中,充分摇晃。

③从铝箔包装袋中取出试纸板置于干燥且水平的表面。

④向样品孔缓慢而准确地滴入3滴检测液。

⑤等待检测液在吸收衬垫上扩散完毕。

⑥约5~10 min后,对照线(C)变为红色时可以判断结果。反应时间越长,对照线与检测线的色带越深,故对照线完全变为红色之后在一定时间内判断可以得到更为准确的结果。

结果判断:通过观察检测线与对照线是否出现色带,来判断结果。无论检测样品中有无犬细小病毒,抗原对照线(C)都会显示出色带,如不出现色带,要考虑到操作是否有误,或试剂是否有问题,应重新检测。对照线正常的情况下,由检测线上是否出现色带来判断检测样品中是否含有犬细小病毒抗原(图3-15-2)。

检测结果判读:

对照线(C)出现色带,而检测线(T)没有出现色带,判断为阴性。

对照线(C)、检测线(T)都出现色带,判断为阳性。

对照线(C)、检测线(T)都不出现色带,或只有检测线(T)出现色带,判断为无效。

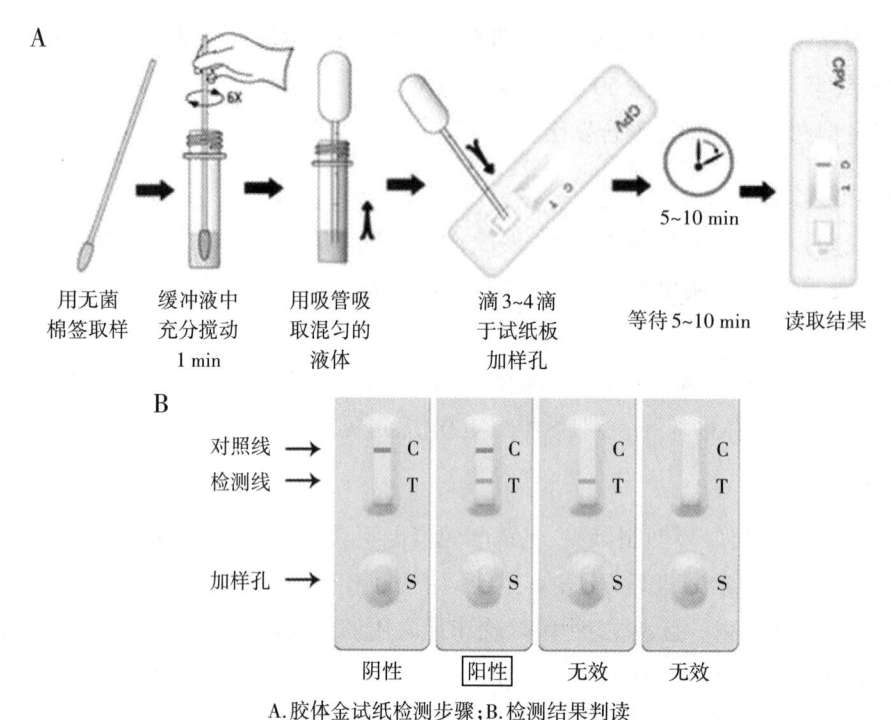

A.胶体金试纸检测步骤；B.检测结果判读

图3-15-2　犬细小病毒胶体金试纸检测方法及结果判读

4. 治疗方法

（1）抗病毒疗法。特异性治疗：细小病毒单克隆抗体（单抗）、高免血清、免疫球蛋白（IgG）。非特异性治疗：干扰素、转移因子、球蛋白。

血清及单抗用量为1~2 mL/kg（体重），肌肉注射，每日一次，连用3~5 d；干扰素，成犬每日肌注1~2支，幼犬每日0.5~1支，连续3~5 d；血清和单抗或血清和干扰素联合使用，效果更佳。

（2）支持疗法。血浆、白蛋白、能量合剂、葡萄糖。

（3）对症治疗。可根据化验结果积极进行对症治疗。

补液、平衡水电解质：林格氏液、5%葡萄糖溶液、0.9%生理盐水。

止吐：胃肠道炎症反射刺激大脑的呕吐中枢而产生剧烈的连续性呕吐，一般呕吐症状会持续4~5 d，爱茂尔、胃复安（甲氧氯普胺）、硫酸阿托品、维生素B_6、氯丙嗪和盐酸消旋山莨菪碱（654-2）都有止吐作用，但这些药物对于顽固性呕吐的止吐效果均不够理想，只能缓解呕吐。首选爱茂尔肌注，必要时用硫酸阿托品。胃复安不宜用于治疗犬细小病毒病引起的呕吐，因胃复安会促进胃肠蠕动的药理效应往往造成肠道大量出血，胃肠道有出血者忌用胃复安。

止血：维生素K_3、维生素K_1、肾上腺色素和立止血（凝血酶）均可用于止血，但肌注效果不理想，应采用联合用药肌注或静滴止血敏。如果止血无效，可静滴立止血。另外血清也有止血作用。

止泻：恢复期可用止泻药物，鞣酸蛋白、思密达（蒙脱石散）都有止泻作用，但因患犬呕吐，不适宜口服给药，用思密达深部灌肠效果较好。

抗菌消炎：防止继发感染，可选用病毒唑、庆大霉素或甲硝唑等药品进行治疗。

5. 预后

依犬龄判断：成年犬预后良好。

依症状判断：预后不良表现为犬牙龈苍白、唾液黏稠、体温下降、呈喷射状便血。预后良好表现为有呕吐、不腹泻或轻微腹泻，腹泻、不呕吐或轻微呕吐。

【注意事项】

（1）疫苗免疫是预防发病的根本措施。安全地区的犬只，可于10~12周龄使用国产疫苗进行首次免疫，受细小病毒威胁的疫区或缺乏母源抗体的幼犬应提前到6~8周龄进行首次免疫。均以2~3周的间隔连续免疫3次，也可超免（母犬怀孕45 d时加免一次）。

（2）一旦发生犬细小病毒病的流行，首先是采取隔离、消毒等措施。犬细小病毒病肠炎型的特点是病程短、发病急、恶化迅速，病程短的4~5 d即会死亡，长的1周左右死亡，与犬瘟热病程明显不同。治疗中若能迅速有效止吐、止泻和止血，并及时合理地输液纠正水电解质及酸碱平衡紊乱，可显著提高治愈率。心肌炎型治愈率极低。

【课后思考题】

（1）犬细小病毒病的感染途径有哪些？

（2）犬细小病毒病的诊治流程是怎样的？

（3）细小病毒病治愈后是否会复发？

（编者：白永平、赵光伟）

实训十六

犬猫肾衰竭及肾损伤的诊断及治疗

【案例及问题】

案例：动物主人带一只中华田园犬到动物医院就诊，主诉该犬5岁，厌食，精神沉郁，一直呕吐，呕吐物初为狗粮，后为泡沫样白色液体，进食饮水后呕吐加剧，排便正常，排尿减少，流涎，食欲减退，平时食物以狗粮为主，发病前食欲旺盛，无其他症状。经检查该犬体重3.4 kg，心率104次/min，呼吸17次/min，体温38.2 ℃，触诊肾区有紧张感和疼痛感，疑似有肾脏方面疾病。通过血常规检查，发现患病犬白细胞、淋巴细胞等升高，提示有可能存在炎症，红细胞计数、血红蛋白数、血细胞比容、血小板压积、嗜酸性粒细胞数低于参考值，提示存在一定炎症反应和贫血；血液生化检查结果显示白细胞总数和中性粒细胞比例增高；肌酐、尿素氮、磷酸盐、钾含量高于参考值，提示可能存在肾脏功能障碍。B超检查结果显示肾脏形态增大，皮质增厚，经X线检查未发现由外力因素造成的肾脏损伤，综合分析诊断为急性肾衰竭。

治疗：根据该犬基本情况，经与动物主人沟通，进行输液、抗炎保守治疗。通过补液治疗恢复水合状态。静脉输注晶体液以恢复水合状态并消除肾前性氮质血症、纠正酸碱紊乱、纠正电解质紊乱，使用抗菌药控制泌尿道感染。进行皮下补液，每天可分2或3次为动物皮下注入适量乳酸林格氏液。选用氢氧化铝和碳酸铝对维持期高磷血症进行治疗。

问题：

(1)导致犬猫肾衰竭及肾损伤的病因有哪些？

(2)犬发生肾衰竭及肾损伤的临床症状有哪些？

(3)对患有肾衰竭及肾损伤的犬猫的治疗原则有哪些？

(4)如何判断犬猫肾衰竭及肾损伤是急性还是慢性的？

【实训目的】

让学生掌握犬猫肾衰竭及肾损伤的症状表现、诊断方法以及各种救治方法，能够选择正确的救治方式进行处理。

【知识准备】

了解犬猫常见肾衰竭及肾损伤的病因及症状。

【实训用品】

1. 实训动物

到动物医院就诊的患肾衰竭和肾损伤的犬猫。

2. 实训设备与材料

B超仪、X线机、生化分析仪、血液分析仪、血气分析仪、伊丽莎白项圈、药品等。

【实训内容】

1. 犬猫患肾衰竭及肾损伤的诊断

根据患病动物的品种、精神状态、临床症状，以及结合必要的实验室检查（血气检查、血常规、生化指标、B超、X线等）结果综合判定肾衰竭发生的可能。

（1）全身检查。对患病犬猫进行病史调查和临床检查。检查体温、脉搏、呼吸频率；观察其精神状态、行为、是否弓背；腹部触诊、肾区触诊确认是否有紧张感、疼痛感。

（2）实验室检查。通过血常规主要检查血细胞比容及血红蛋白数目，通过生化检查尿素氮、肌酐等情况，通过血气检查了解离子变化和酸碱平衡状态。可采用B超（图3-16-1）及X线进行辅助诊断，主要检查肾脏的形状和大小。

（3）辅助诊断。以下症状能够对急性肾衰竭进行辅助诊断：厌食，呕吐物初为狗粮后为泡沫样白色液体，进食饮水后呕吐加剧，排便正常，排尿减少，流涎，精神较差，食欲减退，平时食物以狗粮为主。发病前食欲旺盛，无其他症状。

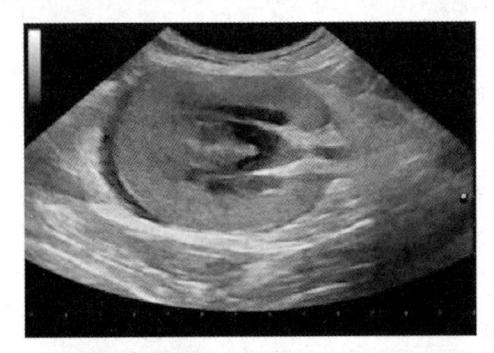

显示肾脏形态增大、皮质增厚，提示急性肾衰竭

图3-16-1 患犬肾脏的B超影像

2. 犬猫患肾衰竭及肾损伤的治疗方法

临床上针对该病尚无特效治疗方法，医生应给主人提出合理建议，并充分考虑主人的意愿和要求，对患病犬猫实施对症治疗、血液透析治疗等疗法。

（1）对症治疗。大量输液，让患病犬猫排出过多的尿素氮和磷。将0.5 g氯化钙注射液、0.25 g碳酸氢钠注射液用100 mL复方氯化钠注射液稀释后缓慢静脉滴注；将维生素B_6注射液80 mg、维生素C注射液0.15 g、科特壮注射液0.3 mL加入100 mL葡萄糖注射液中静脉滴注；用头孢噻呋钠10 mg肌肉注射。治疗2 d后患病犬猫进入多尿期，血液中K^+浓度下降至2.8 mmol/L，应增加液体的注射量，将5 mL10%氯化钾注射液加入250 mL复方氯化钠注射液中缓慢静脉滴注，其他处方不变。7 d后患病犬猫各项指标逐渐正常，食欲良好，允许出院。

（2）血液透析治疗（严重时使用）。透析按疗程实施，隔天1次，3次为1个疗程，每次透析时间为2~6 h。术前准备好血液透析所需的双腔静脉导管、透析器、体外循环管路、透析液等。扎针验证回血后，用导丝沿着针筒进入颈静脉，取下针头，用扩创器扩张皮肤，将双腔静脉导管埋入颈静脉，然后缝合固定到皮肤上，X线透视检查双腔静脉导管具体的位置。

由表3-16-1可知：患犬血红蛋白浓度与血小板数降低，提示贫血；中性粒细胞百分比、平均红细胞体积升高，提示体内有炎症反应。结合临床少尿特点，推断肾脏可能有损伤。由表3-16-2可知，患犬血液尿素、肌酐浓度升高（第1天），提示肾小球功能受损严重，肾脏功能严重不全。

表3-16-1　患犬血常规检查结果

项目名称	结果	参考范围
白细胞数（WBC）/10^9个·L^{-1}	13.70	6.00~17.00
淋巴细胞数（LYM）/10^9个·L^{-1}	1.90	0.80~5.10
单核细胞数（MONO）/10^9个·L^{-1}	0.40	0.00~1.80
中性粒细胞数（NEUT）/10^9个·L^{-1}	11.40	4.00~12.60
淋巴细胞百分比（LYM）/%	17.30	12.00~30.00
单核细胞百分比（MONO）/%	4.50	2.00~9.00
中性粒细胞百分比（NEUT）/%	83.30↑	60.00~83.00
红细胞数（RBC）/10^{12}个·L^{-1}	5.85	5.50~8.50
血红蛋白浓度（HGB）/g·L^{-1}	102.00↓	110.00~190.00
血细胞比容（HCT）/%	47.30	39.00~56.00
平均红细胞体积（MCV）/fL	82.70↑	62.00~72.00
平均红细胞血红蛋白浓度（MCHC）/g·L^{-1}	215.00↓	300.00~380.0
血小板数（PLT）/10^9个·L^{-1}	82.00↓	117.00~460.00

注：↑表示升高，↓表示降低。

表 3-16-2　患犬血液生化指标检查结果

项目名称	第1天	第3天	第7天	参考范围
总蛋白(TP)/g·L⁻¹	56.00	54.00	72.00	52.00~82.00
淀粉酶(AMY)/U·L⁻¹	1055.00	>2500.00↑	888.00	500.00~1500.00
白蛋白(ALB)/g·L⁻¹	26.00	21.00↓	27.00	23.00~40.00
碱性磷酸酶(ALP)/U·L⁻¹	113.00	111.00	250.00↑	23.00~212.00
丙氨酸氨基转移酶(ALT)/U·L⁻¹	38.00	42.00	34.00	10.00~100.00
总胆红素(TBIL)/μmol·L⁻¹	<2.00	<2.00	<2.00	0.00~15.00
尿素(UREA)/mmol·L⁻¹	29.10↑	43.70↑	24.20↑	2.50~9.60
肌酐(CREA)/μmol·L⁻¹	218.00↑	325.00↑	145.00	44.00~159
血糖(GLU)/mmol·L⁻¹	5.89	4.73	18.00↑	4.11~7.94
血磷(PHOS)/mmol·L⁻¹	2.05	3.49↑	2.48↑	0.81~2.19
血钙(Ca)/mmol·L⁻¹	2.27	1.60↓	1.70↓	1.98~3.00
胆固醇(CHOL)/μmol·L⁻¹	4.70	2.91	5.31	2.84~8.27

注：↑表示升高，↓表示降低。

【注意事项】

(1)注意人员的安全防护，做好动物保定工作，实训中服从安排。

(2)肾衰竭及肾损伤动物治疗过程中要避免对肾区造成损伤。

(3)输液要严格按照用药规格进行药物配制。

(4)对于患病动物的饮食要严格控制，限制磷和蛋白质的摄入量，注意电解质的补充。

(5)治疗过程中要注意抗菌消炎，防止继发感染，禁用对肾脏有毒性的药物。

【课后思考题】

(1)引起犬猫肾衰竭及肾损伤的原因有哪些？

(2)如何选择治疗犬猫肾衰竭及肾损伤的措施？

(3)贵宾犬，4.3 kg，3岁，精神萎靡，尿量减少，腹泻，呕吐，触诊腹部无明显紧张感及疼痛感，如何对该犬进行诊断和治疗？

(编者：董海聚)

实训十七

猫泛白细胞减少症(猫瘟)的诊断及治疗

【案例及问题】

案例:动物主人申女士带一只狸花猫到动物医院就诊。经初步检查,该猫4月龄,雄性,精神沉郁,呕吐,无食欲,拉稀便且异味重,未接种疫苗。进一步检查,该猫体重2.4 kg,体温39.9 ℃,呼吸35次/min,心率181次/min,可视黏膜发白,皮肤弹性降低,轻度脱水,有异味。应用胶体金技术,取粪便进行猫瘟病毒抗原检测,结果阳性。血常规检查结果显示白细胞数目(WBC)$0.7×10^9$个/L、淋巴细胞数目(LYM)$0.3×10^9$个/L、中性粒细胞数目(NEUT)$0.4×10^9$个/L、血红蛋白浓度(HGB)81 g/L,血细胞比容(HCT)21.1%,血小板数(PLT)$174×10^9$个/L,综合检查结果,确诊该患猫泛白细胞减少症(猫瘟)。

治疗:制订治疗方案,经主人同意并签署病危通知书后对患猫进行治疗。首先,输液调节体液电解质及酸碱平衡,注射止吐药物、止疼药物和肠内止血药物。然后,进行抗病毒治疗,注射升白针和猫瘟抑制蛋白。接着进行抗细菌治疗,控制继发感染。患猫治疗第3 d症状明显加重,出现带血呕吐物、血便。与主人沟通,同意继续治疗,在治疗第5 d早晨,患猫临床症状得到有效控制,精神明显好转;治疗第7 d排泄的粪便正常,同意出院。后续电话回访,该猫恢复良好,无后遗症。

问题:

(1)猫瘟有哪些症状表现?

(2)如何诊断猫瘟?

(3)如何制订猫瘟的治疗方案和护理方案?

(4)如何进行猫瘟的预防、消毒?

【实训目的】

让学生掌握猫瘟的症状表现、诊断方法、治疗措施,能够选择正确的救治方式进行处理。

【知识准备】

掌握健康猫生理、生化参数,了解猫的疫苗免疫程序。

【实训用品】

1. 实训动物

到动物医院就诊猫瘟的病例。

2. 实训设备与材料

猫瘟病毒(FPV)检测试纸板、血常规检测仪、生化分析仪、血气分析仪、显微镜、PCR检测仪、伊丽莎白项圈、药品等。

【实训内容】

1. 猫瘟的诊断

掌握患病动物的基本信息,如病史、用药史、免疫驱虫记录以及是否接触过其他患病猫等,再进行病原检测、血常规检测、电解质和生化检测、粪便检查、猫特异性胰脂肪酶检测及猫瘟抗体检测(图3-17-1、图3-17-2、图3-17-3)。

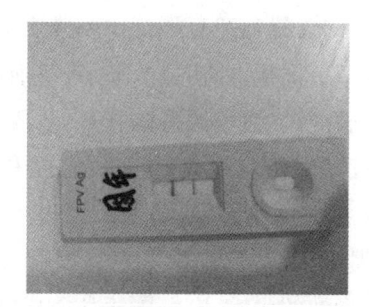

图3-17-1　幼猫感染猫瘟　　图3-17-2　猫瘟检测试纸板检测结果呈阳性

图3-17-3　患猫排出的血便(心仪动物医院供图)

(1)病原检测。对病猫的粪便或血液进行检测(最常用的是粪便),血检仅为确定病毒是否入血,或是否处于病毒血症期。病原检测有两种方法,即猫瘟检测试纸板检测、PCR检测。可以使用较便宜且方便的猫瘟检测试纸板,当检测线(T)与对照线(C)均呈红色时,表示为阳性,只有对照线(C)显示红色时,表示为阴性。但该试纸板检测的灵敏度有限,只能作为参考。PCR检测的灵敏度很高,但所需时间略长,费用略高。

(2)血常规检测。使用血常规分析仪分类计数和显微镜镜检方法对其血液进行分析,评估贫血、炎症以及白细胞下降情况。当白细胞数(WBC)显著低于正常值范围时,结合病原检查及临床症状综合判定是否为猫瘟。

(3)电解质和生化检测。临床中,猫瘟常表现为呕吐、腹泻,严重者电解质紊乱。猫瘟病毒可在肠道、血液、肝脏、肾脏等组织中大量增殖,引起脏器受损,部分病例出现肝功、肾功严重损害,胰淀粉酶、胰脂肪酶升高等现象。因此,应用电解质和生化分析仪检测病猫的血液,可对管理并发症(如低血糖、低血钾、低蛋白血症等)提供重要参考依据。

(4)粪便检查。通过显微镜检查病猫的粪便,确定是否有其他引发腹泻的原因。

(5)猫特异性胰脂肪酶检测。临床中,腹泻严重病例常有可能继发胰腺炎,因此可使用猫胰脂肪酶检测试纸(FPL试纸)对病猫进行检测,判断其是否有胰腺炎并发症。

(6)猫瘟抗体检测。使用专用抗体检测试剂盒检测病猫的血液,对预后评估有帮助。

2. 猫瘟的治疗方法

猫瘟的治疗以抗病毒、控制继发感染为主,辅以对症治疗,如止血、止吐、补液、平衡电解质等。一切治疗的目的都是诱导患猫产生足够的免疫能力对抗病毒感染,从而使该病得到治愈。

(1)主要疗法。猫瘟单克隆抗体或猫瘟抑制蛋白:用于感染早期抗病毒。输血:改善严重贫血症状。猫ω干扰素:使初愈患猫、备孕猫产生较高抗体,但不能起到治疗猫瘟的作用。低分子肝素:控制弥散性血管内凝血(DIC)。胶体液输液:缓解严重的低蛋白血症。

(2)支持疗法。静脉补液:纠正因呕吐和腹泻引起的体液流失,维持体液平衡。抗生素:治疗或预防全身性细菌感染,防止细菌进入血液引起毒血症。止吐:减轻呕吐并发症,如脱水、电解质紊乱和胰腺炎等;尽早恢复饲喂,食物应从流食逐渐转变为混合及固态。止泻:防止或减轻腹泻导致的脱水、电解质紊乱。止血:控制消化道黏膜弥散性出血,有效预防出血。

【注意事项】

(1)实训中应及时消毒,防止患猫再次感染病毒。

(2)治疗猫瘟时应注意给患猫补充肠外营养,维持猫的生命体征,增强其免疫力。

【课后思考题】

(1)引起猫瘟的原因有哪些?

(2)如何制订猫瘟的治疗方案?

(3)布偶猫,1.3 kg,3月龄,雄性,未绝育,注射过妙三多疫苗。主人主诉喂食金枪鱼罐头后,该猫夜里出现呕吐症状,此后精神不佳、食欲减退,但粪便正常。如何对该猫进行诊断和治疗?

(编者:丁孟建)

实训十八

猫传染性腹膜炎的诊断及治疗

【案例及问题】

案例：动物主人带一只雄性金渐层来医院就诊，主诉该猫1岁，有按时接种疫苗和驱虫，最近几天在家不愿意动，精神状态差，没有食欲，饮欲较差，持续发高烧不退。带猫去过其他医院，诊断为猫白血病，开腹探查发现肠系淋巴结肿瘤，治疗一个月未见好转，转来我院治疗。经检查该猫体重3.2 kg，就诊时已出现结膜黄染情况，多次测量体温均在39.5 ℃以上，鼻头干燥，被毛杂乱无光，精神沉郁，对外界刺激无明显反应，食欲废绝，体格消瘦，呼吸急促，心跳加快。触诊腹部有波动感和异物，无痛觉。血常规检查结果显示白细胞、红细胞、淋巴细胞数目减少，血细胞比容降低；血液生化检查结果显示血磷浓度升高，计算白球比值ALB：GLB（简写为A：G）=0.35；猫血清淀粉样蛋白A（SAA）测定结果显示SAA浓度极高，达到200 μg/mL（+++）以上；PCR检查结果显示猫传染性腹膜炎（FIP）阳性；X线检查结果显示患猫胸腔与腹腔界限分明，腹部膨大且腹腔内有大面积、高密度、均匀的白色阴影，正常器官的轮廓模糊不清，肠道内积气。综合以上检查结果确诊为湿性FIP，同时还有肾脏损伤、贫血和全身性反应。

治疗：采用皮下注射小分子核苷类似物进行治疗，剂量为2.5 mg/kg（体重），每日1次，住院治疗一个疗程后食欲、饮欲恢复正常，临床症状恢复正常，PCR检测结果呈阴性，A：G=0.76，天冬氨酸氨基转移酶（谷草转氨酶，AST）和血磷浓度略高于正常值，FIP基本痊愈，按主人意愿接回家护理。一个月后复发，PCR检测结果显示FIP阳性，出现神经症状，后肢敏感、瘫痪、尿闭、腹水增多，治疗三个疗程后，神经症状消失，尿闭没有复发，血常规检查正常，生化检查A：G=0.85，SAA值恢复正常，PCR检测结果显示FIP阴性，痊愈出院。

问题：

(1)猫传染性腹膜炎是由哪种病毒引起的？

(2)猫传染性腹膜炎的实验室检测方法都有哪些？

(3)血液学检查中的各项异常指标提示什么病理状态？

(4)患此病的猫需要隔离治疗吗？

(5)猫传染性腹膜炎的预后如何？

【实训目的】

让学生掌握猫传染性腹膜炎的预防措施、诊断方法、各种治疗方法及其预后情况,能够在临床中根据所学知识进行正确的处理,最大程度保障患猫的生命健康。

【知识准备】

了解猫传染性腹膜炎的相关知识,了解引起猫传染性腹膜炎的原因及猫传染性腹膜炎的临床症状。

【实训用品】

1. 实训动物

来院就诊的猫传染性腹膜炎病例。

2. 实训设备与材料

B超仪、X线机、生化分析仪、血液分析仪、荧光定量检测仪、PCR仪、电子体温计、肛温套、听诊器、体重秤、一次性采血针头、75%医用酒精、脱脂棉、一次性使用的无菌注射器、耦合剂、X线防护服等。

【实训内容】

1. 猫传染性腹膜炎的诊断

根据患猫的品种、性别、年龄、临床症状,以及检查结果(包括体格检查、血液学检查、实验室检查、影像学检查等)来判断患猫是否患传染性腹膜炎。

(1)体格检查。初步检查时,先与主人进行充分的沟通,并记录患猫的基本情况(年龄、品种、性别、繁育情况和是否绝育),询问当前病史及既往病史,治疗时的用药情况,有何异常临床症状,询问饮食习惯和排泄状况。再视诊患猫的被毛情况、运动状态、精神状态及营养状况。然后触诊患猫体格发育状况,测量体温、呼吸、心率等基础生理指标,除此之外还要注意患猫近期是否更换饲养环境或在熟悉环境中活动的变化。如图3-18-1,可见患猫腹部膨大,可视黏膜黄染。

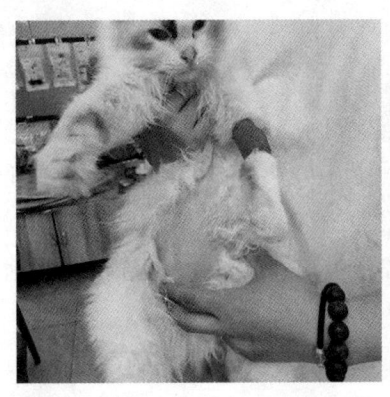

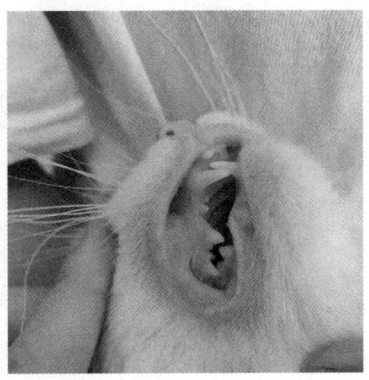

图3-18-1 患猫图片

(2)血常规检查。选用EDTA采血管,采取患猫至少0.5 mL血液进行检查,为避免凝血造成结果误差,采血完成后可将采血管轻轻摇晃防止凝血。

(3)生化检查。选用肝素采血管,采取患猫至少2 mL血液离心后取上清液进行生化检查,或无菌抽取至少2 mL胸、腹水进行生化检查,计算其中白蛋白与球蛋白的比值(A:G),以此判断是否有患FIP的可能。

(4)猫血清淀粉样蛋白A(SAA)的测定。进行测定前,需将试纸卡在室温下放置5 min平衡温度。选用EDTA采血管,采取至少0.2 mL血液,离心机5000 rpm离心3 min,取1 μL上清液与缓冲液均匀混合,移取80 μL稀释后的上清液滴入试纸卡的加样孔,加样后立刻将试纸卡按照指示方向插入荧光定量检测仪,启动测试,自动倒计时5 min后即可测出血样中猫血清淀粉样蛋白A的浓度。

(5)实验室检查。利用实时荧光定量PCR技术检测FIPV(猫传染性腹膜炎病毒)特异性RNA的存在情况。

①样本采集与保存方法如下。

鼻拭子:将棉签轻轻插入鼻道内鼻腭处,停留片刻后缓慢转动退出,以同一拭子擦拭两侧鼻孔。将棉签棉头浸入2~4 mL生理盐水中,尾部弃去。检测时取200 μL浸洗液即可。

咽拭子:用棉签擦拭双侧咽扁桃体以及咽后壁,将棉签棉头浸入2~4 mL生理盐水中,尾部弃去。检测时取200 μL浸洗液即可。

血液样本:抗凝血经4000 rpm离心10 min后,吸取200 μL上清液转移至1.5 mL灭菌离心管中待检。

胸、腹水样本:使用无菌注射器抽取胸、腹水,移取200 μL样本至裂解液中待检。

上述样本短期内可保存于-20 ℃冰箱中,长期保存可置于-70 ℃冰箱中,但不能超过6个月。

样本运送应采取2~8 ℃冰袋运输,禁止反复冻融,否则会出现假阳性结果。

②检测。使用磁力吸附法提取样本中的RNA,吸取20 μL提取出的溶解有病原体核酸的

上清液转移至 PCR 检测试剂管中。将待检测反应管置于机器反应孔位上,按照仪器检测步骤进行操作,经反复升温冷却后得到检测结果。

(6)影像学检查。利用 X 线机(DR)拍摄至少两张互相垂直体位的影像进行判读。侧位投照一般选取右侧卧,牵拉前肢和后肢与脊柱约成 120°夹角,腹背位投照选取仰卧位,牵拉前肢和后肢与身体保持等距平行。投照中心对准腹中部,投照范围为胸椎至耻骨的区域,在患猫呼气末曝光。如图 3-18-2,可见患猫腹腔脏器浆膜细节丢失,腹腔内不透射线密度增强,提示腹腔积液。

(7)超声诊断。利用 B 超仪进行超声诊断,在摆位器上采取仰卧位保定,根据患猫体格大小选取合适的探头,探查腹腔内是否有积液或器官是否有异常。如图 3-18-3,可见肾周出现无回声暗液区域。

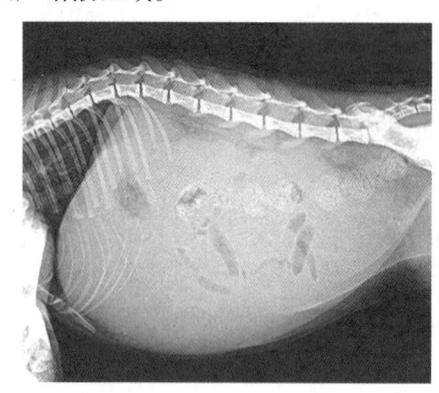

图 3-18-2　患猫右侧卧 X 线片 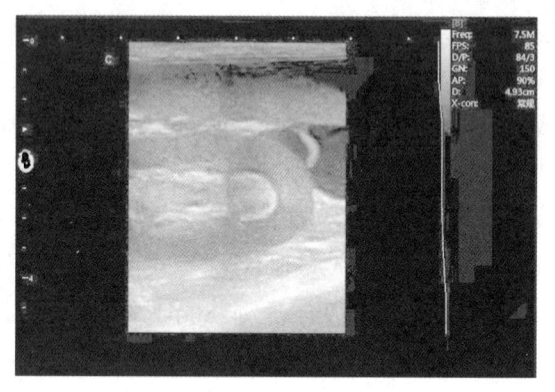　　　　图 3-18-3　患猫肾脏 B 超图片

2. 猫传染性腹膜炎的治疗方法

(1)干性 FIP 治疗方案如下:

①GS-441524:20 mg/kg(体重),皮下注射,每日 1 次,连用 12 周。

②干扰素:50 万 IU/kg(体重),皮下注射,每日 1 次,连用 7 d。

③头孢喹肟:2 mg/kg(体重),皮下注射,每日 1 次,连用 7 d;如需增加疗程,停药 3~4 d 再用药。

④视患猫病情严重程度,可与 GC376 联合使用,0.75 mg/kg(体重),皮下注射,用药时间与 GS-441524 间隔 12 h,同时可配合输液疗法进行对症治疗。

(2)湿性 FIP 治疗方案如下:

①GC376:0.75 mg/kg(体重),皮下注射,每日 1 次,连用 12 周。

②干扰素:50 万 IU/kg(体重),皮下注射,每日 1 次,连用 7 d。

③头孢喹肟:2 mg/kg(体重),皮下注射,每日 1 次,连用 7 d;如需增加疗程,停药 3~4 d 再用药。

④全价营养液:1 mL/kg(体重),静脉注射,每日 1 次;

⑤猫血白蛋白:30 mg/kg(体重),静脉注射,每日1次。

⑥视患猫病情严重程度,可与GS-441524联合使用,20 mg/kg(体重),皮下注射,用药时间与GC376间隔12 h,同时可配合输液疗法进行对症治疗。

【注意事项】

(1)注意人员的安全防护,做好动物保定工作,实训中服从安排。

(2)患猫住院治疗时注意消毒防护,避免出现交叉感染。

(3)治疗过程中动作尽量温柔,防止患猫应激加重病情。

【课后思考题】

(1)猫患传染性腹膜炎的诱因有哪些?

(2)如何判断患猫是否可以出院?

(3)蓝猫,雄性,3月龄,体重1.9 kg,未免疫,未驱虫。刚接回家,精神状态不好,反复发烧,在其他医院打过退烧针,精神状态仍不好,未见呕吐和腹泻。如何对该猫进行诊断和治疗?

(编者:杨凌宸)

实训十九

猫自发性膀胱炎的诊断及治疗

【案例及问题】

案例:英国短毛猫,3岁,雄性,体重6 kg,未去势,主食猫粮。主诉患猫就诊前一天食欲变差,呕吐两次,家里地板上有血尿,频繁进出猫砂盆,仅排出少量血尿或无尿。经检查患猫精神状态正常,体温38.7 ℃,触诊腹部柔软,膀胱触诊敏感,皮肤弹性差,轻度脱水。B超检查显示膀胱中等充盈,膀胱内容物可见大量絮状声影,膀胱壁增厚,未见膀胱肿物及结石,在超声引导下进行膀胱穿刺采集尿液样本。血液生化检查结果显示红细胞计数、血细胞比容升高,肌酐及尿素氮正常,提示患猫存在脱水情况,排除因肾后性因素引起的高氮质血症。尿常规检查结果显示白细胞及尿隐血阳性,尿密度高,无蛋白尿及结晶尿。

治疗:当天通过输液调整水合状态,皮下注射恩诺沙星,口服维他昔布片,主食调整为湿粮,增加饮水量,定时清洁猫砂盆,改善患猫生活环境。治疗3 d后患猫排尿恢复正常。

问题:

(1)猫自发性膀胱炎的症状有哪些?

(2)猫自发性膀胱炎发病有哪些诱导因素?

(3)猫自发性膀胱炎的治疗原则有哪些?

(4)如何预防猫自发性膀胱炎?

【实训目的】

让学生掌握猫自发性膀胱炎的症状表现、诊断方法、治疗原则,能够选择合适的治疗方案进行处理。

【知识准备】

了解猫自发性膀胱炎的病因及症状,了解各检查项目及其意义。

【实训用品】

1. 实训动物
到动物医院就诊自发性膀胱炎的患猫。

2. 实训设备与材料
B超仪、X线机、生化分析仪、血液分析仪、尿比重计、显微镜、耗材、药品等。

【实训内容】

1. 猫自发性膀胱炎的诊断
根据患猫临床症状,进行检查鉴别诊断(包括B超或X线检查、尿常规检查、血液生化检查等)。

(1)症状。自发性膀胱炎最常见的症状包括尿频、排尿困难、血尿、乱尿、排尿疼痛,大多数患猫精神、食欲正常,由于膀胱炎而继发尿道阻塞的患猫会出现严重的症状。

(2)身体检查。患猫因膀胱疼痛而频尿,每次排出少量尿液,就诊时医生通常会触诊到小的或无尿的膀胱,如果继发尿道阻塞,可触诊到胀大充盈的膀胱,腹壁紧张,腹部触诊疼痛,由于脱水皮肤弹性下降。

(3)尿液分析。膀胱穿刺需采集新鲜尿液样本进行检验,通过镜检可以与尿石症鉴别诊断。如果尿沉渣中有大量结晶物质,则诊断为尿石症,如果尿液样本中出现血尿或蛋白尿,则要考虑自发性膀胱炎的可能性。

(4)血常规及生化检查。无尿道阻塞的病例大多检验结果正常,存在尿道阻塞的病例则会出现肾后性氮质血症、代谢性酸中毒及高血钾。

(5)超声检查。通过B超检查结果可排除膀胱肿瘤、膀胱结石的可能性,自发性膀胱炎病例的B超影像会显示膀胱内容物可见大量絮状不清洁声影,膀胱壁肿胀(图3-19-1)。

2. 猫自发性膀胱炎的治疗
大多数自发性膀胱炎的病例在5~7 d内会自行缓解,但会反复发病,存在尿道阻塞的病例则需要及时导尿处理,通过补液调整水合状态,使用止痛剂缓解膀胱疼痛,使用抗生素预防膀胱内细菌感染。经保守治疗无效的病例可以通过切开膀胱后冲洗或尿道造口术进行治疗(图3-19-2)。

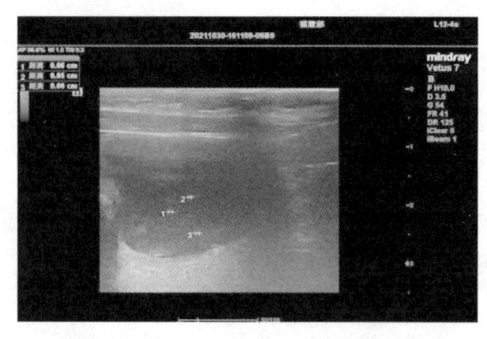

图3-19-1　B超检查患猫充盈的膀胱　　图3-19-2　对患猫进行导尿及膀胱冲洗

3. 猫自发性膀胱炎的预防

(1)食物。喂食罐头或生骨肉的猫较少发生自发性膀胱炎,因为湿粮中水分含量充足,可增加猫的水分摄取,产生更稀释的尿液,对于复发次数多的患猫,应以湿粮为主食。

(2)肥胖。肥胖是自发性膀胱炎的发病因素之一,肥胖患猫需要控制体重。

(3)应激。自发性膀胱炎与应激因素有关,如洗澡、外出、环境改变、多猫环境等,这些因素会使病情恶化或复发。

【注意事项】

(1)注意人员的安全防护,做好动物保定工作,实训中服从安排。

(2)对存在尿道阻塞的患猫应小心保定,以防膀胱破裂。

(3)膀胱穿刺采集尿液的穿刺处应剃毛消毒。

【课后思考题】

(1)应如何处理自发性膀胱炎反复发作的病例?

(2)为了鉴别猫自发性膀胱炎和其他下泌尿道疾病需要进行哪些检查?

(3)美国短毛猫,雄性,5 kg,3岁,频繁进出猫砂盆排尿,每次仅排出少量血尿,排尿时呻吟,触诊膀胱空虚,对该患猫需要做哪些检查及处理?

(编者:杨凌宸)

实训二十

犬猫尿石症的诊断及治疗

【案例及问题】

案例：动物主人王先生带一只白色京巴犬到动物医院就诊，该犬12岁，近期食欲减退，呼吸急促，排出的尿液呈现淡红色，排尿时间延长，有时尿液呈现点滴状流出，尿液发臭。该犬3年前出现过类似症状，于成都市某宠物医院就诊，诊断为膀胱结石，通过手术取出大量结石。经检查该犬体重9 kg，脉搏94次/min，体温38.7 ℃。血常规检查结果显示该犬白细胞总数及嗜中性粒细胞轻度升高。尿沉渣检查结果可见大量红细胞及鸟粪石结晶。X线检查结果显示该犬膀胱内含大量结石，大小不一，肾、输尿管及尿道中未见结石影像。综合各项检查结果判断该犬患有膀胱结石。

治疗：根据患犬的各项情况，在主人同意的基础上，医生决定实施膀胱切开手术。手术采用腹中线切口，对术部剃毛，麻醉前给药，诱导麻醉，气管插管进行吸入麻醉。术部消毒之后，依次切开皮肤、腹白线、腹膜打开腹腔。牵引出膀胱，用纱布块将膀胱与腹壁切口隔离，在膀胱背侧预切口线上穿牵引线，在预切口线上穿刺膀胱，抽出膀胱中的尿液，直至膀胱不再充盈。在牵引线中间切开膀胱壁，取出膀胱中结石，用导尿管检查尿道中没有存留结石后，用生理盐水冲洗膀胱，常规缝合膀胱壁，清理凝血块后还纳回腹腔，常规关闭腹腔，消毒切口，给犬穿上网状弹力绷带，伤口处垫纱布块。导尿管留置3 d，每天冲洗膀胱2次，3 d后拆除。术后连续3 d应用抗生素抗菌消炎。

问题：

(1)犬猫出现尿闭都有哪些原因？

(2)犬猫尿石症的症状表现有哪些？

(3)什么情况下使用膀胱切开术治疗尿石症？

【实训目的】

让学生掌握犬猫尿石症的症状表现、诊断技术，以及各种症状的治疗方法，能够选择正确的措施治疗尿石症。

【知识准备】

了解犬猫泌尿系统的解剖结构,了解尿液产生的生理过程及相关生理参数,了解常见尿闭的病因及症状。

【实训用品】

1. 实训动物

到动物医院就诊尿石症的犬猫。

2. 实训设备与材料

X线机、B超仪、血液分析仪、生化分析仪、血凝仪、伊丽莎白项圈、常规软组织手术器械1套、导尿管数根、手术相关耗材、麻醉药、抗生素等药品。

【实训内容】

1. 尿石症的病因

尿石症是多种因素共同作用的结果,但主要与饮水不足、食物中矿物质浓度过高、矿物质代谢障碍、水盐调节紊乱、尿液pH值改变、肾及尿路感染等因素有关。

在正常尿液中,含有大量呈溶解状态的晶态盐类以及一定量的胶体物质,且晶体盐类与胶体物之间保持相对平衡。一旦这种平衡被破坏,即晶体超过正常的饱和浓度或胶体物质之间不断地丧失稳定性结构时,则尿液中会发生盐类析出和胶体沉着,进而凝结成为结石。

尿石形成的部位主要是肾脏,以后下行至膀胱内,并在膀胱中继续增大。肾小管内的尿石多固定不动,但肾盂或膀胱内的结石可移动,有时移行至输尿管及尿道发生阻塞,结石刺激阻塞部位的尿路黏膜,引起局部黏膜损伤、炎症、出血。当尿路严重阻塞时,常常引起排尿困难或尿闭,致使膀胱积尿,逐渐膨大,最后导致膀胱麻痹甚至破裂。

2. 症状

主要症状是排尿障碍、肾性腹痛和血尿。由于尿结石存在的部位及对组织损害程度不同,其临床症状也不一致。

(1)肾盂结石。患病犬呈现肾盂肾炎症状,可见全程血尿,肾区疼痛,严重时形成肾盂积水。

(2)输尿管结石。患病犬不愿运动,表现痛苦,行走拱背,腹部触诊疼痛明显。输尿管部分阻塞时,可见血尿、脓尿、蛋白尿。输尿管完全阻塞时,无尿进入膀胱,膀胱空虚。

(3)膀胱结石。患病犬表现为尿频和血尿,膀胱敏感性增高。尿结石位于膀胱顶时,患病犬呈现出明显的疼痛和排尿障碍,通过腹壁触诊可准确地摸到结石。

(4)尿道结石。多发生于公犬,尿道不完全阻塞时病犬排尿痛苦,排尿时间延长,尿液呈断续或点滴状排出;尿道完全阻塞时,则发生尿闭、肾性腹痛、导尿管插入困难、膀胱膨满,甚至可引起膀胱破裂。

3. 诊断

根据病史、临床症状、尿道探诊、B超及X线检查可以确诊。

4. 治疗

(1)针对有早期轻微结石的犬猫,应给予富含维生素A的食物,并给予充足的清洁饮水,以形成大量的稀释尿,借以降低尿晶体浓度和防止沉淀。同时冲洗尿道,使体积细小的结石随尿排出。

(2)水压冲洗法排出尿道结石。病犬猫镇静或麻醉后,助手用一手指伸入直肠压迫尿道,术者经尿道口插入导尿管,用手捏紧其导管周围组织,向尿道内注入生理盐水,使尿道向外扩张。然后术者手松开,迅速拔出导尿管,解除尿道压力,尿石可随液体射出体外,需重复几次。如果无效,可将导尿管插至结石端用力加压生理盐水或液体润滑剂,将结石冲回膀胱,再做膀胱切开术或采取其他疗法取出结石。

(3)手术取出结石。体积较大的结石可采用膀胱、尿道切开术取出。

(4)针对有磷酸盐和草酸盐结石的犬猫,可给予酸性食物或酸制剂酸化尿液,使结石溶解;针对有尿酸盐结石的犬猫可每天内服异嘌呤醇4 mg/kg(体重),以防止尿酸盐凝结;针对有胱氨酸结石的犬猫可以每天应用D-青霉胺25~30 mg/kg(体重),使其成为可溶性胱氨酸复合物,随尿排出。

5. 膀胱切开术

(1)适应证:膀胱或尿道结石、膀胱肿瘤。

(2)保定和麻醉:仰卧保定,全身麻醉。

(3)术式:图3-20-1所示为犬膀胱切开术手术实例,具体步骤如下。

①腹壁切开。将患病母犬的腹壁切开,选择耻骨前后腹下切口。将患病公犬的腹壁切开,选择耻骨前,皮肤切口;在包皮侧一指宽,切开皮肤后,将创口的包皮边缘拉向侧方,露出腹壁白线,在白线上切开腹壁,避免损伤腹壁血管。腹壁切开时应该特别注意,防止损伤膀胱。

②膀胱切开。腹壁切开后,如果膀胱膨满,需要排空蓄积尿液,使膀胱空虚。用一或两指小心地把膀胱翻转出创口外,在切口两侧系膀胱牵引线,使膀胱背侧向上。然后用纱布隔离,防止尿液流入腹腔。传统的膀胱切开位置是在膀胱的背侧,无血管处。因为在膀胱的腹侧面切开,在缝线处易形成结石。有的学者认为,膀胱切开在其前端为好,因为该处血管比其他位置少。

③取出结石。使用茶匙或胆囊勺除去结石或结石残渣,特别注意取出狭窄的膀胱颈及近端尿道的结石。为防止小的结石阻塞尿道,在尿道中插入导尿管,用反流灌注冲洗,保证尿道

和膀胱颈畅通。

④膀胱缝合。应用双层连续内翻缝合,保持缝线不露在膀胱腔内,因为缝线暴露在膀胱腔内,会增加结石复发的可能性。第一层用库兴氏缝合,膀胱壁浆膜肌层用连续内水平褥式缝合;第二层用伦勃特氏缝合,膀胱壁浆膜肌层用连续内翻垂直褥式缝合。应该选用吸收性缝合材料,例如聚乙醇酸(PGA)缝线。

⑤腹壁缝合。缝合膀胱壁之后,将膀胱还纳腹腔内,再常规缝合腹壁。

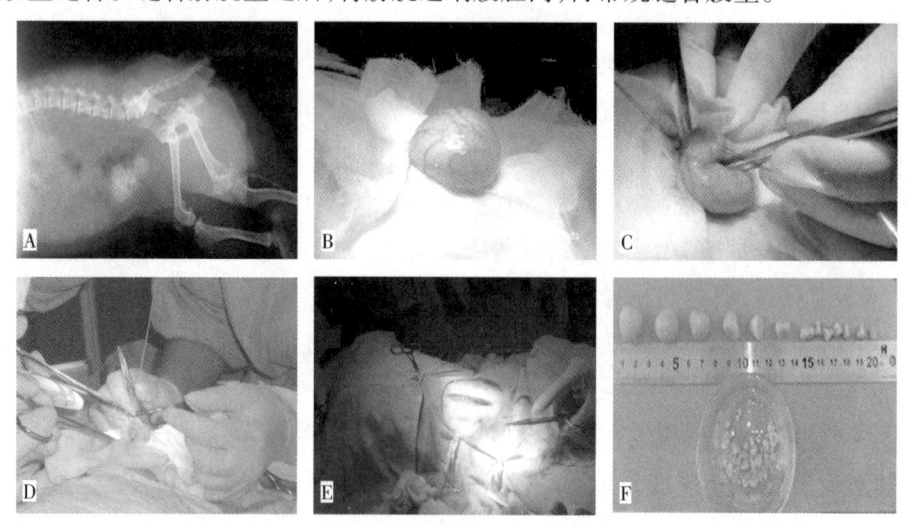

A. X线影像显示膀胱内有大量结石;B. 打开腹腔,拉出膀胱,纱布隔离;C. 取出膀胱结石;
D. 缝合膀胱;E. 关闭腹腔;F. 取出的膀胱结石

图 3-20-1 犬膀胱切开术手术实例

(4)术后护理。术后观察患畜排尿情况,特别在手术后48~72 h,患畜会有轻度血尿,或尿中有血凝块。给予患畜抗生素治疗,防止术后感染。

【注意事项】

(1)仔细按照流程诊断,根据诊断结果制订合理的治疗方案。

(2)对于尿道结石病例,如果能将结石冲洗至膀胱,大多可通过膀胱切开术进行治疗。

【课后思考题】

(1)引起犬猫膀胱结石的原因有哪些?

(2)犬膀胱与尿道中均有结石的时候如何选择治疗方案?

(3)贵宾犬,8 kg,6岁,尿液发红,排尿时间延长,频繁出现排尿姿势,仅有点滴尿液流出,精神沉郁,伴有呕吐症状,如何对该犬进行诊断和治疗?

(编者:封海波)

实训二十一

乳腺肿瘤的诊断及治疗

【案例及问题】

案例:动物主人张先生带一只咖啡色泰迪犬到动物医院就诊,主诉该犬10岁,腹下从两年前开始长出疑似肿瘤的赘生物,现在越长越大;精神状态及食欲饮欲均良好,但肿瘤越长越大已经逐渐影响患犬的行动能力。经检查,该犬体重6 kg,脉搏106次/min,体温38.2 ℃,可视黏膜颜色呈现粉红色。医生提出手术切除的治疗方案,主人担心动物年龄太大,手术麻醉风险太高,表示先再观察一段时间,并未立即同意手术。三个月后,动物主人发现患犬的精神状态有些变差,再次来到医院,最终决定同意对患犬进行手术治疗。

治疗:对该犬进行吸入麻醉,仰卧保定,肿瘤部及周围进行除毛、消毒,然后进行肿瘤切除术。提起切口的一侧边缘,用弯钝剪分离皮下组织,将肿块整体切除。将腹股沟乳腺与腹股沟脂肪垫、淋巴结一同切除,分离并结扎乳腺的主要血管。在该犬的腹部手术中切除了5个独立的肿块,其中较大的两个已经发生液化。该犬经手术切除肿块后,灌洗伤口并评估腹壁组织。分离切口边缘,然后用跨步式缝合向中央推进缺损处的皮肤。用皮内缝合法对合皮肤边缘,用3-0单股可吸收带线圆针做间断或连续缝合。又经过10 d左右的抗感染治疗,最后痊愈。

问题:
(1)犬的乳腺肿瘤是否与发情有相关性?
(2)如何预防犬乳腺肿瘤的发生?
(3)哪些手段可以判断乳腺肿瘤是否转移?
(4)乳腺肿瘤有哪些治疗方案?在什么情况下可以选择手术切除?

【实训目的】

让学生掌握犬乳腺肿瘤的诊断方法,了解犬乳腺肿瘤的治疗方案,了解在什么情况下才可以选择手术切除。

【知识准备】

了解犬乳腺肿瘤的类型与乳腺肿瘤的各种治疗方案。

【实训用品】

1. 实训动物

到动物医院就诊的犬乳腺肿瘤病例。

2. 实训设备与材料

B超仪、DR、生化分析仪、血液分析仪、血凝仪、伊丽莎白项圈、手术器械、手术相关耗材，药品等。

【实训内容】

1. 犬乳腺肿瘤的诊断

根据动物的品种、年龄、临床症状、临床检查结果（包括影像学检查与实验室检查等）综合判断腹部肿块为乳腺肿瘤的可能性。

（1）动物特征。乳腺肿瘤是犬的一种非常常见的肿瘤性疾病，而且多半都属于恶性肿瘤。贵妇犬、波士顿梗、猎狐梗、万能梗、腊肠犬、大白熊犬、萨摩耶犬、荷兰卷尾丝毛犬、波音达犬、寻回犬、雪达犬和猎犬等品种最容易发生乳腺肿瘤。乳腺肿瘤多发生于中老年犬，临床上6岁以上的犬发生乳腺肿瘤的概率大幅度增加。

（2）体格检查。犬乳腺肿瘤最常发生的部位是尾侧乳腺，2/3的患犬可能会长出一个以上的肿瘤。大多数的乳腺肿瘤是可以移动的。如果乳腺呈弥散性肿胀且正常组织和异常组织间界限不清，应怀疑其为炎性癌或乳腺炎，并且炎性癌常发生溃烂（图3-21-1）。

（3）影像学诊断。临床上常采用X线检查胸部的方法来评估肿瘤是否发生了胸腔转移。在临床上，大约有25%~50%患恶性肿瘤的犬发生了胸腔转移。腹部X线检查结果用于评估尾侧肿瘤是否伴有髂下淋巴结增大；腹部超声检查结果可显示肿瘤是否发生了腹腔转移；CT和MRI有助于评估侵入性肿瘤和转移。

（4）实验室检查。最低检测限的实验室检查结果（包括全血细胞计数、生化检查、尿液分析等）对乳腺肿瘤的诊断没有特异性，但是在确定并发的老年性问题或副肿瘤综合征上非常重要。细针抽吸或脱落细胞学检查结果有助于区分炎性、良性和恶性肿物；淋巴结细胞学检查结果有助于对疾病进行分级；胸腔有积液应进行细胞学评估；骨骼扫描有助于确认是否发生骨转移；根据肿瘤活组织检查结果，或切除的肿瘤组织所做的组织病理学切片可以进行肿瘤的决定性诊断。由于不同肿瘤类型可发生在同一个体中，每个肿物都应做组织学评估。另外,组织学样本的免疫组化分析结果能够提供有用的预后信息(图3-21-1)。

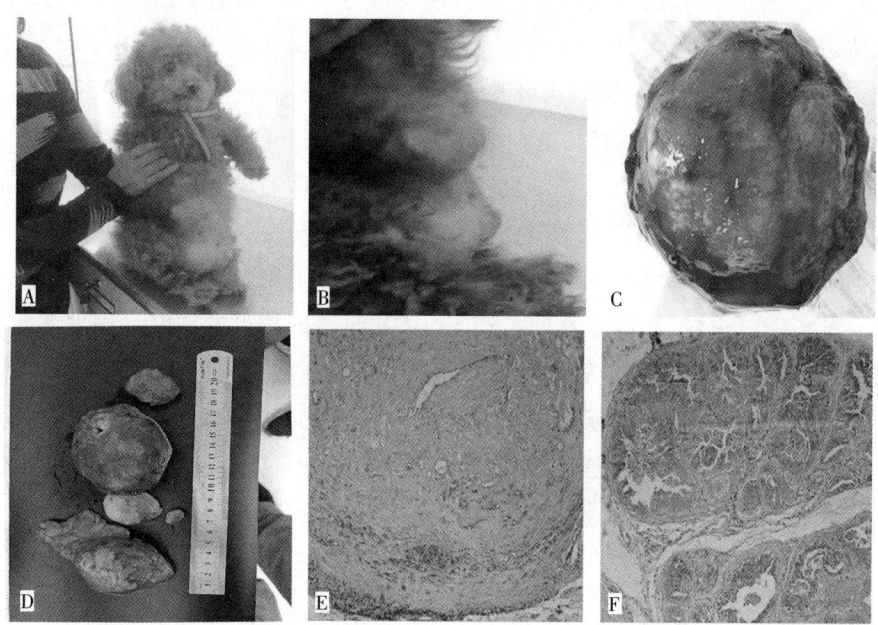

A.患犬腹部有巨大突出物;B.触诊肿物位于多个乳腺中;C.手术切除的巨大乳腺肿瘤;
D.切除多个瘤体;E.肿瘤组织病理切片;F.肿瘤组织病理切片

图3-21-1 犬乳腺肿瘤(心仪动物医院供图)

2. 乳腺肿瘤的治疗方法

临床上手术切除是犬乳腺肿瘤最好的治疗方法,但是在某些情况下不适合采取手术治疗。

(1)药物治疗及其他治疗方法。

适应证:恶性程度较高的炎性癌。

目前,除手术外,缺乏药物治疗等其他治疗方法的治疗效果的报道。化疗可能有助于控制某些恶性肿瘤的发展,但是术后附加化疗在很多临床病例上并没有表现出在生存期上的改善。一般来说,化疗、放疗和激素治疗并没有被普遍推荐作为手术的附加治疗。

(2)手术治疗。

适应证:适用于炎性癌以外的所有乳腺肿瘤。

术前管理:对于有感染的动物需要先使用抗生素进行治疗;对于有肾脏等疾病的动物需要先进行相关的治疗,缓解病情;对于一些恶病质的动物,不能立即进行手术。

麻醉和保定:临床上一般先用丙泊酚对患犬实施诱导麻醉并进行气管插管,然后用异氟烷进行呼吸麻醉。患犬仰卧,同时前肢向前、后肢向后保定,保持放松的姿势。整个腹部腹侧、胸后部和腹股沟区域进行大面积剃毛并做消毒准备。

术式:环绕相关病变乳腺做椭圆形切口,距离肿物至少1 cm。切开皮下组织至腹壁外侧筋膜，注意不要切开乳腺组织。

用电凝、止血钳或结扎控制浅层出血。提起切口的一侧边缘，用弯钝剪分离皮下组织，将肿块做整体切除。

腹股沟脂肪垫和淋巴结与腹股沟乳腺一同切除。如果肿瘤侵入到皮下组织则要切除筋膜。有些肿瘤病灶会侵入腹部肌肉，这种情况下需要切除一部分腹壁肌肉。

一直滑动剪刀进行分离，直至遇到乳腺的主要血管，分离并结扎这些血管。在胸部尾侧和腹部头侧乳腺之间的腹直肌穿出处将其结扎。在靠近腹股沟环与腹股沟脂肪垫相邻处结扎后腹浅血管。在从胸肌穿出处结扎供应第1和第2胸部乳腺的分支血管。灌洗伤口并评估腹壁组织。分离切口边缘，然后用跨步式缝合向中央推进缺损处的皮肤。用皮下或皮内缝合法对合皮肤边缘，用2-0或3-0单股可吸收带线圆针做间断或连续缝合。

根据需要采取镇痛和支持护理。腹部包扎能够支持伤口、压迫无效腔并吸收液体。术后的前2~3 d每天更换包扎，或者根据需要保持伤口处干燥。应检查伤口是否存在炎症、肿胀、渗出、水肿、开裂等异常情况。

【注意事项】

(1)注意人员的安全防护，做好动物保定工作，实训中服从安排。

(2)瘤体剥离应尽量完整，必要时可从周围正常组织开始剥离。

(3)必要时可选择全乳腺切除。

(4)注意合理使用电刀。

【课后思考题】

(1)哪些因素有可能增加犬猫乳腺肿瘤发生的可能性？

(2)为什么优先选择使用电刀进行手术？

(3)泰迪犬，4.6 kg，8岁，后乳区从一年前开始出现一个小疙瘩，后来一年之内小疙瘩逐渐长大，并且旁边也出现一个新的略小的疙瘩，如何对该犬进行诊断和治疗？

(编者：闫振贵)

实训二十二

猫脂肪肝的诊断及治疗

【案例及问题】

案例:宠主郝先生因自家猫咪拒食、消瘦来宠物医院就诊,主诉该猫为白色田园猫,3岁,就诊前一周开始食欲不振,呕吐,逐渐消瘦,精神差,尿液特别黄。体格检查结果显示该猫体重4 kg,脉搏162次/min,体温38 ℃,结膜黄染,被毛杂乱,脱水5%,腹部触诊敏感。实验室检查结果显示该猫血常规指标中白细胞和中性粒细胞升高,血红蛋白以及血细胞比容降低;生化检查结果发现丙氨酸转氨酶、碱性磷酸酶以及总胆红素数值升高;腹部彩超显示肝脏体积增大、实质回声增强、脉管不清,其后方回声减弱,提示肝脏脂肪变性。综合以上检查和化验结果,确诊该猫患有脂肪肝。

治疗:病猫进行住院治疗,在住院治疗期间,安装了鼻饲管,在治疗初期经饲管补充液体和电解质。病情稳定后留置食道饲管或胃管,人工饲喂4周。同时采用了止吐、补液、祛黄保肝、营养支持等治疗措施。两周后该猫精神状态、饮食欲等恢复正常,痊愈后出院。

问题:
(1)猫脂肪肝的发病征兆有哪些?
(2)确诊猫脂肪肝需要做哪些检查?
(3)猫脂肪肝如何治疗?

【实训目的】

让学生掌握猫脂肪肝的临床症状、诊断方法以及治疗方案,在遇到该病时能使用正确的救治方式进行处理。

【知识准备】

了解猫脂肪肝的定义,了解猫患脂肪肝时的相关血液、生化指标的变化趋势以及肝脏影像学上的变化。

【实训用品】

1. 实训动物
到动物医院就诊的患脂肪肝的猫。

2. 实训设备与材料
生化分析仪、彩超、X线机、血细胞分析仪、伊丽莎白项圈、检查手套、注射器等。

【实训内容】

1. 猫脂肪肝的诊断

病史及临床症状:发生黄疸及肥胖的猫厌食长达1周就可怀疑发生了脂肪肝,图3-22-1为患脂肪肝的猫。

生化检查:最具鉴别意义的生化指标为碱性磷酸酶(ALP)。当该指标升高2~5倍时,95%以上的病例会出现高胆红素血症,且大多数患猫的肝细胞酶包括丙氨酸氨基转移酶(ALT)和天门冬氨酸氨基转移酶(AST)的活性会显著升高,同时γ-谷氨酰转移酶活性正常或轻度升高。60%以上发生脂肪肝的猫会并发低蛋白血症。

细胞病理学检查或组织病理学检查:诊断脂肪肝需要研究肝脏的组织学变化,可在80%以上脂肪肝病例的肝细胞中发现具有空的脂肪囊泡的胞质空泡形成。常采用细针穿刺、细针活检、空心针活检或楔形针活检等方法采集肝细胞样品或组织。也可采用超声引导的细针穿刺或细针活检方法采集样本。

X线检查:X线检查可发现脂肪肝病例的肝肿大,但这种情况不太稳定,也不特异。

超声检查:超声检查可发现脂肪肝病例的肝脏呈现弥散性超回声的影像。

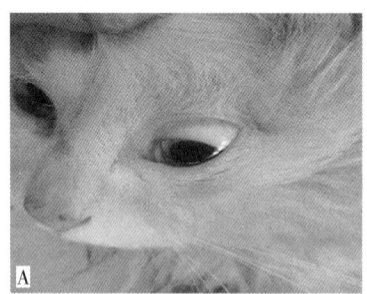

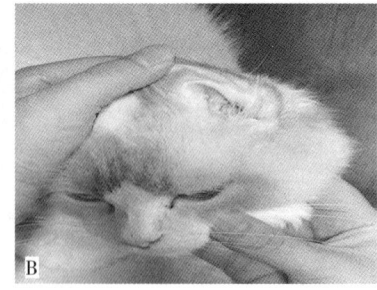

A.巩膜黄染;B.耳廓内侧黄染

图3-22-1 脂肪肝猫的黄疸症状(心仪动物医院供图)

2. 猫脂肪肝的治疗

在猫脂肪肝治疗过程中,营养治疗是最重要的。猫脂肪肝单纯药物治疗的治愈率约为20%,但配合营养治疗后,可提升到95%以上。在营养治疗初期,一定要先少量多次,并在3~4

天内逐渐增加饲喂量。

(1)营养治疗。

最初几天可安装鼻饲管,在治疗初期经饲管补充液体和电解质。病情稳定后可在全身麻醉下留置食道饲管或胃管,因为大多数病例需饲喂4~6周,给予蛋白含量尽可能高的食物。可采取其他措施控制肝性脑病,例如少量多餐。故高代谢患猫需饲喂经过个性化设计的日粮。有时会添加牛磺酸、精氨酸、B族维生素或肉碱等营养物质,但如果使用的猫粮营养比较均衡,则不必添加。

治疗初期按照静息能量需求量(RER)来确定饲喂量,长期厌食的猫可能会出现再饲喂综合征。为避免出现再饲喂综合征,可在第1天饲喂RER的20%~50%,之后逐渐增加饲喂量。初期少量多餐(甚至可用恒速输注方法缓慢饲喂),然后逐渐增加每次的饲喂量,减少饲喂次数。

(2)药物治疗。

①液体治疗:通常选用多离子平衡液。严重脂肪肝时,少数患猫体内的乳酸浓度异常升高,疑为乳酸代谢障碍所致,因此,建议不用乳酸林格氏液。由于葡萄糖会减少脂肪酸的氧化,增加甘油三酯在肝脏中的蓄积,恶化葡萄糖不耐受状态,且可因渗透性利尿而加重电解质紊乱,因此葡萄糖是禁忌使用的。

②纠正电解质紊乱:低钾血症在脂肪肝病例中是十分常见的病症,可明显地影响治愈率。低钾血症与嗜睡、厌食、呕吐、尿浓缩能力下降、碳水化合物不耐受、通气不良、头颈下垂及肝性脑病等症状存在明显关系。通常根据钾离子浓度计算机体钾离子的需要量,补钾的速度是十分关键的,必须小于0.5 mmol/(kg·h)。有时病例还存在低磷血症和低镁血症,严重时可引起严重临床症状,须针对性治疗。

③控制呕吐:呕吐是脂肪肝治疗过程中常见的症状之一。这可能与猫长期不食引起的胃蠕动迟缓、电解质紊乱、饲管刺激和潜在疾病有关。最常用于控制呕吐的药物是胃复安,有抑制呕吐和促进胃肠蠕动的功能。有时也用马罗匹坦和雷尼替丁等药物。另外,适量运动也有利于控制呕吐。当发生呕吐时,饲喂方法可改为少量多次,同时采取水浴加温食物等措施。

④食欲刺激剂。目前,猫的食欲刺激剂有多种,包括安定、赛庚啶等,建议用于仍存在食欲的猫,而无食欲的猫禁用。因为安定、赛庚啶对于无食欲的猫通常无作用,而且对个别猫存在严重肝毒性作用。

⑤中药治疗:苦黄有清热利湿、疏肝解郁、解毒、升举阳气等功效,起到护肝、降酶、退黄的作用。

⑥其他药物:其他需补充的药物包括促肝细胞生长素,维生素B(厌食猫易缺乏),维生素E(抗氧化损伤),维生素K(治疗凝血不良,必要时使用),肉毒碱(卡尼汀,促进脂肪酸氧化),牛磺酸(猫易缺乏),腺苷蛋氨酸(具有抗氧化损伤、合成肉毒碱等多种作用)。

【注意事项】

(1)注意人员的安全防护,做好动物保定工作,实训中服从安排。

(2)药物治疗时减少或避免使用具有肝毒性的药物。

(3)在治疗脂肪肝进行输液时避免使用葡萄糖以防加重高血糖。

(4)脂肪肝的治疗要尽快开始营养支持。

【课后思考题】

(1)有哪些原因会导致猫发生脂肪肝?

(2)脂肪肝的诊断方法有哪些?

(3)6岁的田园猫,半个月前食欲下降,最近几天食欲废绝、消瘦、可视黏膜黄染,如何对该猫进行诊断和治疗?

(编者:闫振贵)

实训二十三

胰腺炎的诊断及治疗

【案例及问题】

案例：动物主人张先生带一只咖色贵宾犬到动物医院就诊，主诉该犬5岁，雌性，近日频繁呕吐黄色液体，频频伸懒腰。食欲较差，小便色黄，大便不成形，不时发出哼唧的叫声。几天前主人给该犬喂食过大量猪肉，该犬之前无疾病史。临床检查显示该犬体重5 kg，精神沉郁，被毛无光泽，眼结膜发绀，鼻头发干，触诊腹部紧张，有弓腰动作并伴随呻吟声。心率加快，体温39.6 ℃。生化检查结果可见血清淀粉酶升高、血清脂肪酶升高、血清尿素氮升高。血常规检查显示白细胞数量增多，同时伴嗜中性粒细胞数量增多及核左移。CRP（犬C反应蛋白）升高。胰腺炎检测试纸（CPL）检测结果呈阳性。B超检查结果可见胰腺区有斑点状回声，胰腺周围形成高回声，十二指肠肠壁明显增厚，胰腺供血减少，形成微循环障碍。DR检查结果提示右前腹部密度升高，左右腹部模糊、粗糙，胃左移，降十二指肠右移，幽门和十二指肠夹角变大。综合以上检查结果，诊断为胰腺炎。

治疗：以静脉补液、平衡电解质、抑制胰腺分泌、止吐、抗感染、抗休克及其他对症治疗为治疗原则。在治疗过程中每日至少做一次血气分析，时刻观察血液中氯化钾、氯化钙的含量，每千克体重补液30~100 mL，严重时可灵活调节输液量。治疗用药：当该犬出现休克或低蛋白血症时，采用血浆[20 mL/kg（体重），静脉注射]或右旋糖酐70之类的胶体溶液进行治疗可能会具有抗血栓的作用，有助于维持微细血管循环。当该犬出现呕吐时，可给予止吐剂枸橼酸马罗匹坦[1 mL/kg（体重），皮下注射]及制酸剂法莫替丁[0.5~1 mg/kg（体重）]进行治疗。当该犬发生休克、发烧或肠胃炎时，可给予阿莫西林配合恩诺沙星[50 mg/kg（体重），静脉注射]进行治疗。止痛是治疗胰腺炎过程中重要的一环节，给予丁丙诺啡[0.005~0.010 mg/kg（体重），皮下注射]或布托啡诺[0.2~0.4 mg/kg（体重），静脉注射或肌肉注射]等药物，对症治疗。（对于中早期胰腺炎使用该方案治疗可大大提高患病动物的成活率。）

问题：

(1) 犬在患胰腺炎早期时有哪些表现？

(2) 如何预防胰腺炎？

(3) 如何确诊胰腺炎？

(4) 胰腺炎的治疗要点有哪些？

5.通常治疗胰腺炎需要用哪些药品？

【实训目的】

让学生掌握犬猫胰腺炎的症状表现、诊断思路，以及相对应的治疗方式，能够正确选择诊疗方式。

【知识准备】

了解犬猫胰腺炎的相关知识，了解犬猫胰腺炎常见的成因及症状。

【实训用品】

1. 实训动物

到动物医院就诊的患胰腺炎的犬猫。

2. 实训设备与材料

B超仪、DR、生化分析仪、血常规分析仪、血气分析仪、胰腺炎检测试纸、药品、耗材等。

【实训内容】

1. 犬猫胰腺炎的诊断

根据动物主人提供的信息，犬猫的临床症状，仪器检查结果（B超仪、DR、生化分析仪、血气分析仪等）综合判定犬猫胰腺炎发生的可能性。

（1）全身检查。对患病犬猫进行病史调查和临床检查，检查体格、体温、心率、呼吸、脉搏、眼结膜颜色、行为表现、腹部触诊情况等。

（2）症状表现。根据疾病的严重程度不同，患病犬猫的临床症状各异，包括从轻度的腹痛和厌食到急腹症。

患有严重急性胰腺炎的犬通常表现为急性发作呕吐、厌食、明显的腹痛与不同程度的脱水、虚脱和休克。呕吐物为未消化的食物，最后发展为胆汁。某些患犬可能会呈现典型的祈祷姿势（图3-23-1），即前腿匍地后腿站立。患有坏死性胰腺炎的猫通常只出现轻微的临床症状，如厌食和嗜睡；少于50%的患猫会出现呕吐和腹痛症状。

轻症患病犬猫可能呈现出轻度的胃肠症状，通常为厌食，有时为轻度呕吐。如有横结肠部位的局部腹膜炎，会排出带有鲜血的结肠炎样粪便（如里急后重、便血、排便次数增多，图3-23-2所示为患犬排出的血便）。仍在进食的动物可能表现为明显的餐后不适。患有急性胰腺炎的犬猫在最初检查时即可发现黄疸症状,或通常在急性症状得到控制的几天后表现出黄疸症状。大多数患有胰腺炎和黄疸的动物具有亚急性病程。

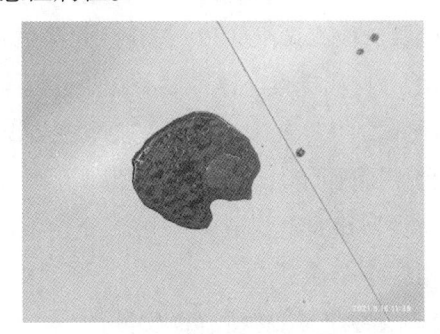

图3-23-1 胰腺炎患犬因腹痛出现祈祷姿势　图3-23-2 胰腺炎患犬排出的血便

(3)血常规检查。

犬:中性粒细胞增多,常伴有核左移;血细胞比容升高(脱水);发生临床症状不明显的弥散性血管内凝血。猫:血常规指标变化不常见,无特异性,常见中性粒细胞增多(30%)、后期贫血(35%),还可能出现临床症状不明显的贫血迹象(有核红细胞)。

(4)B超检查。B超检查胰腺区是否有斑点状回声,胰腺周围是否形成高回声,十二指肠肠壁是否增厚,胰腺血供是否减少和是否形成微循环障碍(图3-23-3A、B)。

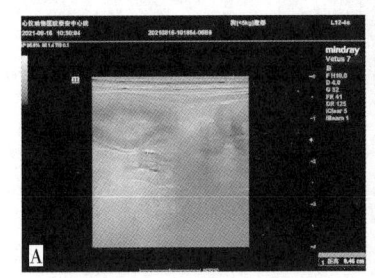

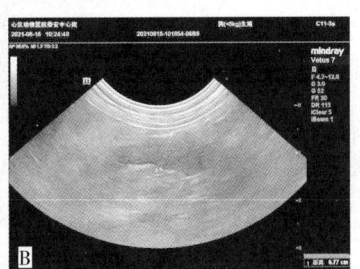

A.B超显示胰腺的边缘呈波浪状;B.B超显示胰腺回声降低
图2-23-3 胰腺炎的B超影像(心仪动物医院供图)

(5)血液生化检查:

犬:常出现氮血症,碱性磷酸酶和丙氨酸氨基转移酶通常升高,总胆红素升高,高血糖,轻中度低血钙,胆固醇和三磷酸甘油酯升高。淀粉酶升高(超过正常值的2倍,升高的程度与胰腺炎的严重程度无关,与肾功能及其他产生淀粉酶的组织有关,但含量正常时也不能排除患胰腺炎的可能),脂肪酶升高(升高为正常值的3~4倍,其升高主要与胰腺炎有关,升高3倍时应考虑肾衰;非肠道给予地塞米松和泼尼松可促进脂肪酶活性升高)。

猫:低血糖(75%,常见于患化脓性胰腺炎的猫),高血糖(64%,常见于患急性胰腺溃疡的猫),丙氨酸氨基转移酶升高(68%),胆红素升高(64%),胆固醇升高(64%),碱性磷酸酶升高(50%),低血钙(45%),低血钾(56%),低磷酸酯(14%)。

(6)胰蛋白酶样免疫反应(TLI)检查。血浆中胰蛋白酶原和胰蛋白酶的浓度对胰腺炎具有重要的诊断价值,但仅有很少的实验室可做此项检查,且费时两周。犬:患胰腺炎时,TLI升高,浓度大于35 μg/L。猫:患急性胰腺炎时,平均TLI水平在100 μg/L。

(7)胰腺炎检测试纸(CPL)检查。采集病例血液静置于试管中,静置时间至少23 min,离心取上清液为检测样本。样本如不立即进行检测,则需要冷藏保存。操作流程如下。

将检测试纸从冰箱取出后在室温下放置30 min,最好在温度15~25 ℃下进行检验;

使用专用滴管(50 μL/滴),垂直滴3滴血清到内附空白管中;

垂直滴4滴结合液到空白管中(在室温下回温30 min);

均匀混合3~5次;

将校验套组平放,将所有混合液倒入检体槽,混合液将于30~60 s后流至活化孔;

当混合液一出现至活化孔,立刻压下按压点并开始计时;

10 min后,判读结果(图3-23-4)。

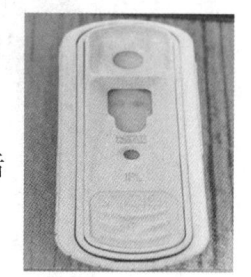

试纸检测结果呈阳性
图2-23-4 胰腺炎

2. 犬猫胰腺炎的治疗方法

临床上应该根据患病犬猫的疾病严重程度,以及治疗过程中可能会出现的意外包括预后情况等,向主人提出合理建议。在此过程中一定要充分考虑主人的意愿,以及经济承受范围等。

(1)犬猫胰腺炎的治疗原则。合理用药,对症治疗,支持疗法,控制继发细菌感染,抑制胰酶分泌。

(2)犬猫胰腺炎的治疗过程如下。

初步的药物治疗通常在尚未确诊前就开始了,根据临床症状及检验数据来进行初步治疗。脱水或低血容时会进行静脉输液治疗,乳酸林格氏液或0.9%NaCl溶液是最常见的第一选择,并且须添加KCl及葡萄糖;若血气分析结果出来了,可依据检查结果进行相对应的用药调整,在治疗过程中建议每日至少做一次血气分析,观察血液中氯化钾、氯化钙的含量以及酸碱度、离子的情况,患病犬猫每千克体重每日补液30~100 mL,严重时可灵活调节输液量。治疗用药与本节"案例及问题"下的"治疗"相同,在此不做赘述。

【注意事项】

(1)注意人员安全防护,做好动物保定工作,实训中服从教师安排。

(2)在治疗胰腺炎的过程中要密切监测肝肾功能。

(3)在治疗胰腺炎的过程中若禁食禁水时间过长,必要时可提供能量合剂。

(4)在治疗胰腺炎的过程中一定要重视犬猫的疼痛管理。

【课后思考题】

(1)如何帮助动物避免或预防胰腺炎的发生?

(2)治疗胰腺炎时必要的检查指标有哪些?

(3)治疗胰腺炎时必需的治疗药品有哪些?

(编者:白永平)

实训二十四

耳炎的诊断及治疗

【案例及问题】

案例:动物主人付女士带着一只中华田园三花猫到动物医院就诊,主诉这只猫3月龄,未绝育,主要目的是过来打疫苗。但是医生在体检过程中发现,这只猫耳朵里有黑色的分泌物,接下来对耳道内的分泌物分别进行活检与染色,在显微镜下能够看到大量的耳螨、球菌以及马拉色菌。主人称家中的另外一只猫有一次出去借配回来之后,家中的猫的耳朵都变得有点脏,怎么清理都会有源源不断的脏东西持续分泌。据主人称,家中共计有十一只猫都有这种情况。

治疗:采用洗耳加耳部用药的方式进行治疗,使用可鲁洗耳液、耳肤灵(复方制霉菌素)进行耳部治疗,每日2次,连续使用两周,同时给予驱虫药。患猫经过两周的治疗后复诊,其耳道内未见有明显分泌物,镜检也仅少量球菌,未见耳螨与马拉色菌。建议主人以后每半个月对这只猫的耳朵进行一次清理。之后回访未见复发。

问题:

(1)耳分为哪三部分?

(2)外耳炎、中耳炎与内耳炎分别指哪些部位的病变?

(3)哪个部位的耳炎容易导致前庭疾病?

【实训目的】

让学生掌握犬猫耳炎的诊断与治疗方法。

【知识准备】

了解犬猫耳道的结构,了解易引发耳炎的常见病原微生物。

【实训用品】

1. 实训动物
到动物医院就诊的患有耳炎的犬猫。

2. 实训设备与材料
检耳镜、伍德氏灯、显微镜、载玻片、盖玻片、5% KOH溶液、染色剂等。

【实训内容】

1. 耳炎的诊断

(1)外耳炎的诊断。

外耳道被认为是皮肤的延伸,所以外耳炎也被认为是皮肤病的一种,常见的病因有细菌性感染、耳螨、真菌感染以及过敏,此病可以由一种或多种病因引发。

临床最常见的症状是瘙痒,常表现耳廓背部有抓挠伤。另外,由于一些病原的存在,会造成耳道内分泌物增多,常能发现一些棕褐色或者黑色的带有臭味的分泌物,严重的还可能引起耳道化脓,更有甚者分泌物会堵塞整个外耳道。

首先,可借助检耳镜观察外耳道内的情况,观察是否有发炎现象,评估耳道内分泌物的量与性状。能够在检耳镜下看到的病原只有寄生虫,最常见的是耳螨;细菌性与真菌性的病原微生物要借助显微镜才能看到。若存在耳螨感染,且在未经治疗的情况下,在检耳镜下可见大量干燥的黑褐色分泌物,并可观察到缓慢移动的白色虫体。取出少许分泌物,放置在载玻片上并滴上一滴5% KOH溶液,再用盖玻片将分泌物压散。大多数情况下,可在显微镜下观察到耳螨或者虫卵。若存在细菌性感染,外耳道在检耳镜下多呈现明显红肿发炎症状以及水平耳道有脓汁的积存。若存在真菌感染以及过敏因素,在检耳镜下常能观察到呈现黑褐色黏稠状的分泌物,并且外耳道可能有明显的红肿现象。但事实上,临床上常出现多种病因的混合感染。

然后,进行耳道分泌物的抹片以及染色检查,这比检耳镜检查更加重要。因为耳道内并不是无菌状态,如果染色出现了少量的细菌是正常的,但是如果细菌量较大并且出现了嗜中性粒细胞、巨噬细胞等,可初步诊断为细菌性外耳炎。若是在染色后发现大量的真菌(常见的是马拉色菌),可初步诊断为真菌性外耳炎。

如果怀疑是过敏性因素引起的外耳炎,可使用低剂量的泼尼松龙进行治疗性诊断。如果用药后症状能够得到明显缓解,则由过敏性的病因引起外耳炎的可能性较高。

(2)中耳炎和内耳炎的诊断。

中耳炎的临床症状包括甩头、挠耳,偶尔会出现头颈歪斜,但这与内耳炎的头颈歪斜症状不同,这是由于疼痛导致,并非是前庭疾病所致。当中耳炎影响到面神经时,有可能会出现流口水、耳朵或者嘴唇的麻痹以及眼睑反射减弱或消失的症状,如果交感神经也受到影响会有霍纳氏综合征的表现。

内耳炎症状主要是一些神经症状,会将头斜向病灶那一侧,如果两侧都有病灶则可能呈现头部大幅度左右摆动症状,会有非对称性的共济失调。患病犬猫会呈现斜行、跌坐、倒向病灶那侧,也会呈现自发性水平眼球震颤,也可能会引起反胃以及呕吐。

当犬猫出现甩头、斜头或者面部神经异常等症状,就需要怀疑是否患上中耳炎或内耳炎。使用检耳镜观察耳膜是否完整,形状结构是否有异常变化,是否呈现半透明状,是否观察到液面影像。X线检查有时能够检测到中耳炎的一些变化,但是敏感性不是很高,对内耳炎的敏感性则更低。MRI与CT对中耳炎和外耳炎的诊断更有意义,但是大多数动物医院并没有配置这些设备。

2. 耳炎的治疗方法

(1)外耳炎的治疗。

对于大多数外耳炎的病例,采用商品化的洗耳液与耳药进行治疗即可。先使用一些温和的洗耳液将耳道内的分泌物进行清洗,随后滴入一些含有抗生素、激素及抗真菌的药物。对于一些顽固性的或慢性的细菌感染病例,建议在做分泌物抹片检查的基础上进行细菌培养以及药敏实验,以便寻找适合的抗生素,可以使用细菌敏感的抗生素的注射针剂配制成耳药,或者使用相关眼药水替代耳药。如果检测出有真菌存在,则需要使用含有抗真菌成分的药物进行治疗,比如克霉唑以及咪康唑等,对于顽固性的真菌性耳炎,建议口服抗真菌药物,例如伊曲康唑或酮康唑。如果存在耳螨寄生的情况,并不建议使用伊维菌素进行治疗,可以进行驱虫处理,比如口服米尔贝肟,每周一次,连续三到四周,或者使用莫克西丁透皮剂,每周两次,连续使用两次就会有不错的效果。

(2)中耳炎或内耳炎的治疗。

中耳炎一般常见于外耳道感染延伸至中耳,如果耳膜已经出现了破损,这种情况不考虑使用一般的商品化耳药,可以根据细菌培养及药敏实验结果配制局部的抗生素药水滴耳。可用于冲洗动物鼓膜破裂的药物有青霉素水剂、羧苄西林、头孢他啶、环丙沙星、克霉唑、恩诺沙星、氟轻松水剂、咪康唑、制霉菌素、氧氟沙星、0.1%磺胺嘧啶银溶液、替卡西林等。

治疗中耳炎时还可以考虑进行中耳灌洗,如果耳膜已经出现了破裂的时候,可以使用公猫导尿管穿过耳膜进行灌洗,注意只能使用温生理盐水,避免使用刺激性的药物。图3-24-1所示为清洗猫耳道的操作流程。

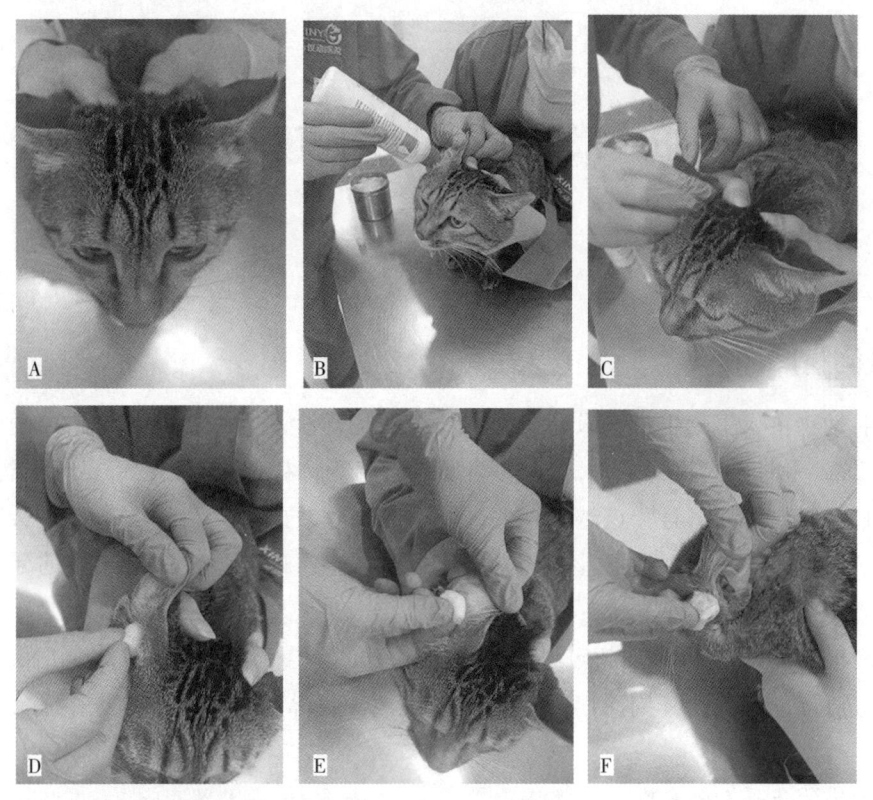

A.助手固定猫头部;B.洗耳液滴入猫耳道;C.轻轻按摩耳部;D.用棉球清洁耳部污垢;
E.更换棉球继续清洁耳廓;F.清洁耳道外口

图3-24-1 清洗猫耳道的操作流程(心仪动物医院供图)

【注意事项】

(1)注意人员的安全防护,做好动物保定工作,实训中服从安排。

(2)清洗耳道时要给患病犬猫佩戴好伊丽莎白项圈,注意自身防护。

(3)对耳道分泌物进行染色时要注意把握时间,防止染色过度或者染色不足。

(4)使用显微镜时要注意规范操作,避免损伤镜头。

【课后思考题】

(1)引起犬猫耳炎的常见病原菌有哪些?

(2)犬猫歪头有哪些原因?

(3)柴犬,11.2 kg,3岁,频繁挠左侧耳朵,刚开始有褐色干燥分泌物,之后开始流出黄色黏稠分泌物,并频繁向左侧歪头,如何对该犬进行诊断和治疗?

(编者:闫振贵)

实训二十五

犬猫牙结石的诊断及治疗

【案例及问题】

案例：动物主人王先生带一只贵宾犬到动物医院就诊，主诉该犬6岁，雄性，免疫驱虫程序健全。该犬平时以犬粮为主食，辅以零食及鸡胸肉等，偶尔给予磨牙棒，从未进行过刷牙。近两年口腔开始有异味，且味道越来越大，偶尔有流口水的情况。半个月前口腔异味突然加重，流涎，进食时有摇头的情况，且食欲下降。开口检查，确定该犬患有严重的牙结石及牙周病。

治疗：根据该犬病情，采用超声波洁牙，拔出松动的牙齿，辅助口腔冲洗，同时配合全身使用抗生素进行治疗。经过1周治疗，该犬病情明显改善，食欲恢复正常，呼吸平稳，预后良好。

问题：

(1)犬猫牙结石怎么诊断？
(2)牙结石洁治术的目的是什么？
(3)洁治术的预后决定因素是什么？
(4)洁治术所用的器械和设备有哪些？
(5)洁牙的步骤有哪些？

【实训目的】

让学生掌握犬猫牙结石的症状表现、诊断方法，洁治术所用的设备及操作步骤，能够选择正确的设备和方法处理牙结石。

【知识准备】

了解犬猫牙齿的相关生理参数，了解常见犬猫牙齿疾病的种类及临床症状。

【实训用品】

1. 实训动物
到动物医院就诊的患有牙结石的犬。

2. 实训设备
超声波洁牙机、牙科X线机、其他牙科器械等。

【实训内容】

1. 犬猫牙结石的诊断
(1)临床检查。打开口腔检查,发现患犬呈双排牙,且牙齿上均有牙结石,牙龈红肿,后白齿牙龈萎缩,牙根暴露,部分切齿、后白齿松动,形成牙周袋。根据临床检查结果,确定该犬患有严重的牙结石及牙周病(图3-25-1)。

(2)组织破坏的证据:牙周探查深度、牙龈萎缩、分叉病变、牙齿松动性、X线检查。

2. 牙结石洁治术的作用
(1)彻底去除牙齿表面的结石和牙菌斑。

(2)恢复牙周组织的健康。

3. 洁治术所用的器械和设施
(1)手动工具:刮治器和洁治器。

(2)动力工具:超声波洁治器有压电洁治器和磁致振荡洁治器等类型,振动频率为25000~40000 Hz(图3-25-2)。

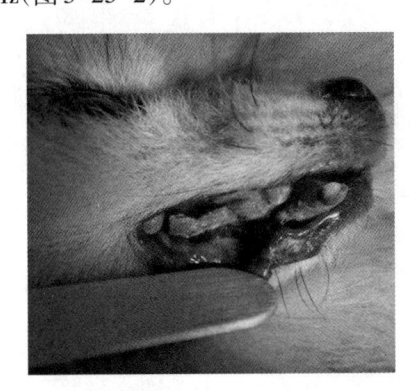

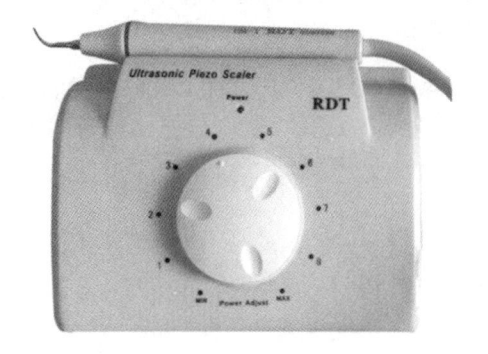

图3-25-1 犬牙结石　　图3-25-2 超声波洁治器

4. 洁牙的步骤
(1)程序。动物麻醉后侧卧,右侧向上,口腔填塞敷料;洗必泰溶液彻底冲洗口腔;手动去除大块的结石;用超声波洁治器去除肉眼可见的大块结石;冲洗口腔;使用牙菌斑显色剂;超声波或手动去除显色剂所呈现的牙菌斑;若有需要,可进行龈下洁治或更具侵略性的洁治;冲洗口腔,抛光,彻底冲洗口腔,并清除口腔内的渣滓;动物苏醒。

(2)口腔洁治的次序。清洁术者侧的患畜牙齿的颊侧面以及对侧牙齿的内侧面,然后将患畜换另一侧侧卧,重复上述操作。

(3)齿龈下洁治。齿龈下的结石比齿龈上的要牢固很多,要使用可用于齿龈下的超声波洁治工作尖,手动工具中的刮治器可用于齿龈下的洁治。对患有牙周病的动物要同时刮除发炎的齿龈组织(齿龈下清创),完成后需用探针和气流探查齿龈下区域的结石去除情况。

(4)根面平整。当齿龈下的附着组织丢失时,可通过根面平整术减少牙齿表面的牙垢堆积,促进齿龈上皮组织粘附。操作方式类似于洁治术,但是对牙齿表面的处理更具侵略性。根面平整术在去除牙齿表面的牙垢和结石的同时要清洁牙骨质表面被腐蚀的浅层组织。

【注意事项】

(1)使用低/中功率的超声波频率进行洁治。

(2)减小器械对牙齿表面的压力。

(3)减少器械和牙齿的接触时间。

(4)努力减小工作尖与牙齿之间的夹角。

(5)始终保持工作边缘锋利。

(6)尽量减少刮除次数。

【课后思考题】

(1)引起牙结石的原因有哪些?

(2)牙齿洁治术的步骤是什么?

(3)布偶猫,6岁,雄性,厌食、沉郁、流涎、口臭,如何对该猫进行诊断和治疗?

(编者:卢德章)

实训二十六

猫肥厚型心肌病的诊断及治疗

【案例及问题】

案例：动物主人李女士带一只美国短毛猫到动物医院就诊，主诉该猫1.5岁，雄性，免疫驱虫程序健全，近日精神沉郁，呼吸困难，食欲不振并出现呕吐。经检查该猫体重4.3 kg，心率196次/min，体温39.2 ℃。心脏听诊有收缩期心杂音；胸部X线检查结果显示心脏轮廓异常（不清晰、增大），肺泡浸润，肺部有渗出，出现肺水肿，正位检查发现心脏呈现典型的爱心形；心电图显示该猫心律不齐。采集该猫静脉血液，经血气分析和血液生化电解质检测发现肌酸激酶和丙氨酸氨基转移酶升高；猫B型尿钠肽(fBNP)试纸检查结果显示该猫心脏功能异常，心脏超声波检查结果显示该猫左心室游离壁舒张期厚度约7.2 mm，左房/主动脉(LA/AO)=1.67。经心脏超声波检查、心电图检查、血液检查和胸部X线检查等多项检查综合诊断，确认该猫患有肥厚型心肌病(hypertrophic cardiomyopathy，HCM)。

治疗：根据该猫病情，对症治疗，给予该猫呋塞米[口服，1 mg/kg(体重)，每天1次]，辅酶Q10(适量给予)，地尔硫䓬[(口服，1 mg/kg(体重)，每天1次]等药物进行治疗。经过数周治疗，该猫病情有所改善，精神状态逐渐恢复正常，呼吸平稳，正常饮食，预后良好。

问题：

(1) 猫常见心脏病有哪几种？

(2) 猫肥厚型心肌病的高发品种有哪些？

(3) 如何判断猫患有肥厚型心肌病？

(4) 如果猫患有肥厚型心肌病，该如何进行治疗？

(5) 在治疗猫肥厚型心肌病的过程中有哪些注意事项？

【实训目的】

让学生掌握猫肥厚型心肌病的症状表现、诊断方法以及各种救治方法的适应证，能够选择正确的救治方式进行处理。

【知识准备】

了解猫与心脏相关的生理参数,了解猫肥厚型心肌病的常见病因及症状。

【实训用品】

1. 实训动物

到动物医院就诊的患有肥厚型心肌病的病猫。

2. 实训设备与材料、药物

心脏超声波诊断仪、心电图检测仪、一次性采血针、一次性采血管、X线机、血液分析仪、布托啡诺、呋塞米等。

【实训内容】

1. 临床症状

HCM 主要发生于中年的公猫,但出现临床症状的年龄可从几个月到老龄不等。病变轻微的患猫可几年内都没有临床症状。无症状的猫通常因为不同程度的呼吸症状或发生急性血栓而就诊。呼吸系统的症状包括呼吸急促、活动时喘息、呼吸困难或咳嗽(少见,可能被认为呕吐)。对于情况较稳定的猫发病可能是急性的,有时有的猫只出现无力和厌食的症状,而有的猫在没有其他症状时发生晕厥或突然死亡。麻醉、手术、补液、系统疾病(如发热和贫血)以及运输等应激因素可使心脏功能已处于代偿状态的猫突发心力衰竭。有时通过听诊发现心杂音或奔马律可发现无症状的疾病。

收缩期杂音常预示着二尖反流或心室流出道阻塞,但是有的猫即使发生明显的心室肥大,也没有可听见的心杂音。当心衰明显或危急时,可听见舒张期奔马律,心律失常相对常见,股动脉脉搏通常很强,除非发生了远端动脉血栓栓塞。通常可触到心前区搏动有力,有明显的肺呼吸音、抢发音和发绀并伴随严重的肺水肿,胸腔积液可使腹侧的肺呼吸音减弱,但体格检查可能正常。

猫肥厚型心肌病的检查:老年猫或病猫需要评估的血液学指标包括全血细胞计数、血液生化指标、总甲状腺素浓度(T4)。需要检查 HCM 患猫是否还存在其他并发疾病,这些疾病可能影响到治疗效果。任何成年的 HCM 患猫必须检测总 T4(总 T4 不能确定时测游离 T4),甲状腺功能亢进可以导致可逆的继发性左心室向心性肥厚。HCM 患猫常出现轻度的肝酶活性(ALT 或 AST)升高。

X 线检查:HCM 患猫的 X 线影像的特征包括明显的左心房增大和不同程度的左心室增大。虽然背腹位或腹背位投射左心室心尖位置正常,但不一定能见到典型的"瓦伦丁心"。大多数患有轻微HCM的猫心脏轮廓正常。在猫发生慢性左心房高压和肺静脉高压时,可见肺静脉增大扭曲。猫发生左心衰竭时,X线片上可见不同程度的斑块状间质型或肺泡型肺水肿。X线片上肺水肿的分布有差异,肺部常见弥散性或局灶性病灶。而犬的心源性肺水肿以肺门病变为特征,右心衰竭时可见肝脏增大。

2. 诊断

根据就诊动物的品种、临床症状,实验室常规检查(包括心脏超声波检查、心电图检查、血液检查和胸部X线检查等)结果,综合判断猫肥厚型心肌病发生的可能。

(1)全身检查。

对就诊猫进行病史调查和临床检查。检查体温、心率、呼吸频率;观察行为、趴卧姿势特点;观察双后肢脚垫颜色变化,后肢末梢温度,有无本体反射;听诊,检查是否有心杂音或奔马律;检查眼结膜颜色是否发绀。

(2)心脏超声波检查。

拍摄超声心动图是该病最快的诊断方法,可鉴别HCM和其他类型的心肌病,包括目前并不常见的扩张型心肌病。二维超声心动图可探查心室壁、纵隔和乳头肌肥大的程度及分布。非选择性的心血管造影术也可作为替代超声波检查的诊断方法,但是对猫有较高的危险性。

由于心肌肥大分布的差异性,检查时应仔细扫查整个心脏。心壁广泛性增厚很常见,心肌肥大在左室壁、纵隔和乳头肌的分布通常不对称,也可发生局灶性的肥大。使用二维引导的M超声很重要,可保证声束的正确位置,获得标准型超声图像并进行测量,同时还要测量标准位置之外的增厚区域。正常的舒张期左室壁和纵隔厚度不超过5 mm,患有严重HCM的猫舒张期左心室壁和纵隔厚度会超过8 mm,但是肥大的程度不一定与临床症状的严重性相关。患猫的乳头肌的肥大可能很明显,某些猫会出现收缩期左心室腔闭塞。乳头肌和心内下区域回声增强被认为是慢性心肌缺血导致心肌纤维化的表现。患猫左心室缩短分数(FS)通常正常或增加,但是有的猫出现轻度到中度的左心室扩张,收缩性降低(FS 23%~29%,正常的FS为35%~65%)。

患有动力性左心室流出道阻塞的猫的超声图像,通常也出现二尖瓣收缩期前移或主动脉瓣提前闭合等现象。多普勒模式可证实二尖瓣反流和左心室流出紊流。

有的猫增大的左心房内出现自发性对比(烟雾状回声)。该现象被认为是瘀血和细胞聚集的结果,是血栓栓塞的前兆。左心房内偶尔可见血栓,通常位于心耳。

有的患病猫的超声心动图显示左心室壁明显增厚,腔室容量减小,左心室向内肥大。

(3)X线检查。

X线检查一方面检查心脏轮廓情况,正位观察是否出现典型的爱心形;另一方面判断就诊猫是否存在胸腔积液和继发肺水肿,也可用于评估充血性心衰。

对患病猫进行X线正侧位检查,可发现猫心脏明显增大,而且可能还会伴随着胸腔积液和肺静脉扩张。

(4)心电图检查。

很多HCM患猫的心电图异常(多达70%)。通常包括左心房和心室增大,室性和/或室上性(较少见)快速性心律失常,或左前分支传导阻滞等的心电图像。偶尔出现房室传导延迟、完全的房室传导阻滞,或窦性心动过缓。

(5)血液检查。

采集患猫5 mL静脉血液用于血常规检查和血液生化检查,结果用于评估电解质和酸碱平衡情况。若就诊猫肌酸激酶升高则提示心肌受损。

3. 治疗方法

根据诱发猫肥厚型心肌病的原因,医生应给宠物主人提出合理建议,并充分考虑宠物主人的意愿和要求,对就诊猫实施药物治疗和必要手术治疗。

由于当前猫肥厚型心肌病无法根治,所以治疗的主要目标是缓解或防止加重病情(如改善舒张功能,控制心律失常并预防血栓形成)。

(1)对症治疗步骤。

①告知主人相关的诊断、预后及治疗的花费。

②装置静脉留置针。

③治疗用到的药物需按动物体重确定药量。注射呋塞米1~4 mL/kg,静脉注射,然后口服呋塞米0.5~1.0 mg/kg(或皮下注射),每日2次。当病患发生严重肺水肿时,视需要给予布美他尼0.05~0.20 mg/kg,静脉注射或口服(要监测钾离子浓度,小心钾离子耗竭及过度脱水)。

④氧气治疗,如果需要的话就给予氧气笼。

⑤如果病患出现肺水肿,也可以考虑给予0.7~1.2 cm硝酸甘油,涂敷于剃毛的胸部或腹部皮肤上,每6~8 h用药一次,视状况给药。

⑥如果需要,给予保温垫。

⑦肺水肿得到控制后,给予静脉输液0.45% NaCl + 2.5% 葡萄糖,选择添加KCl和地塞米松。

⑧监测双侧股动脉脉搏,因为可能会发生血栓性栓塞。

⑨根据需要给予艾司洛尔进行治疗。该药可以快速产生作用,属于急短效性作用,分布半衰期为2 min,高剂量下会对支气管及血管平滑肌的β_2受体产生阻断。使用剂量为0.25~0.5 mg/kg,静脉注射,滴注速度为10~200 μg/(kg·min)。

⑩根据需要给予阿替洛尔进行治疗。该药为第二代相对特异的β_1阻断剂,在高剂量时会产生β_2阻断效果,有负性心肌收缩效果及降低窦性心跳速率、降低房室传导、降低心输出量、减少心肌氧气需求量、降低血压、抑制异丙肾上腺素造成的心搏过速等作用。该药常用来治疗肥厚型心肌病所造成的心搏过速。使用剂量为0.5~2 mg/kg,口服,每日2次,起始剂量0.5 mg/kg。

⑪如果病患持续肺水肿或胸腔积液时,给予贝那普利 0.25 mg/kg,口服,每日 1~2 次。地尔硫草或许会有助于减少心肌的氧气消耗、降低左心室的舒张末期压、减少局部缺血及减少血流流出阻力,延迟释放型地尔硫草为最佳选择,有 94% 生物利用率,使用剂量为 1 mg/kg,口服,每日 3 次。

其他特异性的治疗方案应等待心肌病确诊后再制订。如果怀疑是血栓性栓塞,应保持脚部温暖干燥,避免应激。给予止痛剂布托啡诺 0.1~0.4 mg/kg,皮下注射;丁丙诺啡 0.01~0.02 mg/kg,肌肉注射;在 48 h 内给予乙酰丙嗪 0.05~0.20 mg/kg,皮下注射,每 8 h 注射一次,直到出现镇静症状。

(2)生活管理。

给宠物主人适当建议,为就诊猫提供均衡与充足的营养,维持体内电解质和酸碱平衡,持续监测身体状态,定期复查。

【注意事项】

(1)钙通道阻滞剂和 β 受体阻滞剂服用过量会导致心动过缓;在使用利尿剂时需定期监测肾功能;而抗凝剂和溶栓剂可能引起出血并发症。

(2)使用心脏超声波检查前,应先排除就诊猫患甲状腺功能亢进和高血压的可能,因为这些疾病同样可能导致左心室壁增厚。

(3)要避免给猫带来一切刺激,避免任何会导致猫产生应激反应的行为。

【课后思考题】

(1)引起猫肥厚型心肌病的原因有哪些?

(2)哪些品种的猫适合通过基因检测进行肥厚型心肌病的筛查?

(3)苏格兰折耳猫,3 岁,雄性,厌食,沉郁,眼结膜发绀,张嘴呼吸,心率 200 次/min,后肢瘫痪,如何对该猫进行诊断和治疗?

(编者:卢德章)

实训二十七

髌骨脱位的诊断及治疗

【案例及问题】

案例:动物主人王先生带一只博美犬来动物医院就诊,主诉该犬3岁,右后肢在走路时会出现蜷缩状,但在静止站立时可以正常支撑,上述情况在数月前偶有发生,但近日突然严重,除此外未见其他明显异常症状。经检查,该犬体重2.4 kg,体温38.6 ℃,精神状态良好,食欲、饮欲、呼吸及心率均正常。通过触诊患肢的骨骼与肌肉,发现髌骨部位压痛敏感,人工将髌骨推回滑车沟后,髌骨很快脱出,存在轻度或中度跛行,根据一般检查、影像学检查及犬髌骨脱位分级标准,诊断该患犬为三级脱位。对于大于一级脱位的病患应及时采取手术治疗。

治疗:采取手术方法进行治疗。采取滑车沟加深术与胫骨粗隆转位术结合的方法进行手术,将该犬仰卧保定,于患肢外侧做4~6 cm切口,依次切开皮肤、皮下组织和关节囊,暴露膝关节,发现右后肢膝关节滑车沟变浅,髌骨受损较严重。根据髌骨与滑车沟深度,用手术刀片沿滑车嵴做一个切口,用骨锯向外沿切口锯一定深度后,再用骨凿凿出关节面并修整,复位髌骨,旋转胫骨,伸展膝关节,观察是否脱出。若复合良好,则先将赘生组织清理后,再对关节囊、皮下组织及皮肤进行分层缝合。

问题:

(1)造成犬髌骨脱位的因素有哪些?

(2)犬髌骨脱位临床预兆及发病时典型表现有哪些?

(3)犬髌骨脱位整复术共有哪几种手术方案?

(4)如何对犬发生的髌骨脱位进行分级?不同级别的治疗方案有哪些异同?

(5)如何做好犬髌骨脱位的术后护理工作?

【实训目的】

让学生掌握犬髌骨脱位的症状表现、诊断方法,以及各种救治方法的适应证,能够选择正确的救治方式进行处理。

【知识准备】

了解犬髌骨脱位常见的病因及症状。

【实训用品】

1. 实训动物

到动物医院就诊髌骨脱位的犬。

2. 实训设备与材料

X线机、生化分析仪、血液分析仪、血凝仪、伊丽莎白项圈、手术器械、手术相关耗材、药品等。

【实训内容】

1. 犬髌骨脱位的诊断

根据主诉、触诊等一般检查结果及影像学检查结果,对患犬髌骨脱位类型及分级进行判定。

(1)全身检查。

对患犬的病史、现况及生活环境与习惯等进行调查。检查体温、脉搏、呼吸频率;视诊观察患犬运步是否存在跛行和三脚着地跳跃等情况;触诊髌骨区域,将髌骨通过外力送回,观察髌骨是否脱落。

(2)X线检查。

可用X线进行辅助诊断。主要拍摄患犬右后肢正位及侧位DR,来判断患肢髌骨脱位的类型及位置,辅助确定手术通路。

2. 犬髌骨脱位的治疗方法

临床上应该根据犬髌骨脱位的原因及分级,同时考虑宠物主人的意愿和要求,给出合理有效的治疗方案与建议,对患犬进行保守或手术治疗。

(1)保守治疗。

适应证:一级脱位,偶见患犬跛行、跳跃行走;存在外力时,膝盖骨可从滑车凹槽脱出,外力去除即可自动复位。

方法:保守治疗是给予药物及物理恢复的方法,即对患犬补充关节葡萄糖胺及软骨素等药物,同时进行物理治疗。

(2)手术治疗。

适应证:二级脱位,患犬频繁呈跳跃式跛行,膝盖骨可从凹槽中自由进出,复位时,运步正常;三级脱位,患犬长时间出现跛行,严重者出现弓形腿、胫骨扭转等症状;四级脱位,患犬出现严重跛行,脱位后无法自行复位,需通过外力助其复位,严重者出现运步障碍。

髌骨脱位术修复方法:对于不同的髌骨脱位情况,可分为7种不同的手术方案,分别是外侧韧带叠加术、股骨滑车形成术、股骨滑车形成术和外侧韧带叠加术、股骨滑车形成术和胫骨粗隆转位术、股骨滑车形成术和股四头肌游离术、股骨滑车形成术和胫骨截骨矫形术、股骨滑车形成术和外侧韧带叠加术与胫骨粗隆转位术。除此之外，还有髌骨滑车置换术。

麻醉和保定：术前进行诱导麻醉和呼吸麻醉。用丙泊酚进行诱导麻醉，待患犬意识模糊后插管，用异氟烷进行呼吸麻醉，仰卧保定。

术式：术者持手术刀从滑车嵴近端外侧开始，向滑车嵴和髌骨韧带的远端外侧延长，横过关节间隙，终止于股骨粗隆远外侧部；在此过程中切开皮肤与皮下组织，打开深筋膜和关节囊，显露出膝关节。

股骨滑车形成术：用手术刀在两踝嵴做两条平行预置线，起于滑车近端，止于股骨终点，用手术刀片在滑车嵴做一个切口，用骨锯向外沿切口锯一定深度后，对软骨进行处理。再用骨凿凿出关节面，对关节面进行切除和修整，保证表面光滑，形状与髌骨关节面保持一致。手动使髌骨复位，观察是否脱落，如复位良好则进行缝合。股骨滑车形成术的常用器械与案例见图3-27-1、图3-27-2。

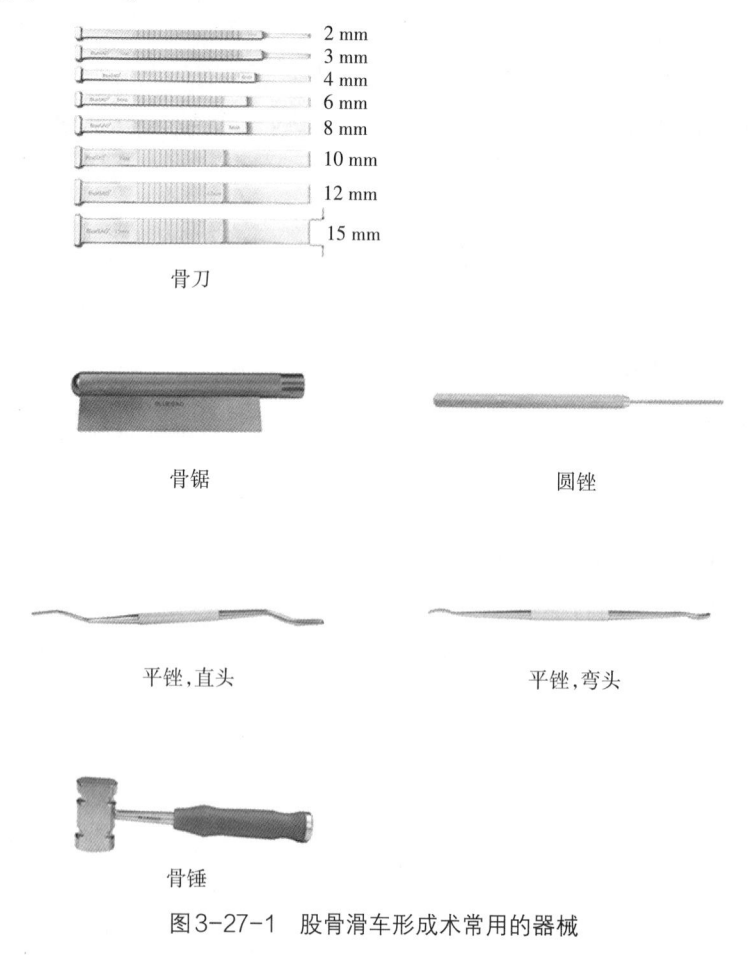

图3-27-1 股骨滑车形成术常用的器械

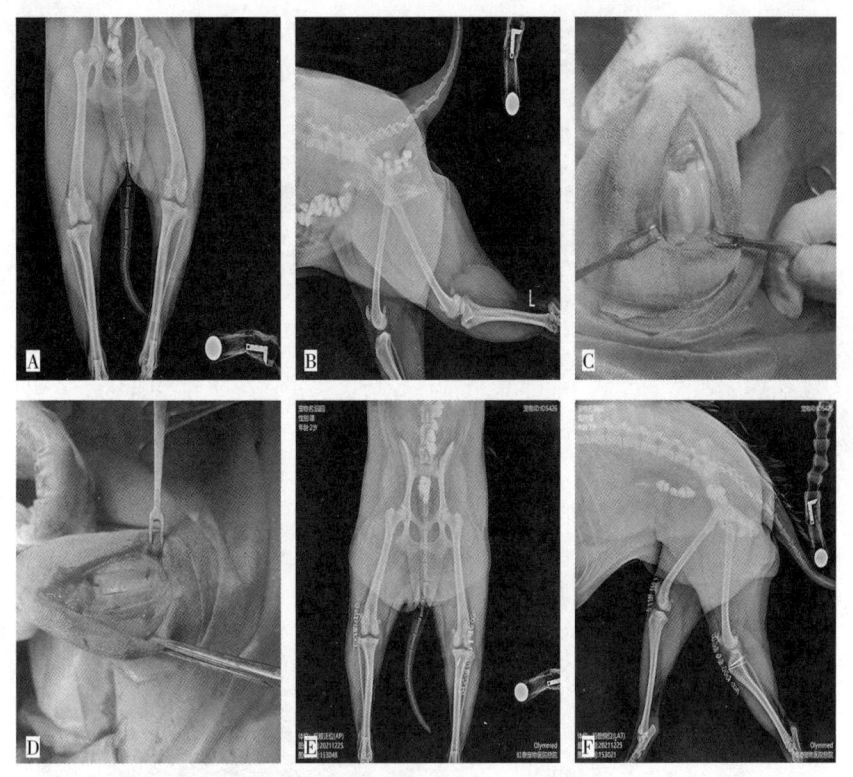

A.正位片显示髌骨内侧脱位;B.侧位片显示髌骨内侧脱位;C.切开关节囊暴露滑车;D.进行滑车加深术;
E.手术后正位片显示髌骨复位;F.手术后侧位片显示髌骨位于滑车中

图3-27-2　股骨滑车形成术治疗犬髌骨脱位的案例(杭州虹泰动物医院供图)

胫骨粗隆转位术:此术旨在帮助髌骨顺利向滑车沟移动,先将深筋膜和关节囊切口进行扩大,使胫骨前肌显现,用骨凿进行粗隆的不完全切除,但要保证粗隆远端纤维组织和骨膜的完整性。先在预截骨线的粗隆内侧骨膜做一切口,分离髌骨,向内移动切除的骨片,暴露其外侧骨角,切除胫骨外侧骨体,使其与原来粗隆截面相一致,外旋胫骨远端附着物并固定在新制成的骨面上,最后用克氏针穿透粗隆固定胫骨。

髌骨滑车置换术:髌骨滑车置换术可以治疗滑车面关节炎、髌骨脱位,同时通过调整人工滑车面的位置来适应股骨、胫骨的形变。该手术是先将病变的滑车切除然后在骨面上固定一个人工制造的滑车,从而治疗由滑车畸形导致的髌骨脱位。目前,市面上常用安徽佰陆小动物骨科器械有限公司开发的滑车沟置换系统。该系统主要由两部分组成:一个是人工滑车沟,表面是非晶类金刚石涂层(ADLC),是超光滑、超耐磨的涂层,有效降低摩擦和磨损;另一个是基板,有微孔涂层,加速骨整合,降低无菌性松动的风险。髌骨滑车置换术的常用器械与案例见图3-27-3、图3-27-4。

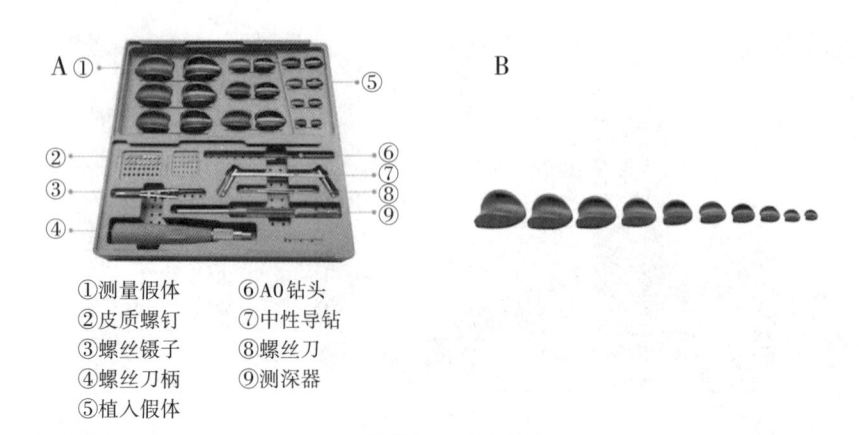

①测量假体　⑥AO钻头
②皮质螺钉　⑦中性导钻
③螺丝镊子　⑧螺丝刀
④螺丝刀柄　⑨测深器
⑤植入假体

A.器械包；B.滑车假体

图3-27-3　髌骨滑车置换术的器械包及滑车假体

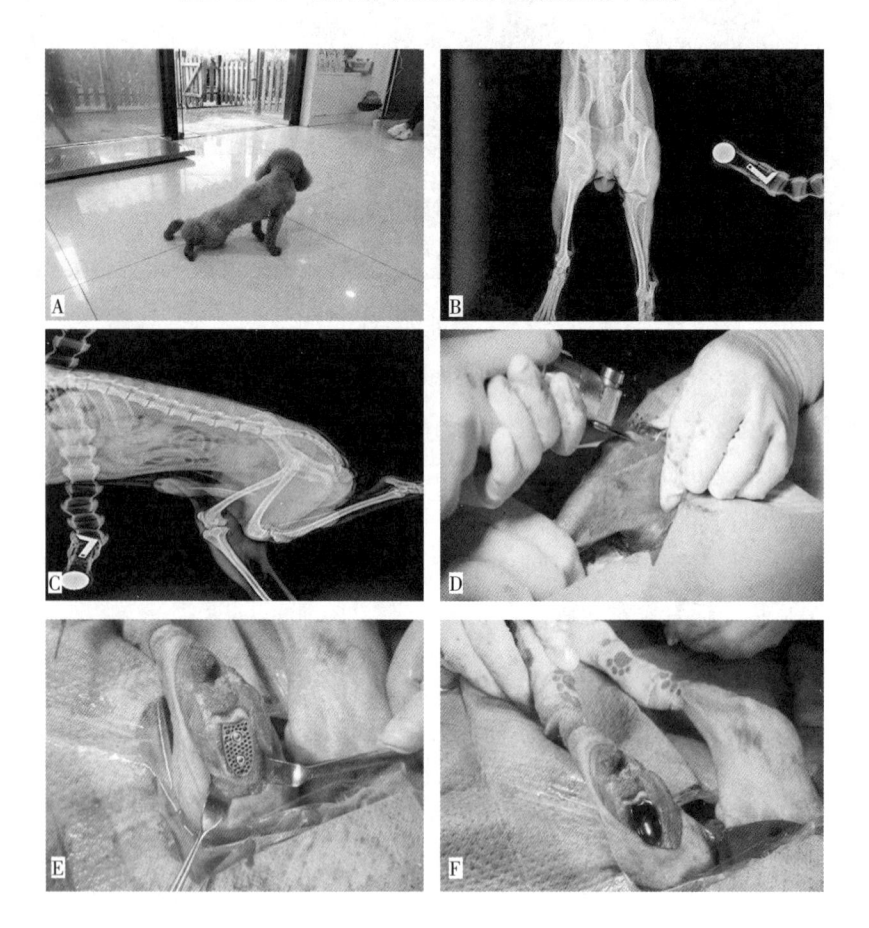

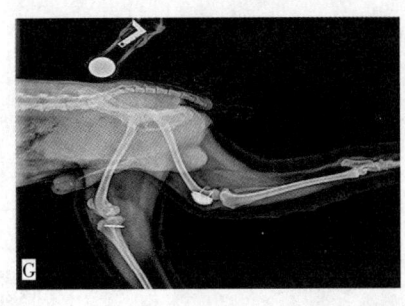

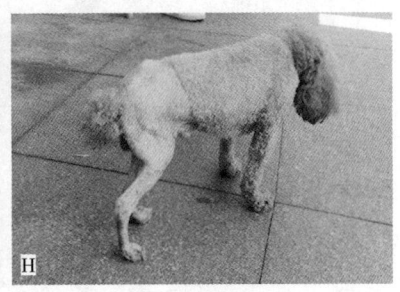

A.手术前患犬的站立姿势;B.X线侧位片显示髌骨内侧脱位;C.X线侧位片显示膝盖骨脱位;D.切除病变的滑车;E.安装人工滑车的底座;F.安装人工滑车;G.术后X线片显示植入的人工滑车;H.术后患犬走路姿势恢复正常

图3-27-4 髌骨滑车置换术的手术案例(杭州虹泰动物医院供图)

【注意事项】

(1)注意人员的安全防护,做好动物保定工作,实训中服从安排。

(2)注意髌骨脱位预切口位置及手术通路的建立。

(3)术后要注意控制动物活动及消炎抗菌。

(4)术后要定期对患犬进行复查,观察患犬恢复状况。

【课后思考题】

(1)如何准确对髌骨脱位进行分级?

(2)如何有效对患犬进行术后管理?

(3)博美犬,4 kg,2岁,喜跳跃,近日突然频繁出现跛行和三脚跳跃情况,如何对上述症状进行诊断和治疗?

(编者:董海聚)

参考文献

[1]林德贵.兽医外科手术学[M].4版.北京:中国农业出版社,2005.

[2]林德贵.动物医院临床技术[M].北京:中国农业大学出版社,2004.

[3]佛萨姆,海得郎.小动物外科学:第2版[M].张海彬,等主译.北京:中国农业大学出版社,2008.

[4]威廉·H.米勒·J,克雷格·E.格里芬,凯伦·L.坎贝尔.小动物皮肤病学:第7版[M].林德贵,张迪,施尧,主译.沈阳:辽宁科学技术出版社,2020.

[5]刘云.小动物外科手术标准图谱[M].北京:中国农业出版社,2013.

[6]托比亚斯.小动物软组织手术[M].袁占奎,译.北京:中国农业出版社,2014.

[7]大卫.图解小动物外科技术:软组织外科、整形外科及齿科[M].2版.任晓明,译.北京:中国农业大学出版社,2008.

[8]乔斯·罗德里格斯·戈麦斯,玛利亚·乔斯·马丁内斯·萨纳多,贾米·格劳斯·莫拉莱斯.小动物后腹部手术[M].李宏全,主译.北京:中国农业出版社,2020.

[9]董轶.小动物眼科学[M].北京:中国农业出版社,2013.

[10]克莉丝汀·林.小动物眼科临床图谱[M].董轶,主译.北京:中国林业出版社,2019.

[11]余户拓也.伴侣动物眼科学:诊疗技能全面提升[M].陈武,付源,夏楠,译.武汉:湖北科学技术出版社,2018.

[12]SAWYER DC, RECH RH, ADAMS T, et al. Analgesia and behavioral responses of dogs given oxymorphone-acepromazine and meperidine-acepromazine after methoxyflurane and halothane anesthesia[J]. American Journal of Veterinary Research,1992,53(8).